单片机与物联网技术应用实战教程

王李冬　安　康　徐　玮　等编著

U0239412

机械工业出版社

本书是以单片机和物联网相结合的学习理念为知识主体，使用 C 语言和 Java 语言分别对底层单片机进行电子系统设计和上位机端控制界面进行 APP 开发。全书总共分为三部分：第一部分　单片机与物联网基础知识篇；第二部分　单片机与物联网基础案例实践篇；第三部分　单片机与物联网综合案例实践篇。单片机与物联网基础知识篇包括底层单片机应用和上位机 Android 知识的学习。单片机与物联网基础案例实践篇包括一些简单的单片机应用系统和基于 APP 控制的单片机应用案例。单片机与物联网综合案例实践篇的内容是在掌握单片机与物联网知识的基础上，具有一定的案例开发技能，能够深层次地对单片机与物联网进行综合系统设计。全书内容编排由浅入深，通过案例将理论与实践相互融合，引导读者循序渐进地完成单片机与物联网知识的学习。本书实例丰富、图文并茂、通俗易懂，即使读者没有任何单片机和物联网知识的基础，也可以通过本书的学习跨入单片机与物联网知识的大门。

本书可作为中高等职业院校、应用型本科院校单片机与物联网应用课程教学用书，也可以作为单片机与物联网爱好者的自学教材。

图书在版编目（CIP）数据

单片机与物联网技术应用实战教程/王李冬等编著. —北京：机械工业出版社，2018.1（2022.1 重印）
ISBN 978-7-111-59182-5

Ⅰ.①单…　Ⅱ.①王…　Ⅲ.①单片微型计算机 – 教材②互联网络 – 应用 – 教材③智能技术 – 应用 – 教材　Ⅳ.①TP368.1②TP393.4③TP18

中国版本图书馆 CIP 数据核字（2018）第 030031 号

机械工业出版社（北京市百万庄大街 22 号　邮政编码 100037）
策划编辑：林春泉　责任编辑：林春泉
责任校对：刘　岚　封面设计：鞠　杨
责任印制：常天培
北京机工印刷厂印刷
2022 年 1 月第 1 版第 3 次印刷
184mm×260mm · 20.5 印张 · 551 千字
3501—4300 册
标准书号：ISBN 978-7-111-59182-5
定价：59.00 元

凡购本书，如有缺页、倒页、脱页，由本社发行部调换

电话服务　　　　　　　　　　网络服务
服务咨询热线：010 – 88361066　机工官网：www.cmpbook.com
读者购书热线：010 – 68326294　机工官博：weibo.com/cmp1952
　　　　　　　010 – 88379203　金书网：www.golden-book.com
封面无防伪标均为盗版　教育服务网：www.cmpedu.com

前　言

近几年，IT市场对APP开发人才的需求紧缺，特别是既有APP前端软件开发经验，又能够对底层驱动控制电路联合设计与调试的专业技能人才，缺口巨大。这类电子工程师要有实践经验，既要懂Java语言和安卓系统的开发，又要懂C语言和单片机的开发，其中单片机技术作为嵌入式项目开发的技术之一，应用性极强，作为底层驱动电路的控制系统，Android物联网技术作为上位机端APP开发的主流技术，可以远距离控制底层驱动电路，拓展了原有控制系统空间距离的限制。

本书的编写着眼于"实用、适用""简单易懂""快速上手""举一反三"的指导思想。全书以理论与实践相结合为主线，通过案例使读者在动手实践的过程中加深理论知识的学习，能够在学习过程中尽量做到反复理解和操作，最后能够独立完成技术案例，培养读者的技术创新能力。

全书共分为三部分内容：单片机与物联网基础知识篇、单片机与物联网基础案例实践篇、单片机与物联网综合案例实践篇。

1）单片机与物联网基础知识为两个方面内容：底层单片机基础知识和上位机Android基础知识。

底层单片机基础知识：考虑C语言易于阅读和理解，主要介绍如何利用C语言对单片机软件进行设计，包括单片机C语言仿真环境Keil C51的学习以及ISP在线下载功能。为了能够让初学者快速入门单片机的应用，整本书通过理论与实践相结合，以"项目案例"的方式引导初学者学习单片机的技术知识。单片机基础知识部分主要为读者介绍了单片机的技术发展趋势以及定义及应用、单片机硬件系统及体系结构（包括引脚定义、存储器、定时/计数器、中断、串行通信）等。另外，介绍了单片机采用C语言编程（包括C语言的数据类型、运算符与表达式、数组、指针、程序设计语句）等，通过单片机基础知识的学习，使初学者具备单片机一定的理论基础，为后面利用单片机进行案例设计打好基础。

上位机Android基础知识：主要介绍了如何利用Java语言对Android手机进行APP开发，包括Java语言软件开发环境Android SDK的学习，对于初学者在学习、了解底层单片机电子控制系统的基础上，进一步学习如何利用安卓移动客户端开发APP控制底层单片机电子系统工作。为了能够让初学者快速步入单片机与物联网知识的大门，在原有单片机案例的基础上，添加了APP控制硬件电路系统案例。上位机Android基础知识部分主要为读者介绍了物联网IOT的应用（WiFi开发、组网形态、socket数据通信、网络配置、串口AT指令等）、Java语言编程（包括类、对象、方法、继承、接口、文件编程、TCP编程等）以及Android编程基础（包括Android UI布局、Activity组件、BroadcastReceiver组件、Service组件、ContentProvider组件等）。通过上位机Android基础知识的学习，使初学者具备上位机APP开发的理论基础，为后面利用APP控制底层单片机各类电子应用系统案例的设计打好基础。

2）单片机与物联网基础案例实践篇分为两个方面的内容：单片机的基础案例和基于APP的单片机控制系统的基础案例。

单片机基础案例：经过第一部分单片机基础理论知识的学习，相信读者对单片机的知识已经有了比较深入的了解，将为读者介绍一些简单、易懂、易操作的基础案例，例如单个LED灯点亮、单片机独立按键控制、外部中断控制、定时控制、串行通信和继电器控制等。在讲解过程中，既介绍了案例的设计原理、同时又对案例的硬件电路进行了阐述，特别是在程序设计思想上，尽可能用简洁的语言清晰阐述，让初学单片机的读者容易理解，以利于初学者举一反三。

基于 APP 的单片机控制系统基础案例：经过第一部分基础理论知识的学习（包括单片机的基础知识和上位机 Android 基础知识），再加上单片机的基础案例设计，相信读者对底层单片机设计会有比较深入的了解。为了实现单片机与物联网技术相互融合，基于 APP 的单片机控制案例部分将为读者介绍一些易于上手的 Android 物联网案例，例如：基于 APP 的串行通信控制项目、APP 控制灯亮、APP 控制继电器、APP 控制步进电动机、APP 控制蜂鸣器等。在讲解的过程中，主要介绍了案例设计的工作原理、底层硬件电路的设计、APP 软件的开发、WiFi 配置和底层硬件电路的软件设计等。尽可能用简洁的语言清晰阐述，让初学者掌握 APP 的开发流程，并能够对底层硬件电路设计完成系统的联合调试，实现系统功能，提高读者动手的技能，使读者在操作的过程中掌握 APP 控制底层单片机控制系统的知识。

3）单片机与物联网综合案例实践篇：读者在完成第一阶段单片机与物联网理论知识的学习、第二阶段单片机控制的简单案例以及 APP 控制的底层单片机控制系统的学习后，希望设计更为复杂的电子系统，结合企业的需求，如节能、参数监测、APP 开发、机器人等设计要求，在系统综合案例篇中给出了凸显电子系统创新设计理念，综合案例包括基于压力传感器的硬币鉴伪识别系统的设计、智能太阳能追光系统的研制、基于物联网技术的温湿度监测系统的设计、基于 APP 技术的电子音乐盒的设计、基于单片机的全自动智能避障小车的设计等。读者通过综合案例篇的学习，具备产品独立研发能力，可以完成基于单片机技术以及基于 APP 技术的各类电子控制系统的开发，推动物联网与单片机技术的深度融合，促进电子产品智能化水平的提高。

本书可以作为中高职院校、应用型本科院校进行单片机与物联网课程设计、毕业设计的指导教材；也可以作为初学单片机与物联网读者的参考用书，书中所涉及的案例稍加修改均可以应用在自己的工作中或者用来完成自己开发的 APP 电子控制系统课题，通过本书的学习使读者能够真正掌握单片机与物联网技术，将理论知识与实践相结合，融会贯通、学以致用。

特别感谢各位同事和朋友的热心帮助，使得本书能够顺利完成。衷心盼望本书能够对从事单片机与物联网技术工作的朋友有所帮助。

参与本书编写工作的主要人员有杭州师范大学钱江学院安康、易际钢、毛圣淇、倪莉莉、薛儒冰、王李冬、叶霞、孙亚萍、王玉槐、李静、张慧熙、胡可用、王琦晖；杭州晶控电子有限公司徐玮以及浙江众合科技股份有限公司安宁等，全书由安康统稿并审校。本书的编写工作获得杭州市重点学科建设项目"物联网工程学科"浙江省实验室工作研究项目、浙江省教育科学规划课题、浙江省课堂教学改革研究项目大力支持，本书的编写工作获得杭州市重点学科建设项目"物联网工程学科"、浙江省实验室工作研究项目、浙江省教育科学规划课题、浙江省课堂教学改革研究项目大力支持，同时本书的编写获得浙江省新兴特色专业、杭州市属高校产学对接特需专业 – 机械设计制造及其自动化教研室全体教师的大力帮助。

由于作者水平有限，书中内容难免有错误与不妥之处，诚邀广大读者提出意见并不吝赐教。

编者

目　录

第一部分　单片机与物联网基础知识篇

第1章 绪 论

1.1 单片机技术概论

1.1.1 单片机技术发展趋势

自 1946 年，世界上第一台公认的计算机诞生至今，已有 70 余年。70 多年来，计算机大致经历电子管、晶体管、集成电路、大规模集成电路 4 个阶段，并继续向第五代计算机——人工智能计算机和第六代计算机——神经网络计算机发展。微型计算机是大规模集成电路技术发展的产物。近年来，单片微型计算机发展极为迅速。

单片微型计算机简称单片机。单片机的发展历史并不长，它的产生和发展与计算机的产生和发展大致是同步的，单片机的发展过程分为以下 4 个阶段。

第一代单片机（1974—1976 年）：单片机的起步阶段。1974 年，美国 Fairchild 公司研制出世界上第一台微型计算机 F8 和 Mostek 公司的 3870，拉开了研制单片机的序幕。

第二代单片机（1976—1978 年）：单片机的发展阶段。单片机性能低，主要是低中档 8 位单片机阶段。最典型的 Intel 公司的 MCS48 系列单片机为 8 位机的早期产品。

第三代单片机（1978—1982 年）：8 位单片机的成熟阶段。其代表产品有 Intel 公司的 MCS51 系列机、Motoroal 公司的 MC6801 系列机、Zilog 公司的 Z8 系列机等，是目前应用数量最多的单片机。

第四代单片机（1983 年以后）：8 位单片机的发展阶段，以及 16 位单片机、32 位单片机并行发展。一方面不断完善高档 8 位单片机，改善其结构，以满足不同用户的需要，例如，从 1982 年 16 位单片机诞生以来，已有 Intel 公司的 MCS96/196 系列、Motorola 公司的 M68HC16 系列、NS 公司的 HPC16040 系列；另一方面发展 16 位单片机、32 位单片机及专用型单片机。16 位单片机除了有 16 位的 CPU 之外，片内带有高速输入、输出部件，中断处理能力提高，有的还集成高速输入/输出接口（HIS/HSO）、脉冲宽度调制（PWM）输出、支持高级语言，实时处理能力更强，近年来主要应用于高速复杂的控制系统，如家用电子系统、多媒体技术和 Internet 技术。

近年来，单片机发展非常快，其发展趋势正朝着大容量高性能化、小容量价格化、外围电路内装化、I/O 接口功能增强、功耗降低等方向发展。单片机的发展趋势体现为以下 4 个方面：

1）单片机大容量化、内部资源增多 单片机内存储器容量进一步扩大，新型单片机片内 ROM 容量一般可达 4~8KB，片内 RAM 容量为 256KB。有的单片机 ROM 容量可达 128KB。许多高性能的单片机不但存储器容量扩大，而且还增加了寻址范围，提高了系统的扩展功能。

2）单片机外围电路内装化 单片机外围电路内装化是指将一些常用的 I/O 接口电路集成到单片机内部，包括并行口和串行口、多路 A-D 转换器、D-A 输出电路、定时器/计数器、DMA 通道、PWM、LED 和 LCD 驱动器，可以大大减少单片机的外接电路，减小控制系统的体积。

3）推行串行扩展总线 简化系统的结构，减少引脚数量。随着单片机内部资源的增多，所需的引脚也相应增多，为了减少引脚数量，提高应用的灵活性，串行接口和并行接口不断发展，如 I^2C 总线、CAN 总线、USB 总线接口等，采用高集成的 3 条数据总线代替现行的 8 位数据总线。甚至推出软件虚拟串行总线来实现。

4）低功耗　单片机采用 HMOS 和 CHMOS 两种半导体工艺，即 HMOS 工艺为高密度短沟道 MOS 工艺，CHMOS 工艺为互补金属氢氧化物的 HMOS 工艺。现在基本上普遍采用 CMOS 制造工艺，非 CMOS 工艺单片机逐步被淘汰，增加软件激发的空闲（等待）方式和掉电（停机）方式，极大地降低了单片机的功耗。此类单片机可以用电池供电，而不需要外部电源来操作整个控制系统，使用比较方便。如 8051 的功耗为 630mW，而 80C51 的功耗仅为 120mW。功耗大大降低。

1.1.2　单片机技术定义及应用

1. 单片机的定义

采用超大规模集成电路技术，把具有数据处理能力的中央处理器（CPU）、随机存储器（RAM）、只读存储器（ROM）、多种 I/O 口、中断系统、定时器/计数器等功能（还包括显示驱动电路、脉冲调制电路、模拟多路转换电路、A – D 转换器等电路）集成到一块硅片上构成的一个小而完善的计算机系统。

单片机的类型比较多，目前使用比较广的单片机有 MCS51 系列、AVR、PIC、MSP430 等。其中，MCS51 系列是应用最广泛的，也是最容易入门的、最具有代表性的，常用的型号有 AT89XXX、STC89XXX 等。MCS51 系列都采用 8051 内核，所以兼容性比较强，占据的市场份额也是最大的。而 AVR 单片机的速度比较快，性能比 MCS51 单片机高，但价格比较高。其实各种单片机的使用方法都是相同的，只要学好任意一种类型的单片机，其他单片机的学习就通过芯片使用手册，做到举一反三、触类旁通。

目前，4 位、8 位、16 位单片机仍各有其应用领域，且应用范围日益扩大。原来很多用模拟电路、脉冲数字电路和逻辑部件来实现的功能，现在都能用单片机应用软件来实现。

2. 单片机的应用

提起单片机的应用，大家不约而同地联想起它的控制功能，可以说控制是单片机的重要应用。单片机的主要功能就在于计算机控制，可以概括为以下两个方面：

（1）计算机在控制系统中的离线应用

即计算机实现对控制系统的分析、设计、仿真、建模，给定控制，事物在不加以人工干涉的条件下，自我执行指令，简要地说即脱机工作。离线控制应用，对计算机性能要求较高，所需要计算机的硬件资源较多，常使用微型机或者小型机实现。

（2）计算机在控制系统中的在线应用

即计算机代替常规的模拟或数字电路，使计算机成为控制系统中的一部分，计算机能够时刻参与控制，即为由计算机给出一条或者多条指令，然后相应元件或者物体给出执行下相应动作，计算机身处控制环节当中。在线控制应用，对于计算机有体积小、功耗低、控制功能强等要求。对于体积小、多功能、低功耗的单片机都能满足这些要求。

此外，单片机在工业、农业、国防科技及日常生活各个领域均显示了日益旺盛的生命力。目前，单片机技术已经发展成为一种比较成熟的技术。

1）单片机特别适用于机、电一体化产品。在各类仪器仪表中（包括医疗器械、色谱仪、温度、湿度、流量、流速、电压、频率、功率、长度、硬度、元素测定等）引入单片机，使仪器仪表数字化、智能化和微型化等功能大大提高。

2）单片机在测控系统方面的应用。用单片机可以构成各种工业控制、自适应控制系统和数据采集系统等。例如，温度、湿度的自动控制、厂间操作灯的自动控制、电缆生产线的自动控制和包装生产线的自动控制等。

3）单片机网络及通信技术方面的应用。单片机成功地应用于玩具、游戏机、充电器、按摩器、IC 卡电话、IC 卡水表、IC 卡煤气表、IC 卡电能表、流量温控仪表、家庭自动化、电子锁、电子秤、步进电动机、防盗报警和电子日历时钟等。例如，用 MCS51 系列单片机控制的串行自动呼叫应答系统、列车无线通信系统和无线遥控等。

4）计算机外部连接设备。图形终端、彩色黑白复印机、软盘及硬盘驱动器、磁带机、打印机的内部都采用单片机进行控制。

1.1.3 单片机开发板简介

对于单片机初学者来说，最好有一块单片机开发板（价格不高，以两三百元的单片机开发板为宜），将学习到的单片机知识与实际结合起来，才能融会贯通。只要单片机开发板功能足够强大，可以帮助初学者学习单片机的外围电路，熟悉和应用单片机各种硬件电路和软件电路设计编程。另外，单片机开发板附带的文件资料是很好的学习工具，附带的案例对初学者可以加快入门速度。

1.2 物联网技术概论

1.2.1 物联网技术的发展趋势

随着计算机与互联网技术覆盖的普及，人们提出了一个问题，既然网络能够成为人与人之间人际关系间沟通的工具，为什么我们不能将网络作为物体与物体沟通，乃至人与物体之间沟通的工具，使万物相连呢？随之物联网的概念也应运而生。物联网被认为是继互联网计算机之后的第四次工业革命，其应用广泛，且概念也不断更新，下面简要地对物联网技术进行介绍。

物联网（The Internet of things）概念是在 1999 年由 MIT 的 Kevin Ashton 提出，当时定义很简单：把所有物品通过射频识别等信息传感设备与互联网连接起来，实现智能化识别并加以管理。自 1999 年 MIT Auto – ID Center 提出物联网的概念之后。物联网的发展过程分为以下几个阶段：

第一阶段（1999 ~ 2004 年）：物联网概念第一次提出。1999 年 MIT Auto – ID Center 提出物联网概念。2004 年，日本和韩国制定 u – Japan 和 u – Korea 战略。

第二阶段（2005 ~ 2008 年）：ITU 报告。2005 年 11 月，国际电信联盟（ITU）发布了《ITU 互联网报告 2005：物联网》。这阶段物联网的概念正式被大家熟知。

第三阶段（2008 ~ 2009 年）：物联网与人类生活结合的概念发布。IBM 提出把传感器设备安装到各种物体中，并且普遍连接形成网络，即"物联网"，进而在此基础上形成"智慧地球"。欧洲物联网研究项目工作组也与 2009 年制定《物联网战略研究路线图》，介绍传感器/RFID（射频识别技术）等前端技术和 20 年发展趋势。

第四阶段（2009 年以后）：这是物联网技术概念成熟并且加以开发应用阶段。随着物联网技术和时代科技的需求，物联网技术应用系统设计会有较大的发展。

目前，物联网技术正朝着多功能、多方向、多角度、实用性强和全面感知、可靠传送、智能处理、结构兼容等方向发展。

1.2.2 物联网技术的定义及应用

1. 物联网的定义

通过信息传感设备（如无线传感器网络节点、射频识别装置、红外感应器、移动手机、全球定位系统、激光扫描仪等），按照规定的协议，把任何物品与互联网连接起来，进行信息交换和通信，实现智能化识别、定位、跟踪、监控和管理的一种网络。物联网实际上是在互联网基础上延伸和拓展的网络。

物联网主要涉及无线传感器网络技术、RFID 技术、移动通信网络技术、物联网组网技术、能效管理技术、智能控制技术以及其他基础网络技术。其间涉及的技术都有相通性，因此想要学习物联网技术不难，只要把系统架构搭建起来，掌握起来是非常快的。

2. 物联网技术的应用

随着近几年物联网技术的迅猛发展，使得物联网产业在智能交通、政府工作、公共安全、工业监测、国防科技及日常生活各个方面领域均显示了日益旺盛的生命力。特别是智能家居研究方向是物联网及技术应用发展的热点。这里介绍物联网技术主要热门应用方向：

1）物联网应用于农业。智能农业产品通过实时采集温室内温度、土壤温度、CO_2 浓度、湿度信号以及光照等环境参数，为农业进行综合化生态自动监测、智能化管理提供科学依据。例如，通过模块采集温度传感器等信号，经由无线信号收发模块传输数据。实现对大棚温湿度的远程控制。

2）物联网应用于交通方向。智能交通系统是未来交通系统的发展方向，将先进的信息技术、数据通信传输技术、电子传感技术、控制技术等有效地集成并且应用于整个地面交通管理系统。

3）物联网应用于家居生活。物联网成功地应用于视频设备、照明系统、窗帘控制、空调控制、网络家电、安防系统、数字影院系统、电话远程控制、防盗报警系统、室内 PM 监测器等日常生活的产品中。

4）物联网应用于物流。利用条形码、射频识别技术、传感器、全球定位系统等先进的物联网技术，通过信息处理平台，成功参与到物流业传输、仓储、配送、包装和装卸等环节。

5）物联网应用于医疗。药物运输、销售、防伪、追踪体系中射频识别技术的应用都属于物联网技术在智慧医疗中的应用。

1.3　单片机和物联网技术的开发案例

图 1-1 是用一个单片机控制定时/计数器 T0 溢出中断通过按键分别实现 99s 倒计时器计数、暂停、复位等功能系统，系统硬件电路主要由单片机最小系统模块、液晶显示模块、按键模块、上拉电阻模块构成；软件设计在 Keil 仿真环境下采用 C 语言编程。倒计时系统能够在液晶屏上显示倒计时数，实用性和可靠性强。这是一个应用日常生活或者讲座会议计时方面的案例。

图 1-2 是一个利用单片机技术通过 DS18B20 温度传感器对室内环境温度进行数据采集，单片机对采集到的温度信号进行处理并输出一定占空比的 PWM，电风扇随温度变化而自动换挡档位控制系统。除了能实时显示当前温度外，还能通过红外遥控的方式调整温度

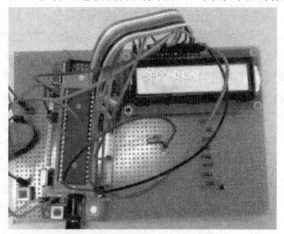

图 1-1　倒计时器系统实物图

值，并利用 LCD1602 显示在液晶显示屏上，操作简便，更加安全，风扇更加人性化、智能化，

这是一个应用于生活家居的案例。

图 1-3 是一个采用单片机利用蓝牙技术设计的一款蓝牙音乐盒，系统包括按键电路、复位电路、蜂鸣器、显示电路和蓝牙模块。通过单片机产生不同频率的脉冲信号，经过放大电路，由蜂鸣器发出声音。利用蓝牙模块使单片机与应用客户端进行通信，使用者能在手机等智能前端选择歌曲目录，利用蓝牙技术使蜂鸣器发声，实现消除机械按键播放音乐的功能，这是一个应用于蓝牙技术方面的案例。

图 1-4 是一个采用单片机利用 WiFi 技术实现温湿度采集控制系统，针对传统果

图 1-2　红外遥控风扇控制系统

植生长环境信息获取科学度低、时效性差等不足，将 WiFi 技术应用到温湿度采集控制系统中。通过对温度、湿度、光照等信息进行采集，利用 WiFi 技术实现数据远程传输和控制，实时将采集到的信息反馈到终端显示屏，有利于减轻劳作、提高生长效率，这是一个 WiFi 技术得以应用的案例。

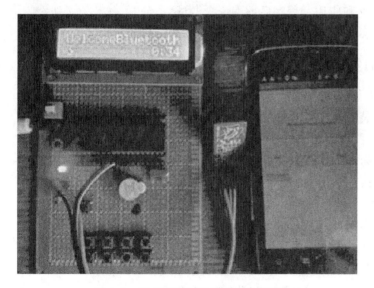

图 1-3　具有蓝牙功能的音乐盒设计

图 1-4　基于 WiFi 技术的温湿度
采集控制系统

1.4　本章小结

本章仅对单片机和物联网技术进行简单概念性的介绍，主要从单片机和物联网技术的发展状况和应用两个方面进行阐述。读者可以通过阅读单片机物联网开发案例了解单片机及物联网技术，为后续单片机和物联网技术的学习打好基础。

第2章 软件开发环境

2.1 Keil C51 软件开发环境

2.1.1 Keil C51 软件开发概述

51 系列单片机的开发使用，一是需要硬件上的支持，二是需要软件上的支持。即在硬件上得到满足的同时，软件上也同时满足。下面将介绍一种编译软件 Keil C51 编译器。通过 Keil C51 编译软件可以把用 C 或者汇编编写的源程序转化为机器码供 CPU 执行。Keil C51 是 Keil Software 公司出品的 51 系列兼容单片机 C 语言软件开发系统，是众多 51 系列单片机开发软件中应用最广泛之一，它集编辑、编译、仿真于一体，支持汇编、PLM 语言和 C 语言的程序设计。界面直观，易学易懂。接下来具体介绍 Keil C51 程序的安装、卸载、Keil C51 界面操作、工程文件建立和应用、程序后期编译、调试和如何将正确的程序写到单片机中。如图 2-1 所示为 Keil C51μVision4 的图标。

图 2-1　Keil C51μVision4

2.1.2 Keil C51μVision4 软件的安装与卸载

1. Keil C51μVision4 软件的安装

首先找到 Keil C51μVision4 的安装软件，可以通过网络下载软件 和 Keil 序列生成器软件 。若操作系统为 XP，则可以直接双击 ；若操作系统为 Win7，则可以选择以管理员身份运行；若操作系统为 Win8，需要设置一下，右击 ，再单击属性里面的兼容性，看到兼容模式选择 Win7 打钩，并且"以管理员运行此程序"上打钩。软件安装步骤如下：

1）双击或管理员运行 Keil C51μVision4 的安装软件之后，会出现如图 2-2 所示的对话框。

2）鼠标单击 Next >> ，会出现如图 2-3 所示的对话框。阅读相关内容之后，确认无误，鼠标选择 ☑ I agree to all the terms of the preceding License Agreement 上打钩。

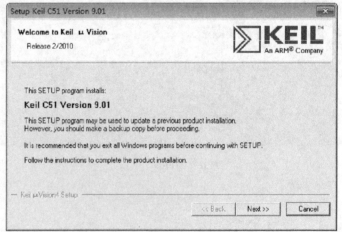

图 2-2　Keil C51μVision4 安装界面（1）

3）鼠标单击 Next >> ，会出现如图 2-4 所示的对话框，安装路径可以自己选择，即 D:\KEIL（系统默认 C:\Keil）。

4）鼠标单击 Next >> ，接下来会出现如图 2-5 所示的对话框，这里的 First name、Last name、Company name 以及 E-mail 中输入相应的信息。

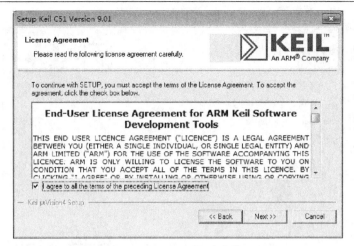

图 2-3　Keil C51μVision4 安装界面（2）

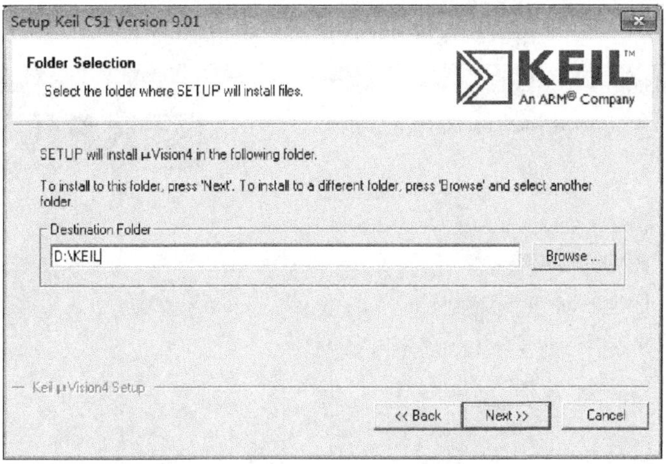

图 2-4　Keil C51μVision4 安装界面（3）

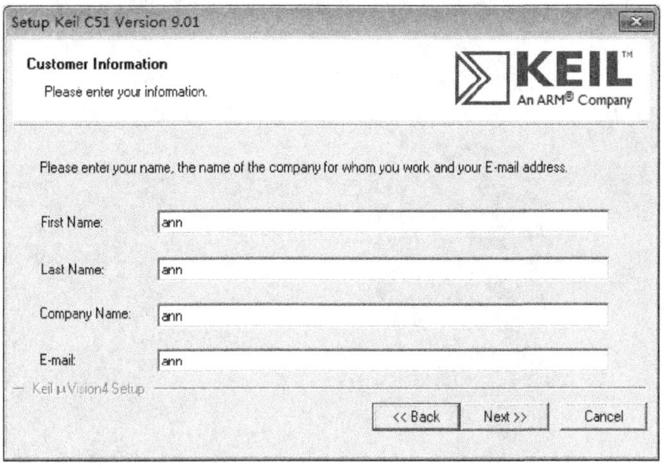

图 2-5　Keil C51μVision4 安装界面（4）

5）鼠标单击 Next>> ，接下来会出现如图 2-6 所示的对话框。

6）等待安装完成后，接下来会出现如图 2-7 所示的对话框。

7）标单击 Finish ，安装过程就全部结束。

为了保证软件能够正确编译和仿真，需要对软件进行许可号认证。打开刚刚安装好的 Keil C51μVision4，会出现如图 2-8 所示的对话框。在该界面下单击 File→License Management，则会

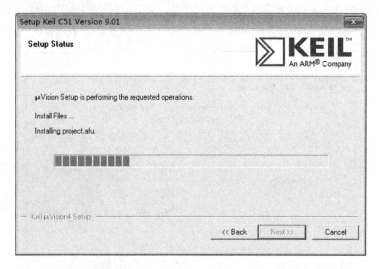

图 2-6　Keil C51μVision4 安装界面（5）

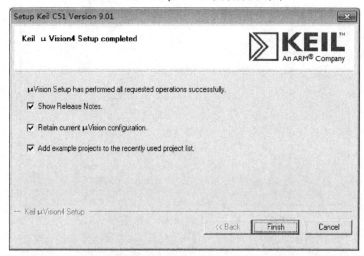

图 2-7　Keil C51μVision4 安装界面（6）

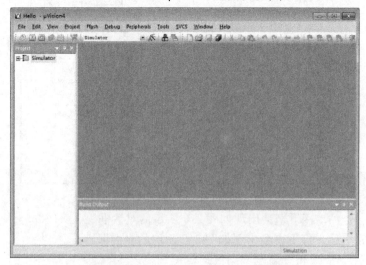

图 2-8　Keil C51μVision4 软件工作界面

弹出 License Management 窗口如图 2-9 所示的对话框。复制 computer ID 的号码。然后打开 KEIL_Lic，将复制 ID 号码粘贴到 Keil 序列生成器窗口，鼠标单击 Generate 会在其下方生成一串 Keil 许可号的序列 UJ5II-TSUHB-C71R1-C5JZU-KWDZV-9421T，如图 2-10 所示的对话框。

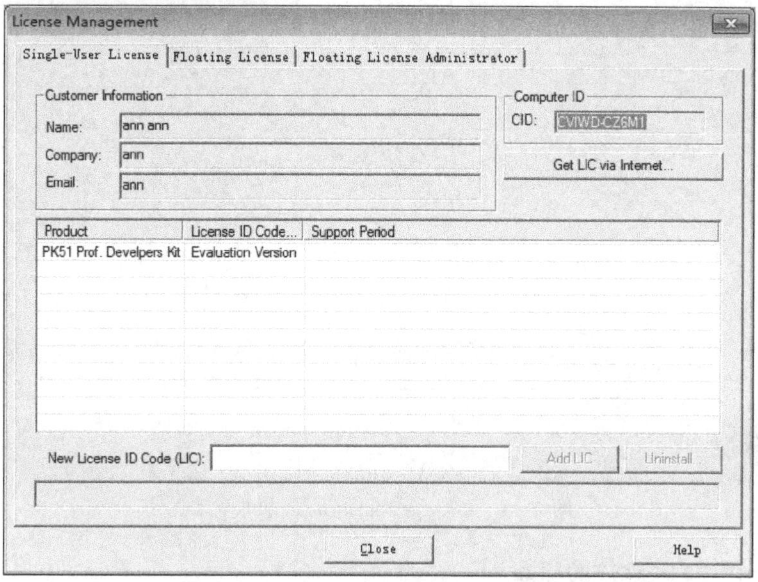

图 2-9　License Management 管理窗口

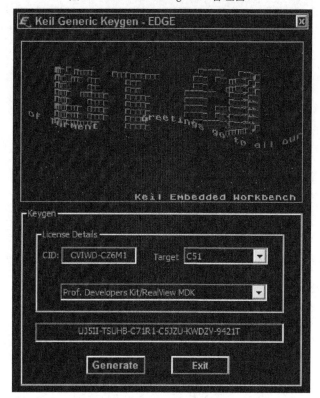

图 2-10　Keil 序列生成器窗口

将该 UJ5II-TSUHB-C71R1-C5JZU-KWDZV-9421T 复制，粘贴到 License Management 管理窗口中的 New License ID（LIC）中，再单击 Add LIC，若上方会出现 Product PK51 Prof. Develpers Kit，则 Keil 软件注册成功，如图 2-11 所示的

对话框。若不成功，可多次进行生成许可号重新注册使用 Keil 编译软件。

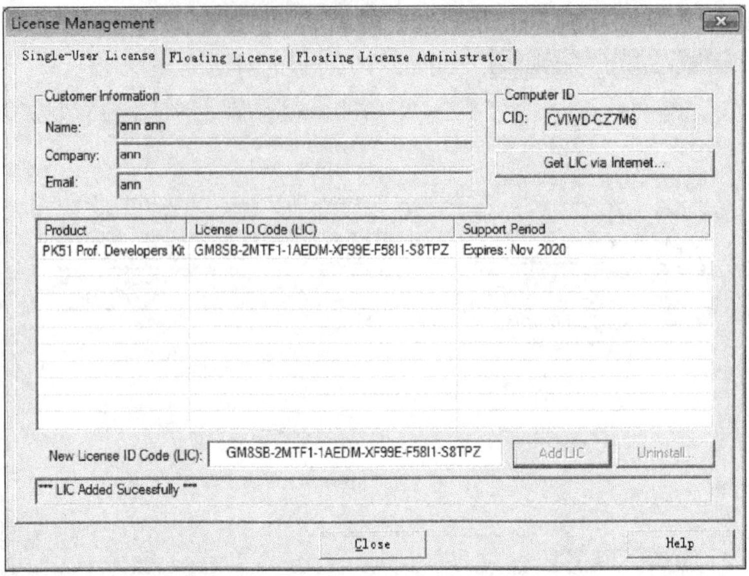

图 2-11　License Management 管理窗口

2. Keil C51μVision4 软件的卸载

软件的卸载步骤如下：

1）在 Win7 系统下，单击开始菜单找到系统中的"控制面板"，如图 2-12 所示。

图 2-12　Win7 开始窗口

2）在控制面板中找到"程序和功能"，如图 2-13 所示。

3）单击程序和功能选项则会弹出卸载或更改程序的窗口，如图 2-14 所示。

4）选中再右击 Keil C51μVision4 软件，接着单击 卸载/更改 ，如图 2-15 所示。

图 2-13　控制面板

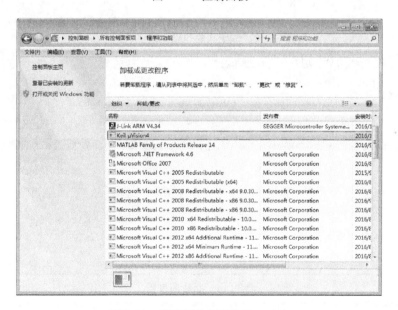

图 2-14　程序卸载和更改窗口（1）

5）选中 Keil C51 Development Tools，用鼠标单击 Remove，Keil C51 就会被卸载掉，完成后关闭 Keil 软件卸载界面，如图 2-16 所示。

2.1.3　Keil C51μVision4 软件的操作流程

1. Keil C51μVision4 软件操作界面选项介绍

安装完成后，启动 Keil C51μVision4 软件，则会弹出如图 2-17 所示界面。然后弹出 Keil C51μVision4 工作界面如图 2-18 所示。

在该界面里有 File、Edit、View、Project、Flash、Debug、Peripherals、Tools、SVCS、Window、Help 等菜单命令。

1）File 文件菜单，见表 2-1。

图 2-15　程序卸载和更改窗口（2）

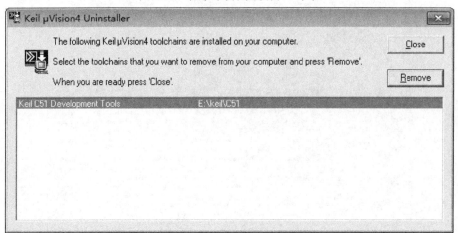

图 2-16　卸载的界面

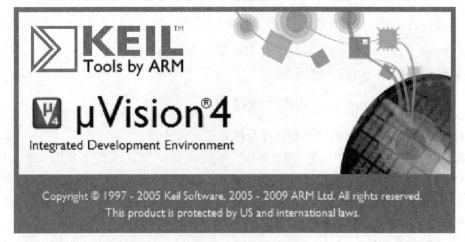

图 2-17　Keil 启动界面

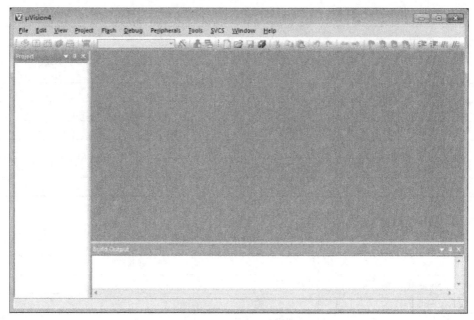

图 2-18 Keil 工作界面

表 2-1 文件菜单命令说明

菜单	描述
New	创建一个新的源文件或者文本文件
Open	打开已有的文件
Close	关闭当前文件
Save	保存当前文件
Save as	保存并重命名当前文件
Save all	保存所有打开的文件
Device Database	维护 μVision4 器件数据库
License Management	许可证管理
Print Setup	设置打印机
Print	打印当前文件
Print Preview	打印预览
Exit	退出编译环境

2）Edit 编辑菜单，见表 2-2。

表 2-2 编辑菜单命令说明

菜单	描述
Undo	撤销上一次操作
Redo	重做
Cut	剪切
Copy	复制
Paste	黏贴
Navigate Backward	向后导航
Navigate Forwards	向前导航
Insert/Remove Bookmark	插入/移除书签
Go to Next Bookmark	光标移动带下一个书签
Go to Previous Bookmark	光标移动到上一个书签

（续）

菜单	描述
Clear All Bookmarks	清除所有的书签
Find...	查找
Replace...	替换
Find in Files...	在几个文件中查找文字
Incremental Find	增量查找
Outlining	提纲
Advanced	高级编译命令
Configuration	配置

3）View 视图菜单，见表 2-3。

表 2-3 视图菜单命令说明

菜单	描述
Status Bar	状态栏
Toolbars	文件工具栏
Project Window	工程窗口
Books Window	图书窗口
Functions Window	功能窗口
Templates Window	模板窗口
Source Browser Window	浏览输出窗口
Build Output Window	编译输出窗口
Find In Files Window	查找文件窗口
Full Screen	全屏

4）Project 工程菜单，见表 2-4。

表 2-4 工程菜单命令说明

菜单	描述
Newμ Vision Project	创建新的工程文件
New Multi – Project Workspace...	创建工程工作空间
Open Project	打开已有的工程文件
Close Project	关闭工程
Export	输出工程的格式
Manage	对器件环境的管理
Select Device for Target...	从器件数据库选择一个 CPU
Remove Item	从工程中删除一个组或者文件
Options...	设置工具选项
Clean target	清除编译结果
Build target	转化修改过的文件并编译成应用
Rebuild all target files	重新转换所有的源文件并编译成应用
Batch Build	通过输出的批处理文件进行编译
Translate	转换当前文件
Stop Build	停止编译进程

5）Debug 调试菜单，见表 2-5。

表 2-5 调试菜单命令说明

菜单	描述
Start/Stop Debug Session	启动/停止调试模式
Reset CPU	复位当前正在运行 CPU
Run	运行直到下一个有效的断点
Stop	停止当前程序运行
Step	跟踪运行程序
Step Over	单步运行程序
Step Out	执行到当前函数的程序
Run to Cursor Line	运行到光标处
Show next Statement	显示下一条执行的语句/指令
Breakpoints...	打开断点对话框
Insert/Remove Breakpoint	在当前设置/清除断点
Insert/Disable Breakpoint	使能/禁止当前行的断点
Disable All Breakpoints	禁止程序中所有断点
Kill All Breakpoints	清除程序中所有断点
OS Support	系统支持
Execution Profiling	可设置成 off Time 和 Call
Memory Map...	打开存储器空间配置对话框
Inline Assembly...	对某一行重新汇编,修改汇编代码
Functoin Editor（Open Ini File）...	编辑调试函数和调试配置文件
Debug Settings...	调试设置

6）Help 帮助菜单,见表 2-6。

表 2-6 帮助菜单命令说明

菜单	描述
μVision	打开帮助文件
Open Books Window	打开工程工作空间中的书签
Simulated Peripherals for < Device >	有关所选 CPU 的外设信息
Internet Support Knowledgebase	从网络中获得知识数据库
Contact Support	获得相关软件使用的支持
Check for Update	检测软件更新
AboutμVision...	显示 μVision 的版本号和许可证信息

7）flash 菜单,见表 2-7。

表 2-7 flash 菜单命令说明

Downlosd	下载程序
Erase	擦除程序
Configure Flash Tools	配置 Flash

8）Tools 工具菜单,见表 2-8。

表 2-8 工具菜单命令说明

Set – up PC – Lint...	配置 PC – lint
Lint	在当前的编辑文件中运行 PC – Lint
Lint All C – Source Files	在工程的 C 源代码文件中运行 PC – Lint
Costomize Tools Menu	将用户程序加入工具菜单

9）SCVS 菜单，见表 2-9。

表 2-9　SCVS 菜单命令说明

Configure Software Version Control	配置软件版本控制系统命令

10）Window 菜单，见表 2-10。

表 2-10　Window 菜单命令说明

Debug Restore Views...	调试恢复视图
Reset View To Defaults	重启默认的视图
Split	划分当前窗口为多个窗格
Close All	关闭所有窗口

2. Keil C51 μVision4 创建工程

通过单片机与程序设计语言的学习，如 C 语言程序设计和汇编程序设计。以下是通过一个编写简单 C 语言程序来创建工程。对工程文件进行编译和调试来引导用户学习 Keil C51 软件的基本使用方法。

1）首先打开 Keil C51 软件，再单击 Project 菜单，会下拉出现一个窗口，接着选择 New μVision Project，如图 2-19 所示，就会弹出如图 2-20 所示的工程窗口，保存好要选择目标文件的路径，在文件名中写自己的目标名称如 test。保存类型为 ".uvproj"，最后单击保存。

图 2-19　建立工程菜单

2）单击保存之后，会弹出如图 2-21 所示，选择 Atmel→AT89C51（这里选择 AT89C51 单片机的型号，用户可以根据实际使用的单片机型号来选择，常用的是 AT89C51）。单击 "OK" 按钮就会弹出一个代码添加界面，如图 2-22 所示。此时，一个新的项目文件创建完成。现在这里面还没有任何源代码。所以下一步操作是建立源代码文件。

3. Keil C51 μVision4 建立源码文件

1）选择 File→New 命令，弹出如图 2-23 所示的空白文本框，可以在 text1 中编写 C 语言程序。如下面已编好一段流水灯移位的 C 语言程序，如图 2-24 所示。

图 2-20 创建一个新的工程

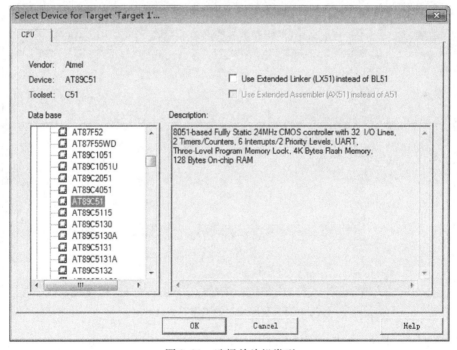

图 2-21 选择单片机类型

2）然后用鼠标单击保存 ，也可以选择 File→save 命令，弹出的对话框中要选择的保存路径，并且在文件名中输入正确的扩展名。注意一定要输入文件的扩展名。C 语言程序的扩展名是（. c），汇编语言程序的扩展名为（. asm），如图 2-25 所示。Keil C51 会自动识别关键字，并以不同的颜色提示用户注意，减少用户编写程序出现的错误，从而提高编程的效率。

3）用鼠标单击 Target1 前面的" + "号，用鼠标右击 Source Group 1，会出现如图 2-26 所示的菜单，选择 Add Files to Group 'Source Group 1'选项。

4）单击 Add Files to Group 'Source Group 1'选项之后，会弹出如图 2-27 所示的对话框，

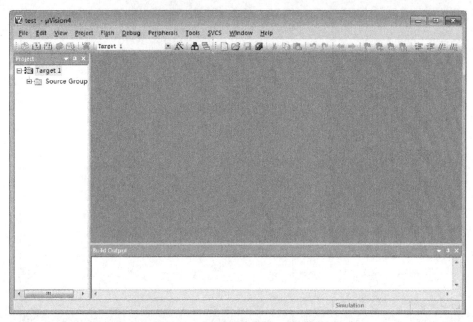

图2-22　工程创建后的工作界面

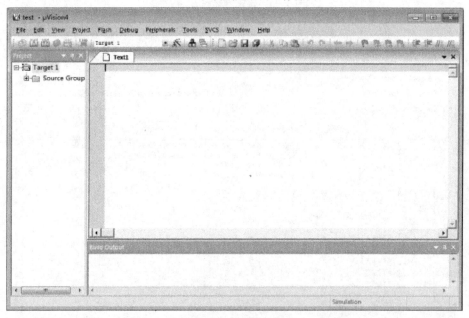

图2-23　程序编写的工作界面（1）

文件名选择添加 test 文件，然后单击"Add"，文件类型是（.c）。在 source group 1 中有刚刚添加的 test.c 文件，如图 2-28 所示。上述建立好源代码，接下来的是编译和调试。

4. Keil C51 μVision4 编译和调试

程序编译过程是检验编写的程序是否有错误。用鼠标单击 Project 菜单中的 built target（也可以使用快捷方式），单击图标（快捷键 F7）来进行编译，若编译的结果没有错误，则会出现如图 2-29 所示的结果。若编译有错误，会出现接下来可能出现的错误，如图 2-30 所示。若编译结果是没有错误，但是有警告，说明程序语句执行是没有错误的，但是有些程序没有用上或者其他原因。当编译的结果没有错误的时候，接下来进行调试。

调试是为了检查程序中看不见的错误。因为编译只能说明源程序语法上没有错误，检查不出

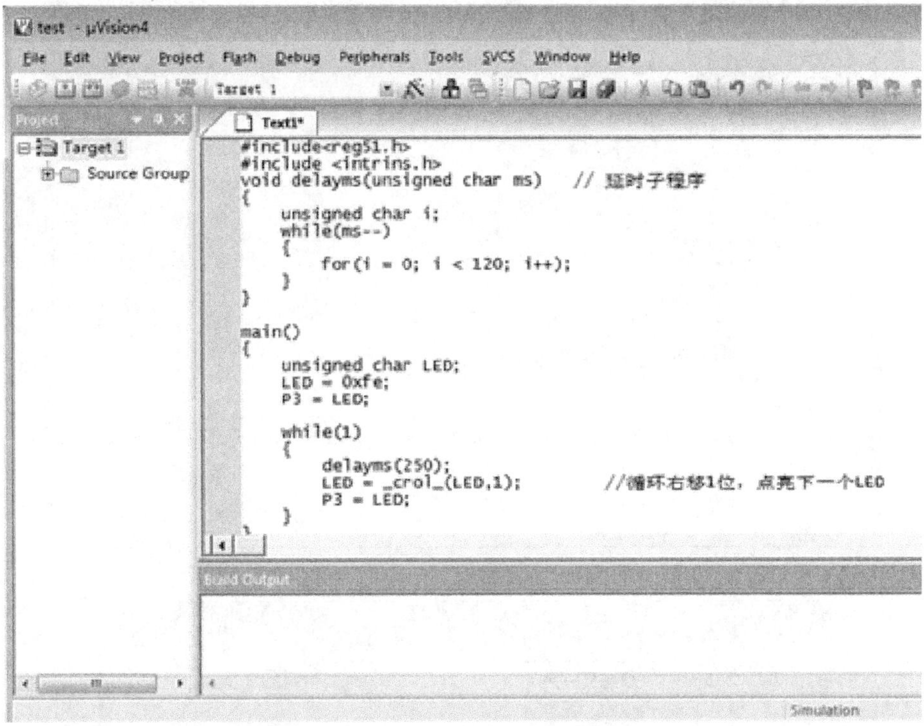

图 2-24　程序编写的工作界面（2）

图 2-25　程序编写的工作界面（3）

源程序会不会正确的执行我们设定的功能。程序的调试是单片机操作流程中最重要的一环。对程序进行调试时，鼠标单击 Debug 菜单中的 start/stop debug session 或者单击图标，进入调试界面，如图 2-31 所示。

调试有单步执行和全速执行。调试单步执行时，有 4 个快捷选项　　　　。

1）　：单步执行命令。

2）　：单步执行遇到循环子程序时，选择过程单步命令不会进入循环子程序内部。

3）　：单次数很多的循环子程序中，选择单步执行到函数外命令。

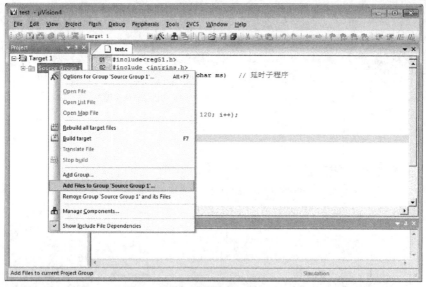

图 2-26 程序编写的工作界面（4）

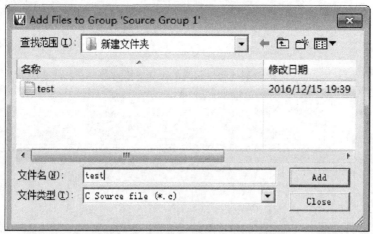

图 2-27 保存文件后缀为 .c 的窗口

图 2-28 程序编写的工作界面（5）

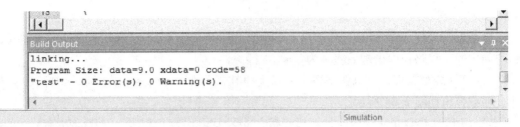

图 2-29　编译成功界面

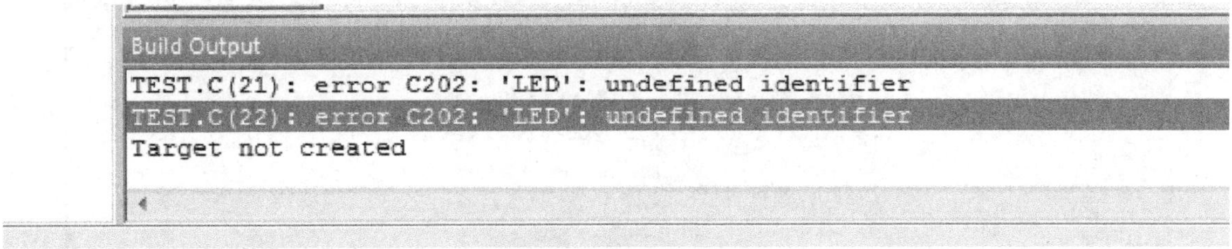

图 2-30　编译出错界面

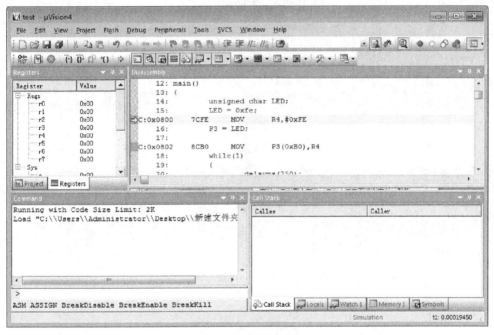

图 2-31　调试界面

4）　：当次数很多的循环子程序中，运行到光标所在行命令跳出循环子程序。

全速执行时，鼠标单击 Debug 选项中的 run 选项，对编辑的程序进行调试运行，再单击 stop 选项，则停止编译调试结束。查看程序运行结果，可以通过观测窗口来观察变量 P3 值的变化。

注意：有时在调试程序时需要满足一些特定的条件才能执行。比如外部中断，需要外部的信号，所以需要设置断点才能调试。所谓的断点就是调试运行直到运行到设置的断点为止。设置断点首先选定某一行的程序才可以单击  Insert/Remove Breakpoint P9 进行断点的设置或者是删除，如图 2-32 所示。

5. Keil C51μVision4 程序下载

以上是 Keil C51 工程建立、源代码的建立以及编辑和调试。最后需要将调试好的程序下载到芯片当中，通过软件驱使单片机硬件工作。以下分为几个操作步骤，来实现该功能。

1）用鼠标单击 Project 菜单中的 Options for target '目标 1'，则弹出 Options for target 窗口。

如图 2-33 所示。

在图 2-33 窗口中名为 Create HEX File 中打钩。再单击 OK，最后在对文件进行编译，就会在刚刚创建的工程路径中出现后缀名为 .hex 文件。

2）打开烧写软件，可以在网络中下载烧写软件 stc-isp-15xx-v6.82E 这个图标。双击打开烧写软件，则会弹出如图 2-34 所示。

3）用 USB 接口把单片机与计算机连接，安装 USB 转接口程序。安装成功之后，就会显示在

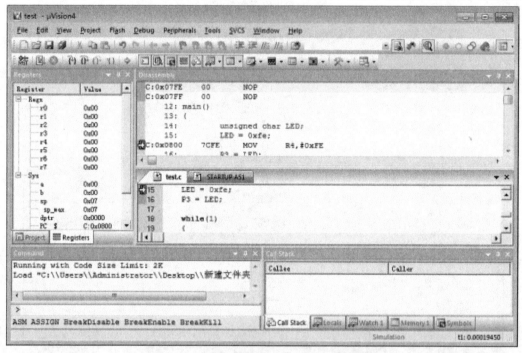

图 2-32　断点的设置或者是删除的工作界面

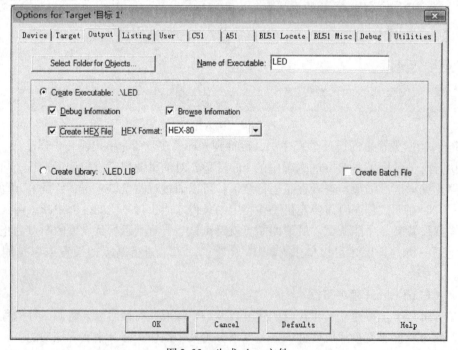

图 2-33　生成 .hex 文件

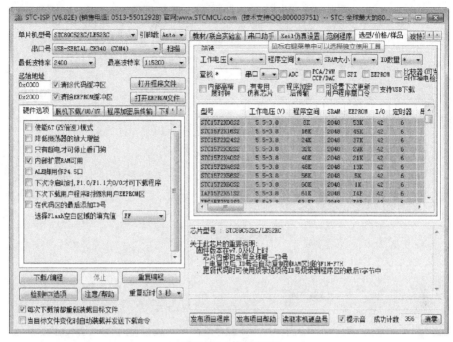

图 2-34　烧写界面

计算机设备管理器中，如图 2-35 所示出现的端口。

4）在 STC – ISP 即烧写软件，左上脚中有单片机的型号的选择和串口号的选择。选择正确之后，单击"打开程序文件"，则会弹出如图 2-36 所示的窗口，选择刚刚建立的路径文件中的. hex 文件。

图 2-35　安装驱动成功　　　　　　　　　　　图 2-36　选择烧写 hex 代码文件

5）单击"下载/编程"，首先会出现如图 2-37 所示的提示界面。接着给单片机上电，就会出现如图 2-38 所示的提示界面，说明程序下载成功。单片机就会有对应的元件进行工作，执行语句。

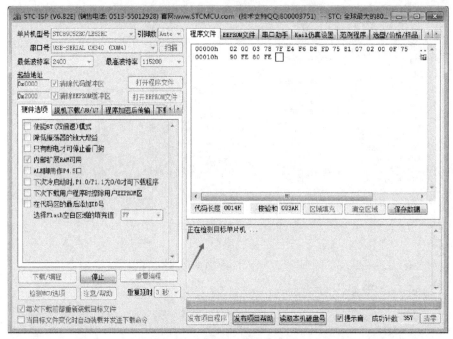

图 2-37　程序下载进程（1）

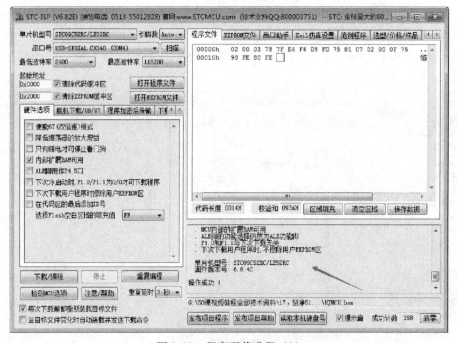

图 2-38　程序下载进程（2）

2.2　Android SDK 开发环境

2.2.1　Android 基本简介

Android 一词的英文本义是指"机器人"，它是 Google 公司与 2007 年 11 月发布的基于 Linux 平台的开源手机操作系统，该平台由操作系统、中间件、用户界面和应用软件组成。Android 操作系统最初由 Andy Rubin 开发，主要支持手机。2005 年 8 月由 Google 收购注资。2007 年 11 月，Google 与 84 家硬件制造商、软件开发商及电信营运商组建开放手机联盟，共同研发改良 Android 系统。随后 Google 以 Apache 开源许可证的授权方式，发布了 Android 的源代码。第一部 Android 智能手机发布于 2008 年 10 月。Android 逐渐扩展到平板计算机及其他领域上，如电视、数码相机、游戏机等。2011 年第一季度，Android 在全球的市场份额首次超过塞班系统，跃居全球第一。2013 年的第四季度，Android 平台手机的全球市场份额已经达到 78.1%。2013 年 9 月 24 日谷歌开发的操作系统，2014 年第一季度 Android 平台已占所有移动广告流量来源的 42.8%。

2.2.2　搭建 Android 应用开发环境

这一节主要介绍基于 Windows 平台上来搭建 Android 开发环境。主要的开发工具是 JDK、Eclipse、ADT 和 Android SDK。其安装步骤如下：

1. 安装 JDK

安装 Eclipse 的开发环境需要 JDK/JRE 的支持，因为 Android 应用开发大部分都是基于 Java 语言开发，所以第一步需要安装 JDK。

1）首先在网络上下载 JDK 的安装包（可以在百度下载或者查找一些相关资料），下载完之后，然后找到 ▩ 安装文件，用鼠标打开安装包，则会弹出如图 2-39 所示的对话框。

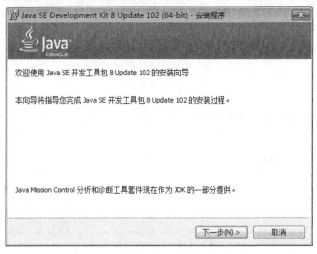

图 2-39　安装 JDK 工作界面（1）

2）单击 下一步(N) >，就会跳到下一界面如图 2-40 所示。安装路径（读者可以修改）默认为 C:\Program Files\Java\jdk1.8.0_102\。

3）此时需要注意，出现修改路径的问题，要把 JRE 安装到 JDK 的同目录下，但不能安装到 JDK 里面去，因 JDK 里面的一些程序被代替而会出错。修改路径完毕之后，再单击"下一步"。会出现如图 2-41 和图 2-42 所示的对话框。

4）完成安装之后，会出现如图 2-43 所示的对话框，安装成功。最后单

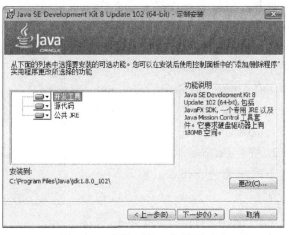

图 2-40　安装 JDK 工作界面（2）

击 关闭(C) 。

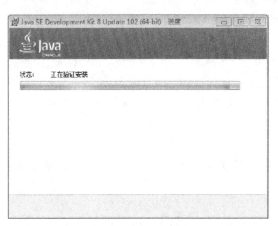

图 2-41 安装 JDK 工作界面（3）

图 2-42 安装 JDK 工作界面（4）

图 2-43 安装 JDK 工作界面（5）

安装完成后可以检测是否安装成功，单击开始→运行。在其中输入"cmd"，如图 2-44 所示的对话框，再按确定，则会弹出如图 2-45 所示的对话框。在"cmd"窗口中输入"java -version"，如果出现如图 2-46 所示的对话框，说明安装成功。

2. 安装 Eclipse

下载压缩包 Eclipse，解压后，可以看到一个"Eclipse. exe"的可执行文件，双击该文件。则会看到如图 2-47所示的对话框，因为 Eclipse 能自

图 2-44 启动 cmd 窗口

图 2-45　cmd 窗口

图 2-46　安装成功界面说明

动找到刚刚安装的 JDK 的路径。然后就会弹出如图 2-48 所示的对话框。Workpace 可以自己选择相应的路径。

3. 安装 Android SDK

安装完 JDK 和 Eclipse 之后，可以在网上搜索下载安装 SDK。下载之后，鼠标右击计算机，选择单击"属性"，如图 2-49 所示。

会弹出如图 2-50 所示的对话框。

找到高级系统设置，单击打开。如图 2-51 所示。

鼠标单击环境变量，则弹出如图 2-52 所示的对话框。

单击系统变量，则弹出如图 2-53 所示的界面，变量名可以自己命名。变量值是选择自己安装 SDK 所在路径。

图 2-47　启动 Eclipse 界面

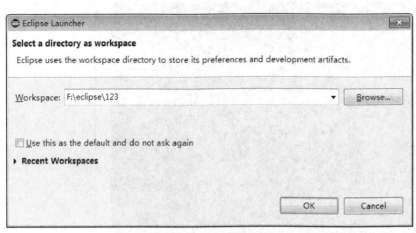

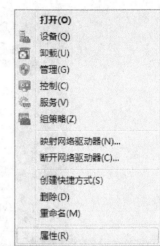

图 2-48　选择工作路径窗口

图 2-49　SDK 环境变量
设置（1）

图 2-50　SDK 环境变量设置（2）

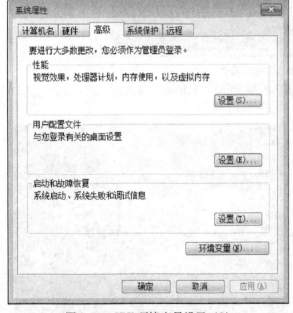

图 2-51　SDK 环境变量设置（3）

图 2-52　SDK 环境变量设置（4）

接着在系统变量中找到 PATH 的变量，单击编辑，在变量值最前面加上％SDK_HOME％\

tools；如图 2-54 所示的对话框。

4. 安装 ADT

安装 ADT（Android Development Tools）是 Android 为 Eclipse 定制的一个插件。这个插件为用户提供了一个强大的开发 Android 应用程序的综合环境。ADT 扩展 Eclipse 的功能，可以让用户快速建立 Android 项目，创建应用程序界面。安装步骤如下：

图 2-53　SDK 环境变量设置（5）

1）启动 Eclipse，在菜单 help 选项选择 **Install New Software...**，如图 2-55 所示的界面。

图 2-54　SDK 环境变量设置（6）

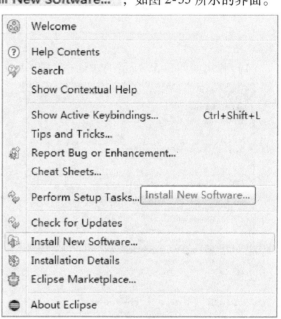

图 2-55　安装 ADT 步骤界面（1）

2）出现如图 2-56 所示的对话框。单击 Add 选项。

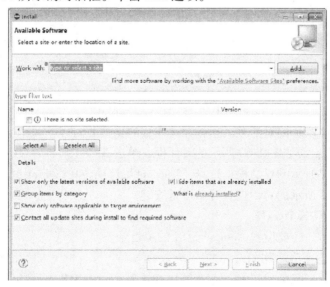

图 2-56　安装 ADT 步骤界面（2）

3）弹出如图 2-57 所示的对话框。Name 可以自己命名。Location 中单击右边的 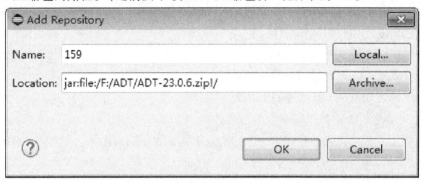 ，找到下载 ADT 压缩包的路径。（之前要下载 ADT 压缩包。）最后单击 OK。

图 2-57　安装 ADT 步骤界面（3）

4）弹出如图 2-58 所示的对话框，选中 Developer Tools。单击 Next。

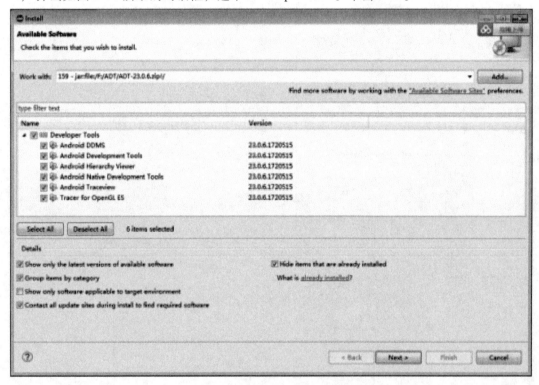

图 2-58　安装 ADT 步骤界面（4）

5）弹出如图 2-59 所示的对话框。正在导入安装的相关的内容。

6）完成之后，则出现如图 2-60 所示的对话框，单击 Next。

7）弹出如图 2-61 所示的对话框。选择 "I accept" 选项，单击 Finish。

8）弹出如图 2-62 所示的对话框，开始进行安装。

5. 设置 Android SDK HOME

以上步骤完成之后，还要设置 Android SDK 的主目录。

1）打开 Eclipse，选择菜单 Window 中的 Preferences 。如图 2-63 所示的对话框。

2）弹出如图 2-64 所示的对话框，在右侧里 SDK location 设定 Android SDK 的目录。再单击 OK 完成设置。

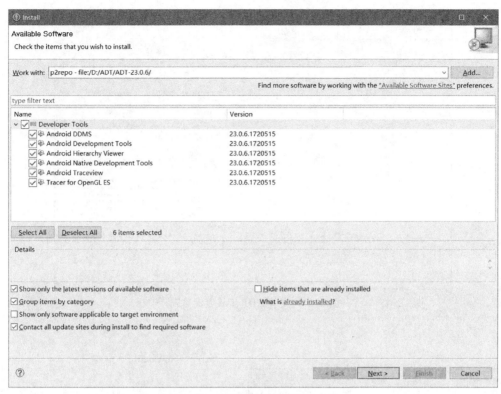

图 2-59　安装 ADT 步骤界面（5）

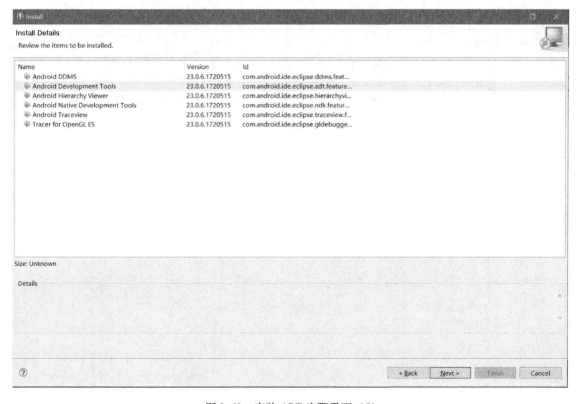

图 2-60　安装 ADT 步骤界面（6）

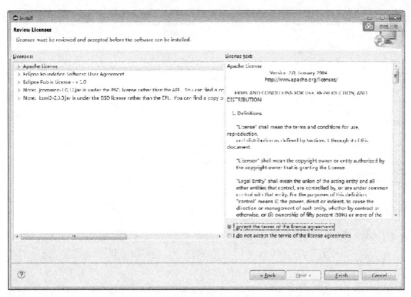

图 2-61 安装 ADT 步骤界面（7）

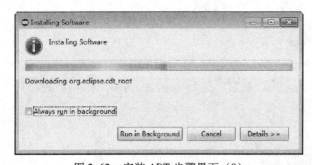

图 2-62 安装 ADT 步骤界面（8）

图 2-63 设置 Android SDK HOME 步骤界面（1）

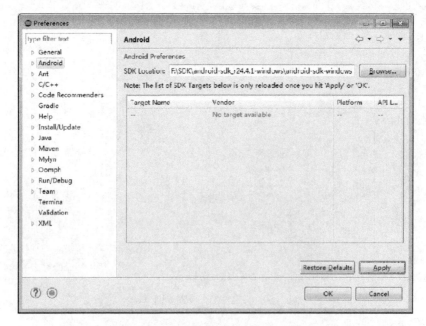

图 2-64 设置 Android SDK HOME 步骤界面（2）

6. 创建 Android 模拟器（AVD）

AVD（Android 模拟设备），其全称英文名为（Android Virtual Device），是模拟的一种配置。AVD 模拟了一套虚拟设备来运行 Android 平台。开发人员需要用到这个模拟器来对需要的硬件和软件进行测试开发，能大大减少时间和设备。下面将创建一个 Android 模拟器。

1）开启 Eclipse，在菜单中选择 Window 中的 Android Virtual Device Manager ，如图 2-65 所示的界面操作。

2）单击鼠标打开，则弹出 2-66 的对话框。选择 Device Definitions 的选项，这里有默认提供的 Android 的设备类型。可以自己选择适宜的设备类型。这里选择第一个类型，单击 Create AVD... 。

图 2-65　创建 Android 模拟器步骤界面（1）

3）弹出如图 2-67 所示的对话框，AVD Name 可以自己取名。其他不要有改动，默认。单击 OK。

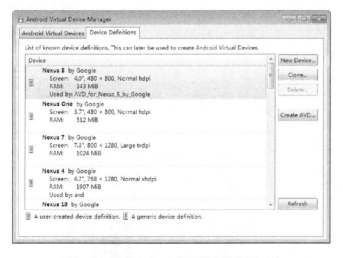

图 2-66　创建 Android 模拟器步骤界面（2）

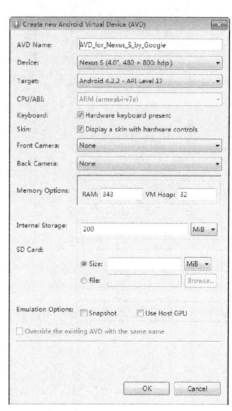

图 2-67　创建 Android 模拟器步骤界面（3）

4）弹出刚刚创建的 AVD，如图 2-68 所示，再单击 Start... 。

5）弹出如图 2-69 的界面，单击 Launch 。

6）就会出现如图 2-70 所示的模拟加载的进度。

7）最后出现如图 2-71 所示的模拟界面。

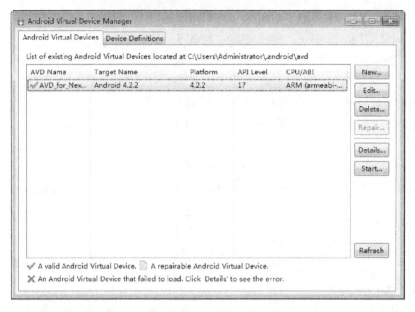

图 2-68　创建 Android 模拟器步骤界面（4）

图 2-69　创建 Android 模拟器步骤界面（5）

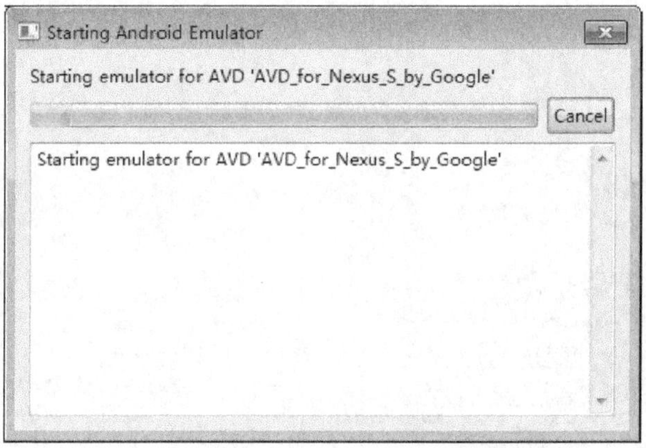

图 2-70　创建 Android 模拟器步骤界面（6）

2.2.3　创建一个简单的应用程序

1）启 动 Eclipse，选 择 菜 单 File 选 项 中
 Android Application Project，如图 2-72 所示的对话
框，创建一个 Android 应用程序项目。

2）单击鼠标之后，弹出如图 2-73 所示的对话
框。在 Application Name 中输入名称，会自动生成下
面的 Project Name 和 Package Name，当然也可以自
己命名。单击 Next。

3）弹出如图 2-74 所示的对话框。一般都是默
认，再单击 Next。

图 2-71　Android 模拟器启动界面（7）

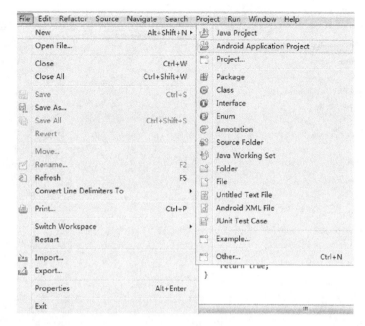

图 2-72　创建一个安卓应用程序（1）

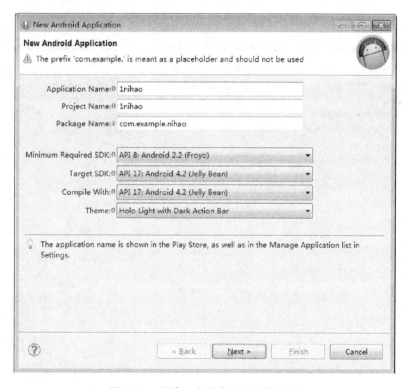

图 2-73　创建一个安卓应用程序（2）

4）弹出如图 2-75 所示的对话框，对项目的图标进行配置，单击 Next。

5）出现如图 2-76 所示的对话框。这里有三种类型分别是 Blank Activity（空白布局）、Fullscreen Activity（全屏布局）、Master/Detail Flow（带明细的布局）。这里选择 Blank Activity 类型，其他选项保持默认。单击 Next。

6）出现如图 2-77 所示的对话框，单击 Finish。

图 2-74　创建一个安卓应用程序（3）

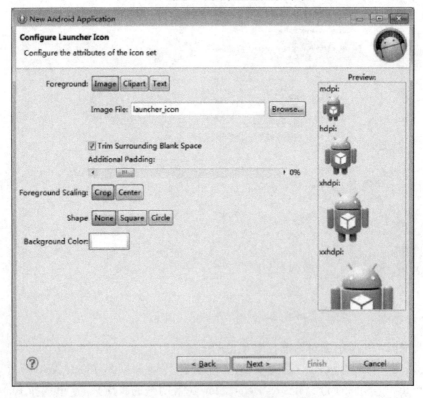

图 2-75　创建一个安卓应用程序（4）

7）最终界面如图 2-78 所示的界面。

图 2-76　创建一个安卓应用程序（5）

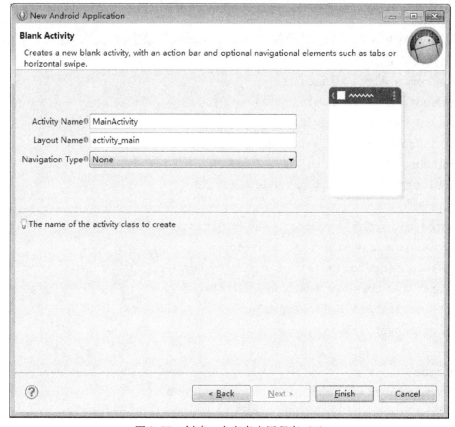

图 2-77　创建一个安卓应用程序（6）

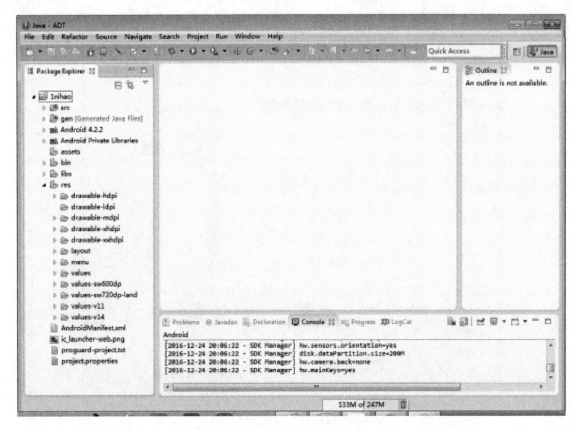

图 2-78　创建一个安卓应用程序（7）

在图 2-78 主 Acitvity 窗口中，显示的内容是在 Values 目录中设置，创建安卓应用程序显示 hello world 的代码如下：

```
package com. example. nihao;
import android. os. Bundle;
import android. app. Activity;
import android. widget. TextView;
import android. view. Menu;
publicclass MainActivity extends Activity {
@ Override
protectedvoid onCreate(Bundle savedInstanceState) {
super. onCreate(savedInstanceState);
        setContentView(R. layout. activity_main);
        TextView tv = new TextView (this);
        tv. setText (" hello world");
        setContentView (tv);
    }
@ Override
publicboolean onCreateOptionsMenu (Menu menu) {
// Inflate the menu; this adds items to the action bar if it is present.
        getMenuInflater () . inflate (R. menu. main, menu);
```

```
returntrue;
    }
}
```

8）运行的结果如图 2-79 所示。

图 2-79　运行结果

2.3　本章小结

在进行 C51 单片机程序设计时，需要对程序进行编译和调试，确保设计程序的正确性。本章介绍了 C51 单片机程序设计，并使用 Keil C51 编译和调试环境，包括 Keil C51 程序的安装、卸载、Keil C51 的界面操作、单片机程序的编辑、工程文件的建立和应用、程序后期编译和调试，以及如何将调试正确的程序烧到单片机中。同时，介绍了在 Windows 环境下如何搭建 Android 程序的开发环境，如何创建一个简单的 Android 应用程序。通过本章的学习，读者可以对 C51 单片机程序的编译、调试和下载工作快速上手，能够快速地学习 Keil C51 编译器的操作以及如何用 Keil 开发应用程序，同时对 Android 的开发有了初步了解。这为读者在后续的学习以及如何通过 APP 来控制单片机上某一个模块做好准备。

第 3 章　单片机的体系结构

MCS51 是指由美国 Intel 公司生产的一系列单片机的总称，其中 8051 是最早、最典型的产品。单片机是一个微型计算机系统，内部集成了输入/输出口、中央处理器（CPU）、随机数据存储器（RAM）、只读程序存储器（ROM）、定时器/计数器，以及串行通信等主要功能器件。

3.1　单片机的基本结构

MCS51 单片机内部基本模块包括中央处理器（CPU）、存储器（数据存储器 RAM 和程序存储器 ROM）、并行 I/O 口、串行通信口、定时器/计数器、中断系统等功能器件，内部模块之间通信由总线连接。如图 3-1 所示。其中，中央处理器包含运算器和控制器两部分电路，而运算器包含算术逻辑单元（ALU），累加器（ACC）、B 寄存器、暂存器，程序状态字（PSW），布尔处理器；控制器由指令寄存器、指令译码器、复位电路、时钟发生器、定时控制逻辑、程序计数器、程序地址寄存器、数据指针、堆栈指针等组成。

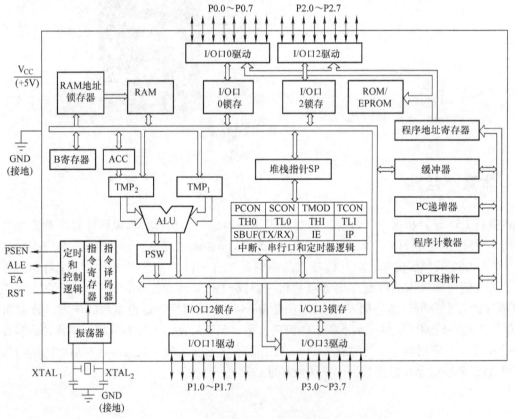

图 3-1　单片机内部结构图

下面分别介绍各块的功能。

（1）算术逻辑单元（ALU）

功能十分强大，它不仅对 8 位变量进行逻辑"与"、"或"、"异或"、"循环"、"求补"、"清零"等基本操作，而且还可以进行加、减、乘、除等基本运算。

（2）累加器（ACC）

为 8 位寄存器，是程序中最常用的专用寄存器，在指令系统中累加器的助记符为 A。作用：作为暂存寄存器，用于提供操作数和存放运算结果。直接与内部总线相连，一般信息传递和交换都要经过 ACC。

（3）B 寄存器

为 8 位寄存器，主要用于乘除指令中。乘法指令的两个操作数分别取自累加器 A 和寄存器 B，其中 B 为乘数，乘法结果的高 8 位存放于寄存器 B 中。除法指令中，被除数取自 A，除数取自 B，除法的结果商数存放于 A 中，余数存放于 B 中。在其他指令中，B 寄存器也可作为一般的数据单元来使用。

（4）程序状态字（PSW）

是一个 8 位寄存器，用于设定 CPU 的状态和指示指令执行后的状态。包括了 CY、AC、F0、F1、AS1、AS0、OV、P 等几个状态位。

● CY（PSW.7）　进位标志。在执行加减运算指令时，如果运算结果最高位（D7）发生了进位或借位，则 CY 由硬件自动置 1。

● AC（PSW.6）　半进位标志位，也称为辅助标志位。在执行加减运算指令时，如果运算结果的低半字节（D3）发生了向高半字节进位或借位，则 AC 由硬件自动置 1。

● F0、F1（PSW.5 和 PSW.1）　用户标志位。用户可以根据需要对 F0、F1 赋予一定的含义，由用户置 1 和清 0，作为软件标志。

● RS1、RS0（PSW.4 和 PSW.3）　工作寄存器组选择控制位。通过对这两位设定，可以从 4 个工作寄存器组中选择一组作为当前工作寄存器。

● OV（PSW.2）　溢出标志位。有两种情况影响该位，一是执行加减运算时，如果 D7 或 D6 任一位，并且只一位发生了进位或借位，则 OV 自动置 1。

● P（PSW.0）　奇偶标志位。每条指令执行完后，该位都会指示当前累加器 A 中 1 的个数。如果 A 中有奇数个 1，则 P 自动置 1。

（5）布尔处理器

即位处理器，它包含有位累加器 CY、位寻址寄存器、位寻址 I/O 口、位寻址内部 RAM、程序存储器等，组成一个完整的、独立的、功能很强的位处理器。

计算机内部使用二进制代码表示十进制数，称为 BCD 码。BCD 码可以用若干二进制代码来表示一位十进制数，即二进制编码的十进制数（Binary Coded Decimal）。布尔处理器则可以进行快速的二进制控制以及提供最快速的切换处理，并且在编程时利用指令控制状态和标志实现复杂逻辑的简单实现。

1）存储器　存储器是单片机重要组成部分，分为数据存储器和程序存储器。图 3-2 给出单片机存储器映像图和地址分配。

① 程序存储器。51 单片机芯片内部提供 4K 字节的程序存储器，片外可用 16 位地址线扩展到 64KB 的 ROM 空间。CPU 可以通过单片机 31 引脚 $\overline{EA}/VPP$ 选择由内部的程序区启动或者由外部的程序区启动，$\overline{EA}=0$ 外部扩展 ROM 到 64K 的空间，地址从 0000H 开始编码；$\overline{EA}=1$，执行芯片内部程序，一旦程序存储器空间超过 4K 字节时，CPU 自动选择外部 ROM 执行程序。

程序存储器有部分重叠，在某些单元被保留做特定程序入口地址见表 3-1。

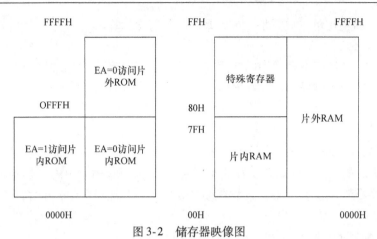

图 3-2　储存器映像图

表 3-1　单片机特定程序入口地址表

0000H	单片机复位单元
0003H	外部中断 0 入口地址
000BH	T0 溢出中断入口地址
0013H	外部中断 1 入口地址
001BH	T1 溢出中断入口地址
0023H	串行通信中断入口地址

② 数据存储器。数据存储器是由随机储存器 RAM（读写存储器）构成，用于随时刷新数据并利于存放运算的中间结果，数据暂存和缓冲数据，标志位等。内部 RAM 共有 256 个单元，通常把 256 个单元按其功能划分为两部分：低 128 单元（单元地址 00H ~ 7FH）和高 128 单元（单元地址 80H ~ FFH）（在逻辑上来讲高 128B 和特殊寄存器在地址上是重叠的）。在单片机中数据存储器中可以分为寄存器区、位寻址区、用户 RAM 区、特殊寄存器区（内部数据存储器高 128 单元）

2）寄存器区　在 51 单片机中共有 4 组寄存器，其中每组都有 8 个 8 位寄存单元，各组都以 R0 ~ R7 作寄存单元编号。寄存器常用于存放操作数中间结果等。由于它们的功能及使用不作预先规定，因此称为通用寄存器，有时也叫工作寄存器。4 组通用寄存器占据内部 RAM 的 00H ~ 1FH 单元地址。

3）位寻址区　内部 RAM 的 20H ~ 2FH 单元，既可作为一般单元使用，进行字节操作，也可以对单元中每一位进行位操作，因此把该区称为位寻址区。位寻址区共有 16 个 RAM 单元，计 128 位，地址为 00H ~ 7FH。

4）用户 RAM 区　对 51 单片机低 128 字节地址空间，00H ~ 7FH 为片内 RAM 作为处理问题的数据缓冲器；51 单片机有 32 个工作寄存器，00H ~ 1FH 为 4 组工作寄存器区，每组有 8 个工作寄存器。CPU 在复位后默认选择第 0 组工作寄存器。

5）特殊寄存器区　内部 RAM 的高 128 字节是供给特殊寄存器使用的，其单元地址为 80H ~ FFH。因这些寄存器的功能已作专门规定，故称为专用寄存器（Special Function Register），也可称为特殊功能寄存器。

（6）单片机引脚功能　51 系列单片机由 4 个 8 位 I/O 并行口，4 个控制引脚，两个时钟引脚和两个电源引脚组成的 40 个双列直插集成芯片，51 单片机芯片引脚如图 3-3 所示。

1）4 个 8 位并行 I/O 口。

P0.0 ~ P0.7（32 ~ 39 引脚）：在访问外部存储器时，提供低 8 位地址线和 8 位双向数据总线，也可以作为普通输出/入端口使用。

P1.0 ~ P1.7（1 ~ 8 引脚）：普通带内部上拉电阻的双向输出/入端口。

P2.0 ~ P2.7（21 ~ 28 引脚）：普通带内部上拉电阻的双向输出/入端口。

P3.0 ~ P3.7（10 ~ 17 引脚）：普通带内部上拉电阻的双向输出/入端口；同时也具有专门的 P3 口第二功能。P3 口第二功能如下：

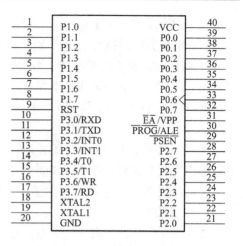

图 3-3　51 单片机引脚图

- P3.0：RXD 串行接收端。
- P3.1：TXD 串行发送端。
- P3.2：INT0 外部中断 0 输入。
- P3.3：INT1 外部中断 1 输入。
- P3.4：T0 外部定时器/计数器 0 输入。
- P3.5：T1 外部定时器/计数器 1 输入。
- P3.6：WR 片外数据存储器写选通控制。
- P3.7：RD 片外数据存储器读选通控制。

2）电源引脚

- 40 引脚 VCC：供电电压 5V。
- 20 引脚 GND：接地。

3）时钟引脚

- 时钟引脚 XTAL1 和 XTAL2，电路设计时多采用内部振荡方式产生时钟脉冲。
- 19 引脚 XTAL1：接内部时钟工作电路的输入。
- 18 引脚 XTAL2：接内部时钟工作电路的输出。

4）控制引脚。51 单片机的控制线共有 4 根，分别为 RST、$\overline{PSEN}$、$\overline{ALE}/\overline{PROG}$ 和 $\overline{EA}/VPP$。其中 3 根是复用线，分别为 $\overline{PSEN}$、$\overline{ALE}/\overline{PROG}$ 和 $\overline{EA}/VPP$，具有两种功能。

- 复位引脚 RST（9 引脚）为单片机上电复位输入端，只要在该引脚上连续保持两个机器周期以上的高电平，单片机就可以实现复位操作。
- $\overline{PSEN}$（29 引脚）为外部程序存储器 ROM 读选通信号。该引脚有效（低电平）时，当单片机读取外部程序存储器 ROM 的指令和数据时，每个机器周期内 $\overline{PSEN}$ 两次有效，$\overline{PSEN}$ 相当于外部 ROM 芯片输出允许的选通信号。但读片内 ROM 和读片外 RAM 时，不会产生有效的 $\overline{PSEN}$ 信号。
- $\overline{ALE}/\overline{PROG}$（30 引脚）为地址锁存允许/编程脉冲。访问外部存储器时，ALE 用来锁存 P0 口送出的低 8 位地址信号。当 ALE 信号有效（高电平）时，P0 口传送的是低 8 位地址信号；当 ALE 无效（低电平）时，P0 口传送的是 8 位数据信号。

当不执行访问外部 RAM 指令时，ALE 以时钟振荡频率 1/6 的固定频率输出，ALE 信号可以作为外部芯片的时钟信号。但当 CPU 执行访问外部 RAM 时，ALE 将丢失一个 ALE 脉冲。

$\overline{PROG}$：单片机对内部 ROM 编程时的编程脉冲输入端。

- $\overline{EA}/VPP$（31 引脚）为访问程序存储器控制信号。51 单片机的寻址范围为 64KB，其中 4KB 在片内，60KB 在片外，当 $\overline{EA}$ 为高电平时，先访问片内 ROM，当程序长度超过 4KB 时将自动转向执行外部 ROM 中的程序。当 $\overline{EA}$ 为低电平时，单片机只访问外部 ROM。

3.2　单片机的中断

单片机中只有一个 8 位 CPU，作为单片机重要应用——中断：单片机正在执行指令运行，一且监测到中断发生，停止执行当前指令，转去执行中断子程序，一旦中断子程序完成，重新回到之前中断的地方继续执行之前的指令运行。

51 单片机共有 5 个中断源：外部中断 0、外部中断 1、定时/计数器 0（T0）、定时/计数 1（T1）、串行通信（RI 和 TI）。5 个中断源分为以下三大类：.

- 外部中断：INT0 和 INT1 分别位于单片机 P3.2（外部中断 0）和 P3.3（外部中断 1）引脚。
- 内部中断：T0 和 T1，实现计数功能时，分别接收来自单片机 P3.4 和 P3.5 引脚的脉冲信号；实现定时中断时，计数脉冲则来自于单片机内部晶体振荡器。
- 串行中断：T1：串行口发送标志位（TXD）；R1：串行口接收标志位（RXD）。

1. 中断控制

图 3-4 是中断控制内部结构图。在中断控制中 TCON 和 SCON 都是特殊功能寄存器，分别用以存放中断源的中断请求信号。

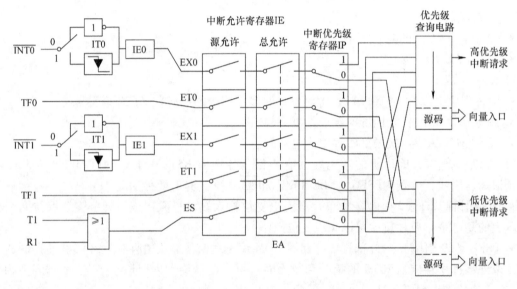

图 3-4　中断控制内部结构图

1）TCON 定时/计数器 T0、T1 控制寄存器。见表 3-2。

表 3-2　TCON

D7	D6	D5	D4	D3	D2	D1	D0
TF1	TR1	TF0	TR0	IE1	IT1	IE0	IT0

外部中断 0 触发方式控制位：IT0（TCON.0）当 IT0 = 0 时，电平触发；当 IT1 = 1 时，边沿触发方式（下降沿有效）。

外部中断 0 中断请求标志位：IE0（TCON.1）；

外部中断 1 触发方式控制位：IT1（TCON.2）；

外部中断 1 中断请求标志位：IE1（TCON.3）；

定时/计数器 T0 溢出中断请求标志位：TF0（TCON.5）；

定时/计数器 T1 溢出中断请求标志位：TF1（TCON.7）。

2）SCON 串行控制寄存器。见表 3-3。

表 3-3　SCON

D7	D6	D5	D4	D3	D2	D1	D0
SM0	SM1	SM2	REN	TB8	TB8	TI	RI

串行接收中断标志位：RI（SCON.0）。

允许接收串行数据时，接收完 1 帧串行数据后，硬件置位；转向中断服务程序后，可以用指令进行软件清零（RI 必须由软件清除）。

串行发送中断标志位：TI（SCON.1）。

CPU 将一个发送数据写入串行发送缓存器时，启动发送过程，每发送完 1 帧数据，由硬件置位；在转向中断服务程序后，可以用指令来进行软件清零（TI 必须由软件清零）。

3）IE 中断开放和禁止。在 51 单片机中 IE 寄存器实现中断的开放和禁止，见表 3-4。

表 3-4　IE

D7	D6	D5	D4	D3	D2	D1	D0
EA			ES	ET1	EX1	ET0	EX0

外部中断 0 允许位：EX0（IE.0）；

定时/计数 T0 中断允许位：ET0（IE.1）；

外部中断 0 允许位：EX1（IE.2）；

定时/计数 T1 中断允许位：ET1（IE.3）；

串行口中断允许位：ES（IE.4）；

CPU 中断允许位（总允许位）：EA（IE.7）。

4）IP 中断优先级。51 单片机有两个中断优先级，其中断系统实行两级中断嵌套控制，每一个中断源都可以通过软件设置中断优先级。低等级的中断程序运行时，高等级可以提出中断请求，强迫让 CPU 提前处理高等级中断，等它完成以后再继续运行低等级中断。见表 3-5。

表 3-5　IP

D7	D6	D5	D4	D3 D	D2	D1	D0
		PT2	PS	PT1	PX1	PT0	PX0

外部中断 0 优先级：PX0（IP.0）；

定时/计数器 T0 优先级：PT0（IP.1）；

外部中断 1 优先级：PX1（IP.2）；

定时/计数器 T1 优先级：PT1（IP.3）；

串行口优先级：PS（IP.4）；

定时/计数器 T2 优先级：PT2（IP.5）。

2. 中断响应过程

中断源有中断请求；此时中断源的中断允许位是 1；CPU 开中断（EA=1）；保护断点（保存下个要执行的指令的地址）即将这个地址送入堆栈；寻找中断入口；执行中断处理程序；中断返回（返回主程序，继续执行）。

对于 51 单片机中断优先级有三个规则：CPU 同时接收几个中断，先响应优先级别最高的请求；在进行的中断过程不可以被新的同级或者优先级比它低的中断请求所中断；在进行的低优先级中断服务可以被高优先级的中断请求所中断。

3. 中断的初始化和复位

在编写单片机中断程序的时候，首先对中断系统初始化也就是对于各中断相关的特殊寄存器的有关控制位进行设置。步骤如下：

将中断允许标志位和 EA 进行相应的置位；设定好优先级；对定时器和计数器设置相应的工作方式；对于外部中断则设定好对应的中断请求信号形式。

3.3　定时器和计数器

51 单片机包含两个 16 位定时/计数器：T1 计数器分为高 8 位 TH1 和低 8 位 TL1，T0 计数器分为高 8 位 TH0 和低 8 位 TL0。单片机用作定时器时，对机器周期进行计数，每一个机器周期计数器加 1，直到计数器计满溢出。当用作对外部事件计数时，计数器接相应的外部输入引脚 T0 (P3.4) 或 T1 (P3.5) 并在每个机器周期进行采样，当采样 1~0 负跳变时，计数器加 1。

1. 定时/计数器结构

图 3-5 定时/计数器结构图。定时器 T0 由特殊寄存器的低 8 位 TL0 和高 8 位 TH0 构成，定时器 T1 是由特殊寄存器的低 8 位 TL1 和高 8 位 TH1 所构成。每个寄存器都可以单独访问，程序开始时，需要对 TL0、TH0、TL1、TH1 进行初始化并定义其工作方式。

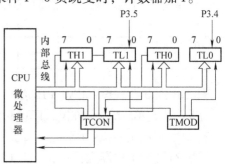

图 3-5　定时/计数器结构图

2. 定时/计数器特殊寄存器

定时/计数器 0 和定时计数器 1 特殊寄存器——TMOD、TCON 用于控制和确定定时/计数功能和工作模式。

（1）定时/计数器工作方式寄存器 TMOD

定时/计数器的特殊寄存器主要是用来设工作模式，地址 89H，不可以进行寻址，只可通过字节传送指令设定其工作方式。TMOD 低 4 位控制寄存器 T0 高 4 位控制寄存器 T1。见表 3-6。

表 3-6　TMOD

D7	D6	D5	D4	D3	D2	D1	D0
GATE	C/T	M1	M0	GATE	C/T	M1	M0
定时/计数器 1 的工作方式				定时/计数器 0 的工作方式			

GATE 定时操作开关控制位：GATE =0 时 TR0 或 TR1 为 1，定时/计数器选通开关，和 INT0/INT1 无关。

GATE =1 时 INT0/INT1 为 1 并且 TR0/TR1 为 1 时定时/计数器选通开始工作。

C/T 定时/计数器功能选择位：C/T =1 为计数器，通过引脚端口输入计数脉冲。

C/T =0 为定时器，由内部系统时钟提供计时工作脉冲进行机器周期脉冲计数。

M0、M1 工作方式选择位有 4 种，见表 3-7。

表 3-7　TMOD 工作方式

工作方式	M0、M1	工作模式
方式 0	0　0	13 位定时/计数器
方式 1	0　1	16 位定时/计数器
方式 2	1　0	8 位自动加载定时/计数器
方式 3	1　1	定时器 0 分为两个 8 位计数器；定时器 1 停止计数

方式 0 为 13 位计数结构工作方式。由 TL0 的低 5 位（高 3 位未用）和 TH0 的 8 位组成，定时或者计数溢出则 TCON 中的 TF0 置 1，向 CPU 发出中断请求，如图 3-6 所示。

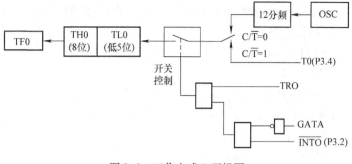

图 3-6　工作方式 0 逻辑图

1）作为计数工作。

计数范围：$1 \sim 2^{13}$

计数值计算公式：计数值 = 2^{13} – 计数初值

针对 T0 定时器其计数初值为 TH0 高 8 位和 TL0 低 5 位的初始值。

2）作为定时器工作。

定时范围：$1 \sim 2^{13}$ 机器周期

定时计算公式：定时时间 = （2^{13} – 定时初值）×机器周期

针对 T0 定时器其定时初值为 TH0 高 8 位和 TL0 低 5 位的初始值。

机器周期时间 = $12/f_{osc}$，其中 f_{osc} 为晶体振荡频率。

初始化案例：单片机外接晶振 12M，则机器周期 1μs，使用工作方式 0，进行 100μs 定时。

100μs = （8192 – 定时初值）1μs，得到定时初值 = FC1C

初始化程序如下：

TMOD = 0x00；

TH0 = 0xFC；

TL0 = 0x1C；

EA = 1；

TR0 = 1；

ET0 = 1；

方式 1 为 16 位定时/计数结构工作方式。由 TL0（TL1）作为低 8 位、TH0（TH1）作为高 8 位，组成 16 位定时/计数器，如图 3-7 所示。

1）作为计数器工作。

计数范围：$1 \sim 2^{16}$

计数值计算公式：计数值 = 2^{16} – 计数初值

针对 T0 定时器其计数初值为 TH0 高 8 位和 TL0 低 8 位的初始值。

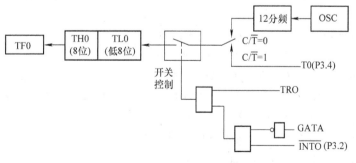

图 3-7　工作方式 1 逻辑图

2）作为定时器工作。

定时范围：$1 \sim 2^{16}$ 机器周期

定时时间计算公式：定时时间 = （2^{16} – 定时初值）×机器周期

针对 T0 定时器其定时初值为 TH0 高 8 位和 TL0 低 8 位的初始值。

机器周期时间 = $12/f_{osc}$，其中 f_{osc} 为晶体振荡频率。

初始化案例：单片机外接晶振 12MHz，则机器周期 1μs，使用工作方式 1，进行 100μs 定时。

100μs =（65536 – 定时初值）1μs，得到定时初值 = FF9C

初始化程序如下：

TMOD = 0x01；

TH0 = 0xFF；

TL0 = 0x9C；

EA = 1；

TR0 = 1；

ET0 = 1；

当 M1M0 = 10 时，定时/计数器处于工作方式 2。此时定时器寄存器 TL0 配置为可以自动重装载的 8 位计数器，TH0 作为预置寄存器。TL0 计数溢出时，TF0 置 1 同时 TH0 中的内容重装载到 TL0 中，TH0 的内容由软件预置，重装载后内容不变。电路结构如图 3-8 所示。

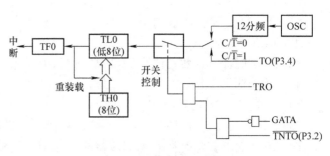

图 3-8　工作方式 2 逻辑图

1）作为计数器工作。

计数范围：$1 \sim 2^8$

计数值计算公式：计数值 $= 2^8 -$ 计数初值

针对 T0 定时器其计数初值为 TH0 高 8 位和 TL0 低 8 位的初始值。

2）作为定时器工作

定时范围：$1 \sim 2^8$ 机器周期

定时时间计算公式：定时时间 =（$2^8 -$ 定时初值）×机器周期

针对 T0 定时器其定时初值为 TH0 高 8 位和 TL0 低 8 位的初始值。

机器周期时间 $= 12/f_{osc}$，其中 f_{osc} 为晶体振荡频率。

T0 工作方式 3 分为两个独立的 8 位计数器 TL0 和 TH0，其中 TL0 既可以作为计数器也可作为定时器，与之前三种工作方式不同体现在方式 3 只适用于定时器/计数器 T0，定时器 T1 方式 3 时 TR1 = 0，计数器不工作。工作方式 3 将 T0 分成为两个独立的 8 位计数器 TL0 和 TH0，如图3-9所示。

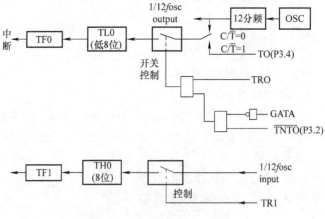

图 3-9　工作方式 3 逻辑图

（2）定时/计数控制寄存器 TCON

定时/计数控制寄存器 TCON 的地址是 88H，可字节寻址也可位寻址，字节地址 88H，TCON 定义见表 3-8。

表 3-8　TCON

D7	D6	D5	D4	D3	D2	D1	D0
TF1	TR1	TF0	TR0	IE1	IT1	IE0	IT0

　　TF1：T1 溢出中断请求标志位。T1 计数溢出时候由硬件自动置 TF1 为 1。CPU 响应中断后 TF1 由硬件自动清 0。T1 工作时，CPU 可以随时查询 TF1 的状态，TF1 作为查询 T1 中断溢出标志位，TF1 也可以用软件置 1 或者清 0，同硬件置 1 清 0 效果一样。

　　TF0：定时/计数器 T0 溢出中断请求标志位。当定时/计数器 0 溢出的时硬件置位，申请中断进入中断后被硬件置 0。

　　TR1：定时/计数器 T1 运行控制位。靠软件置 1 或者置 0，当 TR1 = 1 时启动 T1 运行，TR1 = 0 则 T1 停止运行。

　　TR0：定时/计数器 T0 运行控制位，TR0 = 1 工作，TR0 = 0 不工作。

　　IE1：外部边沿触发中断 1 请求标志，检测到在 INT 引脚上出现外部中断信号的下降沿时候，硬件置位，请求中断，进入中断程序后被硬件自动置 0。

　　IE0：外部边沿触发中断 0 请求标志，同 IE1。

　　IT1：外部中断 1 控制位，IT = 1 时，下降沿触发，IT1 = 0 低电平触发。

　　IT0：外部中断 1 控制位，IT = 0 时，下降沿触发，IT0 = 0 低电平触发。

3.4　单片机的串行通信

　　51 系列单片机内部有一个全双工串行口。串行通信是数据一位一位传输通信方式，它的突出优点适用于远距离通信，缺点传输速率慢。串行通信有两种通信方式：同步通信和异步通信。同步通信是一种连续传输数据的通信方式，一次通信传送多个字符数据，称为一帧信息。数据传输速率相对较高通常可以达到 56 000bit/s 及以上。其缺点则是要求发送的时钟频率和接收时钟频率保持严格同步。异步通信中数据通常是以字符或者字节为单位组成数据帧进行传送。收发两端各自拥有彼此独立互不同步的通信机构，由于收发数据的帧格式相同，所以可以相互识别接收到的数据信息。

1. 串行控制状态寄存器

　　串行控制状态寄存器（SCON）是一个逐位定义的 8 位寄存器，用于选择串行工作方式、控制串行的接收、发送和检测状态，字节地址是 98H，位地址 98H ~ 9FH，见表 3-9。

表 3-9　SCON

9F	9E	9D	9C	9B	9A	99	98
SM0	SM1	SM2	REN	TB8	RB8	TI	RI

　　SM0 和 SM1：串行工作方式控制位见表 3-10。

表 3-10　SCON 工作方式

SM0、SM1	工作方式	功能描述	波特率
0 0	方式 0	8 位同步移位寄存器	$f_{osc}/12$
0 1	方式 1	10 位 UART	可变
1 0	方式 2	11 位 UART	$f_{osc}/64$ 或 $f_{osc}/32$
1 1	方式 3	11 位 UART	可变

　　SM2：多机通信控制位。仅用于方式 2 和方式 3 多机通信。其中发送机 SM2 = 1（需要程序控制设置）。接收机的串行工作于方式 2 或 3，SM2 = 1 时，只有当接收到第 9 位数据（RB8）为 1 时，才把接收到的前 8 位数据送入 SBUF，且置位 RI 发出中断申请引发串行接收中断，否则会

将接收的数据放弃。当 SM2 = 0 时，不管第 9 位数据是 0 还是 1，都将数据送入 SBUF，并置位 RI 发出中断申请。工作于方式 0 时，SM2 必须为 0。

REN：串行接收允许位：REN = 0 时，禁止接收；REN = 1 时，允许接收。

TB8：在方式 2、3 中，TB8 是发送机要发送的第 9 位数据。在多机通信中它代表传输的地址或数据，TB8 = 0 为数据，TB8 = 1 为地址。

RB8：在方式 2、3 中，RB8 是接收机接收到的第 9 位数据，该数据正好来自发送机的 TB8，从而识别接收到的数据特征。

TI：串行发送中断请求标志。当 CPU 发送完一串行数据后，此时 SBUF 寄存器为空，硬件使 TI 置 1，请求中断。CPU 响应中断后，由软件对 TI 清零。

RI：串行接收中断请求标志。当串行接收完一帧数据时，此时数据装载 SBUF 寄存器，硬件使 RI 置 1，请求中断。CPU 响应中断后，用软件对 RI 清零。

2. 电源控制寄存器 PCON

电源控制寄存器 PCON 字节地址是 87H，并且不可对其进行位寻址，见表 3-11。

表 3-11　PCON

PCON	D7	D6	D5	D4	D3	D2	D1	D0
位符号	SMOD				GF1	GF0	PD	IDL

IDL：待机方式位，IDL = 1 进入待机工作位。若 PD = 1、IDE = 1，则进入掉电工作方式。复位 PCON 所有位都是 0。

PD：掉电方式位。

GF1、GF0：通用标志位，用户使用软件置位、复位。

SMOD：串口波特率倍增位。当 SMOD 被置位 1 并且串行通信工作在模式 1、3 时波特率提高 1 倍即波特率加倍。置位 0 时波特率正常。系统复位时 SMOD = 0。

3. 串行通信工作方式

串行通信有 4 种工作方式。

1）方式 0。方式 0 是同步移位寄存器的输入输出方式。主要用于扩展并行输入或输出口。数据由 RXD（P3.0）引脚输入或输出，同步移位脉冲由 TXD（P3.1）引脚输出。发送和接收均为 8 位数据，低位在先，高位在后。波特率固定定位 $f_{ose}/12$，SM2 必为 0。

2）方式 1。方式 1 是 10 位数据的异步通信。TXD 为数据发送引脚，RXD 为数据接收引脚。其中 1 位是起始位，8 位数据位，1 位停止位。

数据发送和接收时使用方式 1 是由一条写发送寄存器（SBUF）指令开始。随后在串行口由硬件自动加入起始位和停止位，构成一个完整的帧格式，而后在移位脉冲的作用下由 TXD 端口串行输出一帧字符发送完以后 TXD 输出维持在 1 的状态下，并将 SCON 寄存器 TI 置 1 让 CPU 可以发送下一个字符。接收数据时 SCON 的 REN 位处于允许接收状态（REN = 1），串行口接收数据 RXD 端监测到从 1 到 0 跳变，判定起始位接收，将接收到的数据装载到接收缓冲器 SBUF 中，直到停止位到来，将停止位送入 RB8 中并置位中断标志位 RI 通知 CPU 从 SBUF 中取走接收到的字符。

波特率设定：方式 1 的波特率是可变的，其波特率由定时器 1 的计数溢出率和 SMOD 共同决定，即

$$波特率 = 2^{SMOD} \times （定时器_{1溢出率}）/32$$

$$T_{1溢出率} = \frac{1}{T_{1定时时间}} = \frac{1}{（M - T_{初值}）\times T_{机器周期}}$$

$$波特率 = \frac{2^{\text{SMOD}} \times f_{\text{osc}}}{32 \times (M - T_{初值}) \times 12}$$

其中，SMOD 是 PCON 最高位的值，SMOD = 1 表示波特率加倍定时器工作在方式 2。

3）方式 2。方式 2 是固定波特率的 11 位的异步通信。1 个起始位，9 个数据位和 1 个停止位。发送时编程位 TB8 可以赋值 0 或 1，接收时可编程位进入 SCON 的 RB8。

波特率则是固定的，波特率 $= 2^{\text{SMOD}} \times f_{\text{osc}}/64$。波特率与 PCON 寄存器中 SMOD 位的值有关。

使用方式 2 程序初始化：单片机外接晶振 $f_{\text{osc}} = 11.0592\text{MHz}$

SCON = 0x80；

TMOD = 0x01；

PCON = 0x00；

TH1 = 0xFD；

TL1 = 0xFD；

EA = 1；

EX0 = 1；

ES = 1；

TR1 = 1；

4）方式 3。方式 3 是 11 位异步串行通信，1 个起始位，9 个数据位和 1 个停止位，但波特率不固定其他与方式 2 相仿。

波特率是由定时/计数器 $T_{1的溢出率}$ 和 SMOD 共同决定的。

波特率 $= 2^{\text{SMOD}} \times (定时器_{1溢出率})/32$；

式中，T1 计数率取决于它工作在定时器状态还是计数器状态。当工作于定时器状态时，T1 计数率为 $f_{\text{osc}}/12$；当工作于计数器状态时，T1 计数率为外部输入频率，此频率应小于 $f_{\text{osc}}/24$。产生溢出所需周期与定时器 T1 的工作方式、T1 的预置值有关。因为方式 2 为自动重装入初值的 8 位定时器/计数器模式，所以用它来做波特率发生器最恰当。

3.5 本章小结

本章介绍了单片机的内部构造：算术逻辑单元、累加器、B 寄存器、程序状态字、存储器、寄存器和特殊寄存器区、位寻址区和各引脚功能；同时学会如何使用单片机：如何使用定时计数器，如何实现串行通信以及中断控制。通过本章的学习，对于初学单片机的读者对单片机的一些基础知识有了入门了解，为后面单片机软件的学习和 APP 相互融合的综合案例设计打下坚实的基础。

第4章 物联网 IOT 的应用

物联网 IOT（the Internet Of Things），又称传感网，简要讲就是互联网从人向物的延伸，将物物串联在一起的"无线传感网络"。无线传感网络 WSN（Wireless Sensor Network）是由大规模、自组织、多跳、动态性的传感器节点所构成的无线网络。传感器节点实时监测、感知和采集当前区域内的目标参数（光照度、移动人体、温度、湿度、烟雾、噪声以及毒气浓度等），并交由核心处理器 MCU 进行逻辑判断与智能分析，最终将分析结果进行存储记录、液晶显示或上传至后台服务器。

4.1 无线传感网络的起源与发展

WSN 起源于 20 世纪 70～80 年代，美国国防部高级研究计划局（DARPA）大力发展军事领域中低功耗、低成本、分布式的现代化无线传感网络技术，如早期著名的声音监测系统 SOSUS（Sound Surveillance System）、空中预警与控制系统 AWACS（Air - borneWarning and Control System）等。军事领域的诸多项目推动了无线传感网络在操作系统、采集感知、逻辑判断、无线通信、容错性能等技术瓶颈方面的突破，逐渐从军事向工业民用领域转型。21 世纪，电系统MEMS、片上系统 SOC、低功耗微电子和无线通信等技术决定了 WSN 的自组织、低成本、低功耗等独特优势，在智能建筑、自然灾害、环境监测、现代农业、石油勘探、医疗护理、智能交通等领域都有着广阔的应用前景，也推动了家庭自动化的发展。

4.2 短距离无线通信技术性能的比较

无线通信（Wireless Communication）是利用空间中的电磁波信号实现数据信息的交互方式，按传输媒介分为光通信、微波通信、声波通信等；按频段分为卫星频段、ISM 频带、陆地频段、航空频带等；按协议标准分为 ZigBee、WiFi、WLAN、Bluetooth、Z - Wave、WiMAX、UWB、WUSB、GPRS 等。无线传感网络具体如何选择协议标准，需从应用场合、应用目的等多角度考虑，综合比较它们的性能、成本、功耗等各方面的优劣势。短距离无线通信技术性能比较见表4-1。

表 4-1 短距离无线通信技术性能比较

性能参数	WiFi 802.11b	Bluetooth 802.15.1	UWB 802.15.3a	ZigBee 802.15.4
网络节点	30	7	10	65535
通信距离	10～100m	10m	<10m	10m～3km
传输速率	11Mbit/s	<1Mbit/s	100Mbit/s	20/40/250Mbit/s
工作频段	2.4GHz	2.4GHz	1GHz 以上	2.4GHz
抗干扰性	较强	弱	较强	强
系统开销	高	较高	低	极低
电池寿命	>1W	1～100W	<1W	$1\mu W～1mW$

无线通信技术的信噪比抗干扰性能测试如图 4-1 所示，横坐标为信噪比（SNR dB），纵坐标为误码率（Bit Error Rate），误码率 - 信噪比曲线足以说明在低信噪比的环境下，ZigBee 无线传感网络具有超强的抗干扰性能。

ZigBee 国际联盟成立于 2001 年 8 月，制定了基于 IEEE 802.15.4 协议的 ZigBee 双向无线通信技术，安全可靠，工作于 868MHz、915MHz 或 2.4GHz 的 ISM 频段。我国均采用 2.4GHz 频段，是全球通用、免付款、无需申请，传输速率为 250kbit/s，增加 RF 前端功率芯片后，通信距离达 1~3km，极具应用前景。

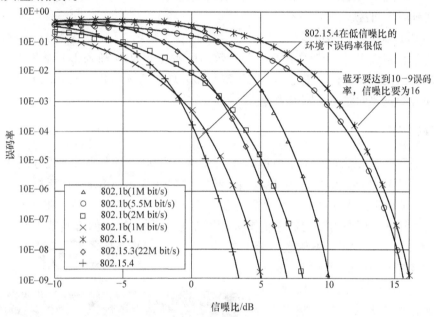

图 4-1　无线通信技术的信噪比抗干扰性能测试

4.3　智能硬件的无线技术格局

随着智能终端的普及，产业、技术与市场的成熟，加之国际品牌大厂的推动，物联网（IOT）、智能家居、智能安防已经开始走进人们的生活，它已经不再是一个炙手可热的概念，而是一批批不断涌现并畅销于市场的产品。

智能安防是智能家居的最为重要细分市场之一，而相比与其他智能家居应用，安防的远程监控、远程报警、智能联动的需求更为迫切。试想一下，当家中出现异常走动、煤气、烟雾问题，不在家中的你可以通过移动设备第一时间了解到家中的异常状况，以及时采取应对策略，减少你的财产损失，保护好你的家人，如图 4-2 所示为无线智能

图 4-2　无线智能安防控制系统架构

安防系统架构。

1. WiFi 基础设施

一般是用于覆盖一定范围（如 1 栋楼）的无线网络技术（覆盖范围 100m 左右）。现有的主要问题：功耗高、价格高、移动性差和组网能力差。

2. ZigBee 连接手段

用于低速率、低功耗场合，比如无线传感器网络，适用于工业控制、环境监测、智能家居控制等领域。现有的主要问题：推广难度大（需要网关连接网络，安装调试等综合成本高），产品成本高，网络延时不可控。

3. 蓝牙（Bluetooth）移动设备

目前，全球有超过 30 亿个蓝牙设备，其总数远远超过了 WiFi 和 Zigbee 设备的总量，蓝牙的领延伸到手机、游戏机、耳机、笔记本、汽车等很多领域，蓝牙 4.0 的推出，让蓝牙的应用领域更为拓广，现有的主要问题是组网能力差。

4.3.1 WiFi 技术

WiFi 是一种可以将个人电脑、手持设备（如 PDA、手机）等终端以无线方式互相连接的技术。WiFi 是一个无线网路通信技术的品牌，由 WiFi 联盟（WiFi Alliance）所持有。目的是改善基于 IEEE 802.11 标准的无线网路产品之间的互通性。与蓝牙一样，同属于在办公室和家庭中使用的短距离无线技术，但在电波的覆盖范围方面要略胜一筹。WiFi 的覆盖范围则可达 300 英尺左右（约合 90m），办公室自不用说，就是在小一点的整栋大楼中也可使用。因此，WiFi 一直是企业实现自己无线局域网所青睐的技术。如图 4-3 所示，WiFi 技术已经渗透到每一个角落——空中、地面、水下。

WiFi 似乎已经将消费者家中的大多数设备都连在一起，那为什么不通过它将智能硬件也都连在一起呢？虽然这样的想法看似理所当然，但是实际上大多数联网设备厂商一直不愿意使用 WiFi，这主要是因为 WiFi 的耗电量太大了，因此，对于很多廉价的微型设备来说，这就是一个巨大的问题。这些微型设备充一次电通常需要用好几个月甚至好几年。

图 4-3　WiFi 无线技术渗透图

WiFi 联合会（WiFi Alliance）打算改变这种状况，宣布了一种全新的、能够在低功率设备上使用的 WiFi 技术，可以让信号传播得更远，穿墙性能也比以前的 WiFi 技术更佳，这种新技术显然更适合智能家庭和物联网设备。新 WiFi 技术将被称作 WiFi HaLow，它是即将发布的 802.11ah 标准的拓展。WiFi 联合会打算从 2018 年开始验证 HaLow 产品，首批 HaLow 产品问世的时间可能会更早一点。

新 WiFi 技术可以弥补以前的 WiFi 技术在与蓝牙对比时的短板，它可以被应用到健身追踪器、家庭感应器、安保摄像头或其他家庭设备中。现在，很多设备比如摄像头已经支持 WiFi 技术，但是可穿戴设备和感应器中还应用得很少。HaLow 将是一种比蓝牙更优秀的解决方案。WiFi 联合会并未提到蓝牙技术，但它暗示 HaLow 的性能将比蓝牙技术更强。联合会的营销副总裁凯文·罗宾逊（Kevin Robinson）表示："HaLow 在电池续航时间和其他性能上面将能与现有的技术相媲美。"

如果 HaLow 技术真的能够表现得像 WiFi 联合会所说的那样，那将具有非常重要的意义。它不但能够完全取代蓝牙，而且信号传输距离更远，还能直接与路由器相连，也就是说能够直接与互联网相连。现有的手机和路由器必须升级 WiFi 芯片才能兼容 HaLow 产品，但是这只是时间早晚的问题，就像 5GHz WiFi 问世不久就被正式发布了一样。

HaLow 之所以具有这些优势，是因为它是在一个更优的频段上运行的。它运行的频段是 900MHz 频段，而现有的 WiFi 技术运行的频段是 2.4GHz 和 5GHz 频段，900MHz 频段的信号传播距离更远，穿透性更强。需要指出的是，与现有 WiFi 技术一样，HaLow 技术将在未授权的频段上运行，因此可能会存在一些干扰。

当然，HaLow 技术也有它自身的短板，那就是它并不适于用来快速传输数据。它并不适合用于浏览网页，而更适合用在高频率的微量数据传输上面。设备厂商可以按照各自的需求来定制 HaLow，以便提高传输速度，但是电池续航时间可能会因此而受到一些影响。

HaLow 可能要等到两年之后才会出现在智能家庭中，但是智能家庭和物联网才刚刚起步，因此 HaLow 的加盟时机可能并不算晚。罗宾逊表示："联合会认为 HaLow 将在物联网领域发挥出巨大的作用"。但他同时也承认，WiFi 可能不会是唯一的标准，没有人认为物联网会通过某种单一的联网技术整合在一起。

4.3.2 Bluetooth（蓝牙）技术

蓝牙（Bluetooth）使用 2.4 ~ 2.485GHz 的 ISM 波段无线电波，实现固定设备、移动设备和楼宇个人局域网之间的短距离数据交换。蓝牙技术最初由电信巨头爱立信公司于 1994 年创制，当时是作为 RS232 数据线的替代方案。蓝牙可连接多个设备，克服了数据同步的难题。蓝牙由蓝牙技术联盟 SIG（Bluetooth Special Interest Group）管理。蓝牙技术联盟在全球拥有超过 25 000 家成员公司，它们分布在电信、计算机、网络和消费电子等多重领域。IEEE 将蓝牙技术列为 IEEE 802.15.1，但如今已不再维持该标准。蓝牙技术联盟负责监督蓝牙规范的开发，管理认证项目，并维护商标权益。

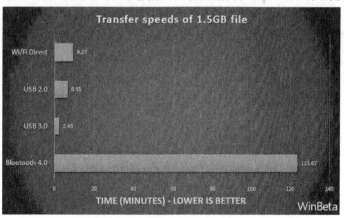

图 4-4 WiFi、USB、Bluetooth 之间的传输速率比较

制造商的设备必须符合蓝牙技术联盟的标准才能以"蓝牙设备"的名义进入市场。蓝牙技术拥有一套专利网络，可发放给符合标准的设备。如图 4-4 所示为 WiFi、USB、Bluetooth 之间的传输速率比较。

"蓝牙"技术的无线电收发器的链接距离可达 30ft（1ft = 0.3048m），不限制在直线范围内，甚至设备不在同一间房内也能相互链接；并且可以链接多个设备，最多可达 7 个，这就可以把用户身边的设备都链接起来，形成一个"个人领域的网络"（Personal areanetwork）。

1. 蓝牙 4.0 技术解析

蓝牙 4.0 是 2012 年最新蓝牙版本，是 3.0 的升级版本；较 3.0 版本更省电、成本低、3ms 低延迟、超长有效连接距离、AES – 128 加密等；通常用在蓝牙耳机、蓝牙音箱等设备。

1）速度：支持 1Mbit/s 数据传输率下的超短数据包，最少 8 个八组位，最多 27 个。所有连接都使用蓝牙 2.1 加入的减速呼吸模式（sniff subrating）来达到超低工作循环。

2）跳频：使用所有蓝牙规范版本通用的自适应跳频，最大程度地减少和其他 2.4GHz ISM 频段无线技术的串扰。

3）主控制：更加智能，可以休眠更长时间，只在需要执行动作的时候才唤醒。

4）延迟：最短可在 3ms 内完成连接设置并开始传输数据。

5）范围：提高调制指数，最大范围可超过 100m（根据不同应用领域，距离不同）。

6）健壮性：所有数据包都使用 24 – bitCRC 校验，确保最大程度抵御干扰。

7）安全：使用 AES – 128 CCM 加密算法进行数据包加密和认证。

8）拓扑：每个数据包的每次接收都使用 32 位寻址，理论上可连接数十亿设备；针对一对一连接优化，并支持星形拓扑的一对多连接；使用快速连接和断开，数据可以在网状拓扑内转移而无需维持复杂的网状网络。

2. 蓝牙 4.1 技术解析

传输速率更快。

1）支持"多连一"：在蓝牙 4.1 技术中，就允许设备同时充当"Bluetooth Smart"和"Bluetooth Smart Ready"，也就是说用户可以把多款设备连接到一个蓝牙设备上。

2）支持 IPv6：可穿戴设备上网不易的问题，也可以通过蓝牙 4.1 来解决，因为新标准加入了对 IPv6 专用通道联机的支持。

3）简化设备连接：将设备间的连接和重新连接进行了大幅修正，可以为厂商在设计时提供更多的设计权限，包括设定频段创建或保持蓝牙连接，从而提升蓝牙设备连接的灵活性。

4）降低与 LTE 网络间的干扰：一旦蓝牙 4.1 和 LTE 网络同时传输数据，蓝牙 4.1 就会自动协调两者的传输信息，从而减少其他信号对于自身的干扰，传输速率也就有了保障。

5）向下兼容，无需更换芯片：蓝牙 4.1 不仅可以向下兼容 4.0，更重要的是对现有的 4.0 设备来说，不需要更换芯片，只需要升级固件就可以免费升级到蓝牙 4.1。

3. 蓝牙系统组成

蓝牙系统一般由以下 4 个功能单元组成：天线单元、链路控制（固件）单元、链路管理（软件）单元和蓝牙软件（协议）单元。

4.3.3　ZigBee 技术

ZigBee 技术是一种短距离、低复杂度、低功耗、低数据速率、低成本的双向无线通信技术或无线网络技术，是一组基于 IEEE802.15.4 无线标准研制开发的有关组网、安全和应用软件方面的通信技术。ZigBee 联盟于 2005 年公布了第一份 ZigBee 规范"ZigBee Specification V1.0"。ZigBee 协议规范使用了 IEEE 802.15.4 定义的物理层（PHY）和媒体介质访问层（MAC），并在此基础上定义了网络层（NWK）和应用层（APL）架构。

ZigBee 凭借自身具备近距离、自组织、低速率、低成本、低功耗等独特优势，必将成为无线传感网络的最佳选择之一。ZigBee 无线传感网络技术优势如下：

1）低速率、自由频段：三个 ISM 可选工作频段，欧洲采用 868MHz 频段，速率为 20kbit/s；美国选用 915MHz 频段，速率为 40kbit/s；而我国选用 2.4GHz 频段，速率为 250kbit/s，全球通用、免付费、无需申请。

2）网络节点无限扩展：网络层分配地址采用分布式寻址方案，一种 64 位 MAC 长地址，由

IEEE 分配，全球唯一，最多可以容纳 65 535 个节点；另一种是 16 位网络短地址，由父节点分配，当前网络中唯一，最多可容纳 255 个节点。

3）短距离、覆盖面广：RF 收发天线可采用单端非平衡倒 F 型 PCB 天线，室内有障碍空间端到端的通信距离约为 10 ~ 100m，若附加 CC2591 距离扩展器模块可增加至 1 ~ 3km，且满足多节点自组网实现数据多跳传输，满足收发距离要求。

4）低功耗：收发模式均为 mW 级别，非工作时间为超低功耗休眠模式，普通 5 号电池的即可长时间连续续航，这是其他无线通信技术望尘莫及的。

5）安全可靠：采用冲突避免载波多路侦听技术（CSMA - CA），避开数据传输的竞争与冲突；模块采用自组网、动态路由的通信方式，保证了数据传输的可靠性；采用全球唯一的 64 位身份识别，并支持 AES - 128 加密，具有高保密性。

6）时延短：休眠激活时延仅为 15ms，设备搜索时延仅为 30ms，信道接入时延仅为 15ms，保证了数据传输的正确性，进一步降低了设备模块的功耗。

ZigBee 无线传感网络的显著优势使它在工业自动化、远程控制等拥有大量终端节点的设备网络中得到广泛应用，在其他相关领域也得到辐射与普及，例如智能建筑、家庭自动化、社区安防、环境检测、煤气水电抄表等现代化领域，如图 4-5 所示。

图 4-5　ZigBee 无线技术应用行业

在 ZigBee 无线传感网络中存在两种物理设备类型：全功能设备（Full Function Device，FFD）和精简功能设备（Reduced Function Device，RFD），两者相辅相成，紧密配合，共同完成无线传感网络的通信。全功能设备 FFD 具备的功能特性完整、齐全，支持 ZigBee 协议标准规范的所有性能特征。FFD 可作为协调器节点或路由器节点模块使用，具备控制器的存储、计算能力，实现数据发送、数据接收和路由选择等功能，与任何其他设备节点进行双向无线通信，所以 FFD 将消耗更多的能量和内存资源；精简功能设备 RFD 只具备局部特性。RFD 只能作为终端设备节点模块使用，只负责终端的数据采集并将其转发至上级 FFD 节点，只能与 FFD 节点完成通信，禁止与 RFD 节点通信，内存资源要求不高。

按 ZigBee 节点模块按组网功能可分为 Coordinator、Router 和 End - Device。ZigBee 网络由一个 Coordinator 以及若干 Router 和 End - Device 组成，如图 4-6 所示。

协调器节点（ZigBee Coordinator，ZC）包含 ZigBee 网络的所有数据信息，存储容量大，数据处理能力最强；整个网络中具有中唯一性，且必须为全功能设备 FFD，负责节点上电、网络启动与

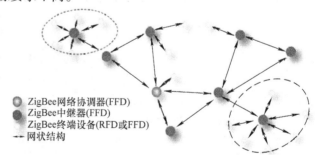

○ ZigBee网络协调器(FFD)
● ZigBee中继器(FFD)
　ZigBee终端设备(RFD或FFD)
→ 网状结构

图 4-6　ZigBee 网络节点类型分布图

配置，选择网络标示符（PAN ID）和通信信道（Channel），建立 ZigBee 网络，等待新节点入网，并分配 16 位短地址。

路由器节点（ZigBee Router，ZR）必须是全功能设备 FFD，成功入网后，获取 16 位网络短地址；负责路由发现与选择、路由建立与维护，并允许其他设备节点的入网或离网，可作为远距离通信的数据中转站，实现数据的多跳透传。

终端设备节点（ZigBee End – Device，ZE – D）为精简功能设备 RFD 或全功能设备 FFD，无路由功能，只能加入或离开 ZigBee 网络，只能与上级父节点实现双向通信，获取或转发相关信息，常处于有睡眠或激活工作模式，超低功耗。

4.3.4　Z – Wave 技术

Z – Wave 是由丹麦公司 Zensys 主导的无线组网规格，Z – wave 联盟（Z – wave Alliance）虽然没有 ZigBee 联盟强大，但是 Z – wave 联盟的成员均是已经在智能家居领域有现行产品的厂商，目前该联盟已经具有 160 多家国际知名公司，范围基本覆盖全球各个国家和地区。Z – Wave 联盟 logo 如图 4-7 所示。

尤其是国际大厂思科（Cisco）与英特尔（Intel）的加入，也强化了 Z – wave 在家庭自动化领域的地位。就市场占有率来说，Z – Wave 在欧美普及率比较高，知名厂商如（NWD）华顿、wintop、Leviton、control4 等。Z – Wave 是一种新兴的基于射频的、低成本、低功耗、高可靠、适于网络的短距离无线通信技术。工

图 4-7　Z – Wave 联盟 logo

作频带为 908.42MHz（美国）～868.42MHz（欧洲），采用 FSK（BFSK/GFSK）调制方式，数据传输速率为 9.6kbit/s，信号的有效覆盖范围在室内是 30m，室外可超过 100m，适合于窄带宽应用场合。随着通信距离的增大，设备的复杂度、功耗以及系统成本都在增加，相对于现有的各种无线通信技术，Z – Wave 技术将是最低功耗和最低成本的技术，有力地推动着低速率无线个人区域网。

Z – Wave 技术设计用于住宅、照明商业控制以及状态读取应用，例如秒表、照明及家电控制、HVAC、接入控制、防盗及火灾检测等。Z – Wave 可将任何独立的设备转换为智能网络设备，从而可以实现控制和无线监测。Z – Wave 技术在最初设计时，就定位于智能家居无线控制领域。采用小数据格式传输，40kbit/s 的传输速率足以应对，早期甚至使用 9.6kbit/s 的速率传输。与同类的其他无线技术相比，拥有相对较低的传输频率、相对较远的传输距离和一定的价格优势。

4.4　智能硬件 WiFi 模块的开发

WiFi – LPB100 系列产品用于实现串口到 WiFi 数据包的双向透明转发，用户无需关心具体细节，模块内部完成协议转换，串口一侧串口数据透明传输，WiFi 网络一侧是 TCP/IP 数据包，通过简单设置即可指定工作细节，设置可以通过模块内部的网页进行，也可以通过串口使用 AT 指令进行，一次设置永久保存。

WiFi – LPT100/WiFi – LPB100 模组是一款一体化的 802.11 b/g/n WiFi 的低功耗嵌入式 WiFi 模组，提供了一种将用户的物理设备连接到 WiFi 无线网络上，并提供 UART 数据传输接口的解决方案。通过该模组，传统的低端串口设备或 MCU 控制的设备可以方便接入 WiFi 无线网络，从

图 4-8　WiFi – LPT100/LPB100 模块示意图
a）WiFi – LPT100 模块图　b）WiFi – LPB100 模块

而实现物联网络控制与管理。如图 4-8 所示为 WiFi – LPT100/WiFi – LPB100 模块示意图。

该模组硬件上集成了 MAC，基频芯片，射频收发单元，以及功率放大器；嵌入式的固件则

支持 WiFi 协议及配置，以及组网的 TCP/IP 协议栈。WiFi – LPT100/WiFi – LPB100 采用业内最低功耗嵌入式结构，并针对智能家具、智能电网、手持设备、个人医疗、工业控制等这些低流量低频率的数据传输领域的应用，做了专业的优化。

WiFi – LPT100/WiFi – LPB100 尺寸较小，易于焊装在客户的产品的硬件单板电路上。且模块可选择内置或外置天线的应用，方便客户多重选择。

4.4.1　WiFi 功能特点

- 单流 WiFi@2.4 GHz，支持 WEP、WPA/WPA2 安全模式；
- 自主开发 MCU 平台，超高性价比；
- 完全集成的串口转 WiFi 无线功能；
- 支持在各种节电模式下以极低功耗工作；
- 支持多种网络协议和 WiFi 连接配置功能；
- 支持 STA/AP/STA + AP 共存工作模式；
- 支持 Smart Link 智能联网功能（提供 APP）；
- 支持无线升级固件；
- 内置/外置天线（I – PEX 连接器或焊接接口）；
- 支持多路 PWM 信号输出通道；
- 提供丰富 AT + 指令集配置；
- 超小尺寸；
- 3.3V 单电源供电；
- 支持低功耗实时操作系统和驱动；
- CE/FCC 认证；
- 符合 RoHS 标准。

4.4.2　WiFi 模块硬件参数的描述

WiFi – LPT100/WiFi – LPB100 模块技术参数见表 4-2。

表 4-2　WiFi – LPT100/WiFi – LPB100 模块技术参数

分类	参数	取值
无线参数	标准认证	FCC/CE
	无线标准	无线标准 802.11 b/g/n
	频率范围	频率范围 2.412GHz ~ 2.484GHz
	发射功率	802.11b：+16 +/ – 2dBm（@11Mbit/s）
		802.11g：+14 +/ – 2dBm（@54Mbit/s）
		802.11n：+13 +/ – 2dBm（@HT20，MCS7）
	接收灵敏度	802.11b：– 93 dBm（@11Mbit/s，CCK）
		802.11g：– 85 dBm（@54Mbit/s，OFDM）
		802.11n：– 82 dBm（@HT20，MCS7）
	天线	外置：I – PEX 连接器 （WiFi – LPT100/WiFi – LPB100） 内置：板载天线（WiFi – LPB100）

（续）

分类	参数	取值
硬件参数	数据接口	UART
		PWM/GPIO
		SPI（暂时保留）
	工作电压	3.0 ~ 3.6V
	工作电流	持续发送：200mA
	正常模式	平均：12mA，峰值：200mA
	工作温度	-40 ~ 85℃
	存储温度	-45 ~ 125℃
	尺寸	22mm×13.5mm×6mm（WiFi – LPT100） 23.1mm×32.8mm×2.7mm （WiFi – LPB100）
	外部接口	1×10，2mm 插针（WiFi – LPT100）
		SMT 表贴（WiFi – LPB100）
软件参数	无线网络类型	STA/AP/STA + AP
	安全机制	WEP/WPA – PSK/WPA2 – PSK
	加密类型	WEP64/WEP128/TKIP/AES
	升级固件	本地无线
	定制开发	可定制模块固件和内置网页二次开发
	网络协议	IPv4，TCP/UDP/FTP/HTTP
	用户配置	AT + 指令集 Web 页面

4.4.3　WiFi – LPT100 引脚定义

WiFi – LPT100 外观及引脚如图 4-9 和图 4-10 所示，其模块引脚功能定义见表 4-3。

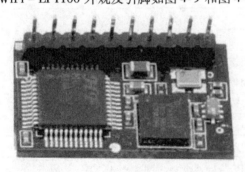

图 4-9　WiFi – LPT100 外观图

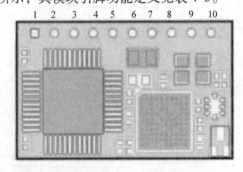

图 4-10　WiFi – LPT100 引脚定义

表 4-3　WiFi – LPT100 模块引脚功能定义

引脚	描述	网络名	信号类型	说明
1	Ground	GND	Power	
2	+3.3V	DVDD	Power	3.3V@250mA

（续）

引脚	描述	网络名	信号类型	说明
3	恢复出厂	配置	输入	低有效输入脚，可配置成 SmartLink 脚，必须接上拉电阻
4	模组复位	nReset	输入	低有效输入脚，必须接上拉电阻
5	串口接收	UART_ RX	输入	不用请悬空
6	串口发送	UART_ TX	输入，PU 上拉	不用请悬空
7	模块电源软开关	PWR_S W	输出	高有效输入脚，不用请悬空
8	PWM/WPS	PWM_3	输入／输出	默认 WPS 功能，可配成
9	PWM/nRead y	PWM_2	输入／输出	默认 nReady 功能，可配成 PWM/GPIO12，不用请悬空
10	PWM/nLink	PWM_1	输入／输出	默认 nLink 功能，可配成 PWM/GPIO11，不用请悬空

I—输入；O—输出；PU—内部上拉；I/O—输入/输出 GPIO；Power—电源。

<备注>：

1）该模块不支持带电插拔，若要插拔模块，请务必切断电源，否则将会烧坏模块。

2）对 nReload 和 nReset 引脚，需外接 5 ~ 10kΩ 的电阻上拉，否则会工作不稳定。

<引脚功能描述>

nReset：模块复位信号，输入，低电平有效。

模块 nReset 需接上拉电阻。当模块上电时或者出现故障时，MCU 需要对模块做复位操作，拉低至少 10ms 后拉高。

nReload：模块恢复出厂设置引脚，需接上拉电阻，输入低电平有效，可接成按键；不用时需接上拉电阻。

1）上电后，短按该键（<3S)，则模块进入 Smart Link 配置模式，等待 APP 密码推送；

2）上电后，长按该键（≥3S）后松开，则模块恢复出厂设置。

nLink：连接状态指示引脚，输出低有效，可接 led 灯。

1）在 Smart Link 配置模式，nLink 快闪提示模块等待配置，nLink 慢闪提示 APP 正在进行智能联网；

2）在正常模式，做为 WiFi 的连接状态指示灯；

nReady：模块正常启动状态指示引脚，输出低有效，可接 led 灯。

WPS：低有效，可外接按键，用于启动 WPS 功能。

UART0_ TXD/RXD：串口数据收发信号。

PWM_ N：模块 PWM 调光控制信号输出。也可配置为 GPIO 信号用于控制。另外可通过"AT + LPTIO = on"切换 PWM_1 功能为 nLink，PWM_2 功能为 nReady，PWM_3 功能为 WPS 按键，"AT + LPTIO = off"则相反。

4. 4. 4 WiFi – LPB100 引脚定义

WiFi – LPB100 引脚分布如图 4-11 所示。

WiFi – LPB100 模块引脚功能定义见表 4-4。

图 4-11 WiFi – LPB100 引脚定义

表 4-4　WiFi - LPB100 模块引脚定义

引脚	描述	网络名	信号类型	说明
1、17、32、48	Ground	GND	Power	
2	Debug 功能脚	SWCLK	I, PD	调试功能脚，请悬空
3		NC		
4		NC		
5	Debug 功能脚	SWD	I/O , PU	
6		N. C		
7	GPIO/睡眠 管理	Sleep_RQ	I, PU	（功能暂时保留）
8	GPIO/睡眠 管理	Sleep_ON	O	
9	+3.3V 电源	DVDD	Power	
10		NC		保留，无连接
11	PWM/GPIO	PWM_1	I/O	GPIO11，不用悬空
12	PWM/GPIO	PWM_2	I/O	GPIO12，不用悬空
13		NC		保留，无连接
14		NC		保留，无连接
15	WPS/GPIO	GPIO15	I/O	默认 WPS 功能引脚，可配置成 GPIO15 16
16		NC		保留，无连接
18	PWM/GPIO	PWM_3	I/O	GPIO18，不用悬空
19		NC		保留，无连接
20	PWM/GPIO	PWM_4	I/O	GPIO20，不用悬空
21		NC		保留，无连接
22		NC		保留，无连接
23	GPIO	GPIO	I/O	GPIO23，不用悬空
24		NC		保留，无连接
25	模块电源 软开关	PWR_SW	I, PU	"0" – 模块关电 "1" – 模块上电
26		NC		保留，无连接
27	SPI Data In	SPI_MISO	I	功能暂时保留
28	SPI 接口	SPI_CLK	I/O	
29	SPI 接口	SPI_CS	I/O	
30	SPI Data Out	SPI_MOSI	O	
31	+3.3V 电源	DVDD	POWER	
33		NC		保留，无连接
34	+3.3V 电源		POWER	
35		NC		保留，无连接
36		NC		保留，无连接
37		NC		保留，无连接
38		NC		保留，无连接
39	UART0	UART0_ TX	O	串口通信及流控
40	UART0	UART0_ RTS	I/O	
41	UART0	UART0_ RX	I	
42	UART0	UART0_ CTS	I/O	

（续）

引脚	描述	网络名	信号类型	说明
43	WiFi 状态指示	nLink	O	"0" – WiFi 链接 "1" – No WIFI 链接
44	模组启动指示	nReady	O	"0" – 完成启动； "1" – 没有完成启动
45	恢复出厂配置	nReload	I	低有效输入脚，可配置成 SmartLink 脚。 必须接上拉电阻
46		NC		保留，无连接
47	模组复位	EXT_RE SETn	I	低有效复位输入脚，必须接上拉电阻

说明：

I—输入；O—输出；PU—内部上拉；I/O—输入/输出 GPIO；Power—电源。

主要引脚功能描述：

nReload：模块恢复出厂设置引脚，需接上拉电阻，输入低电平有效，可接成按键。

nLink：连接状态指示引脚，输出低有效，可接 led 灯。

nReady：模块正常启动状态指示引脚，输出低有效，可接 led 灯。

UART0_TX/RX：串口数据收发信号。

PWM_N：模块 PWM 调光控制信号输出。

4.4.5　WiFi – LPB100 电气特性

WiFi – LPB100 的电气特性见表 4-5。

表 4-5　WiFi – LPB100 电气特性

参数	条件	最小值	典型值	最大值	单位
存放温度范围	–	– 45	–	125	℃
最大焊接温度	IPC/JEDEC J – STD – 020	–	–	260	℃
工作电压	–	0	–	3.6	V
任意 I/O 脚电压	–	0	–	3.3	V
静电释放量（人体模型）	TAMB = 25°C	–	–	2	kV
静电释放量（充电模型）	TAMB = 25°C	–	–	1	kV

WiFi – LPB100 供电和功耗见表 4-6。

表 4-6　WiFi – LPB100 供电和功耗

参数	条件	最小值	典型值	最大值	单位
电压工作电压		3.0	3.3	3.6	V
工作电流峰值	连续发送	–	200	–	mA
工作电流 IEEE PS	DTIM = 100 ms	–	12	–	mA
输出最高电压	Sourcing 6mA	2.8	–	–	V
输入最高电压	–	2.2	–	–	V
输入最低电压	–	–	–	0.8	V

4.4.6　WiFi – LPT100／WiFi – LPB100 机械尺寸和天线

WiFi – LPT100 机械尺寸（单位：mm）如图 4-12 所示。

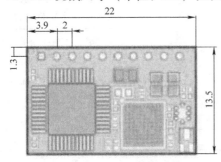

图 4-12　WiFi – LPT100 机械尺寸

WiFi – LPT100 支持 IPEX 连接器天线接口，根据 IEEE 802.11b/g/n 标准的要求，WiFi – LPT100 需连接 2.4G 的外置天线，如图 4-13 所示。外置天线的参数要求见表 4-7。

WiFi – LPB100 机械尺寸（单位：mm），如图 4-14 所示。

图 4-13　WiFi – LPT100 外置天线接头示意

表 4-7　WiFi – LPT100 外置天线参数要求

项目	参数
频率范围/GHz	2.4 ~ 2.5
阻抗/Ω	50
VSWR	2（Max）
回波损耗	– 10dB（Max）
连接类型	I – PEX

WiFi – LPB100 支持内置天线和外置 I – PEX 天线接口两种类型。

（1）内置天线版本

1）天线远离金属，至少要距离周围有较高的元器件 10mm 以上。

2）天线部分不能被金属外壳遮挡，塑料外壳需要距离天线至少 10 毫米以上。

（2）外置天线

根据 IEEE 802.11b/g/n 标准，WiFi – LPB100 需连接 2.4G 的外置天线。外置天线采用 I – PEX 接口。外置天线参数与 WiFi – LPT100 外置天线参数要求相同见表 4-7。

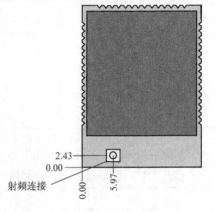

图 4-14　WiFi – LPB100 机械尺寸

4.4.7　WiFi – LPB100 工作模式

模块共有三种工作模式：透传模式、命令模式、PWM/GPIO 模式。工作模式的切换方法如下。

1. 透传模式

在该模式下，模块实现串口与网络之间的透明传输，实现通用串口设备与网络设备之间的数据传递。串口透明传输模式的优势在于可以实现串口与网络通信的即插即用,从而最大程度地降低用户使用的复杂度。模块工作在透明传输模式时,用户仅需要配置必要的参数,即可实现串口与网络的通信。上电后,模块自动连接到已配置的无线网络和服务器。透明传输模式完全兼容用户自己的软件平台,减少了集成无线数据传输的软件开发工作量。

2. 命令模式

在该模式下,用户可通过 AT 命令对模块进行串口及网络参数查询与设置。在命令模式下,模块不再进行透传工作,此时串口用于接收 AT 命令,用户可以通过串口发送 AT 命令给模块,用于查询和设置模块的串口、网络等相关参数。从透传进入命令模式的方法以及 AT 命令的详解请见 AT 命令。

3. PWM/GPIO 模式

在该模式下,用户可通过网络命令实现对 PWM/GPIO 的控制。

4.4.8 无线组网方式

WiFi – LPT100/WiFi – LPB100 无线模块有三种配置模式:STA、AP、AP + STA,如图 4-15 所示,可以为用户提供十分灵活的组网方式和网络拓扑方法。

加密方式是对消息数据加密,保证数据的安全传输,增加通信的安全性。WiFi – LPT100/WiFi – LPB100 支持多种无线网络加密方式,包括 WEP、WPA – PSK/TKIP、WPA – PSK/AES、WPA2 – PSK/TKIP、WPA2 – PSK/AES。

AP 即无线接入点,是一个无线网络的中心节点。通常使用的无线路由器就是一个 AP,其他无线终端可以通过 AP 相互连接。模块作为 STA 是一种最常用的组网方式,由一个路由器 AP 和许多 STA 组成,如图 4-15 所示。其特点是 AP 处于中心地位,STA 之间的相互通信都通过 AP 转发完成。

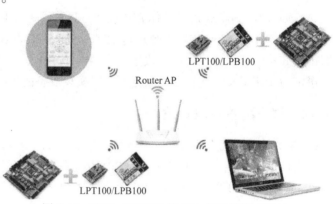

图 4-15 WiFi – LPB100 的 STA 组网结构(STA)

注意:模块在 AP 模式下,最多只能支持接入 2 个 STA 设备。

STA 即无线站点,是一个无线网络的终端,如笔记本电脑、PDA 等。

模块作为 AP 模式,可以达到手机/PAD/电脑在无需任何配置的情况下,快速接入模块进行数据传递。另外,还可以登录模块的内置网页进行参数设置,如图 4-16 所示。

4.4.9 Socket 通信

WiFi – LPT100/WiFi – LPB100 模块有两个 TCP Socket:Socket A 和 Socket B。向模块串口写入的数据,模块会自动向 Sock-

图 4-16 WiFi – LPB100 的 AP 组网结构

et A 和 B 同时发送；模块通过 Socket A 或 B 接收的数据，都通过串口发送出来。通过对双 Socket 的不同设定，可以实现多种网络互连方式。在模块出厂设置时，只打开 Socket A，Socket B 默认是不做连接的，如果用户需要使用，请用 AT 命令设定。

1）Socket A　Socket A 的工作方式包括：TCP Server、TCP Client、UDP Client、UDP Server，设定方法请参照 AT 指令中的 AT + NETP 指令进行设置。当 Socket A 设置成 TCP Server 时，可支持最多达到 5 个 TCP Client 的 TCP 链路连接。在多 TCP 链路连接方式下，从 TCP 传输的数据会被逐个转发到串口上。从串口上过来的数据会被复制成多份，在每个 TCP 链接转发一份。具体数据流程如图 4-17 所示。

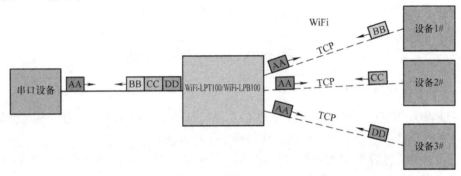

图 4-17　多 TCP 链接数据传输图示

2）Socket B　Socket B 的工作方式包括：TCP Client、UDP Client、UDP Server，设定方法请参照 AT 指令中的 AT + SOCKB 指令进行设置。Socket B 的多种工作方式，可以为用户提供灵活的数据传递方式，如可将 Socket B 设定为 UDP Server 模式，来支持局域网内设备搜索。可将 Socket B 设定为 TCP Client 连接远程服务器，以实现设备的远程控制。

4.4.10　网页配置模块参数

1. Web 管理页面介绍

首次使用 WiFi - LPT100/WiFi - LPB100 模块时，需要对该模块进行一些配置。用户可以通过 PC 连接 WiFi - LPT100/WiFi - LPB100 模块的 AP 接口，并用 Web 管理页面配置。默认情况下，WiFi - LPT100/WiFi - LPB100 的 AP 接口 SSID、IP 地址、用户名、密码见表 4-8。

表 4-8　WiFi - LPT100 /WiFi - LPB100 网络默认设置表

参数	默认设置
SSID	WiFi - LPT100/WiFi - LPB100
IP 地址	10. 10. 100. 254
子网掩码	255. 255. 255. 0
用户名	admin
密码	admin

2. 打开管理网页

首先用 PC 的无线网卡连接 WiFi - LPT100/WiFi - LPB100，等连接好后，打开 IE 浏览器，在地址栏输入 http：//10. 10. 100. 254，回车出现登录页面如图 4-18 所示。在弹出来对话框填入用户名和密码，然后"OK"。网页会出现 WiFi - LPT100/WiFi - LPB100 的管理页面。如图 4-19 所示，WiFi - LPT100/WiFi - LPB100 管理页面支持中文和英文，可以在右上角选择。菜单分 9

个页面，分别为"系统信息""模式选择""STA 设置""AP 设置""其他设置""账号管理"
"软件升级""重启模组"及"恢复出厂"。

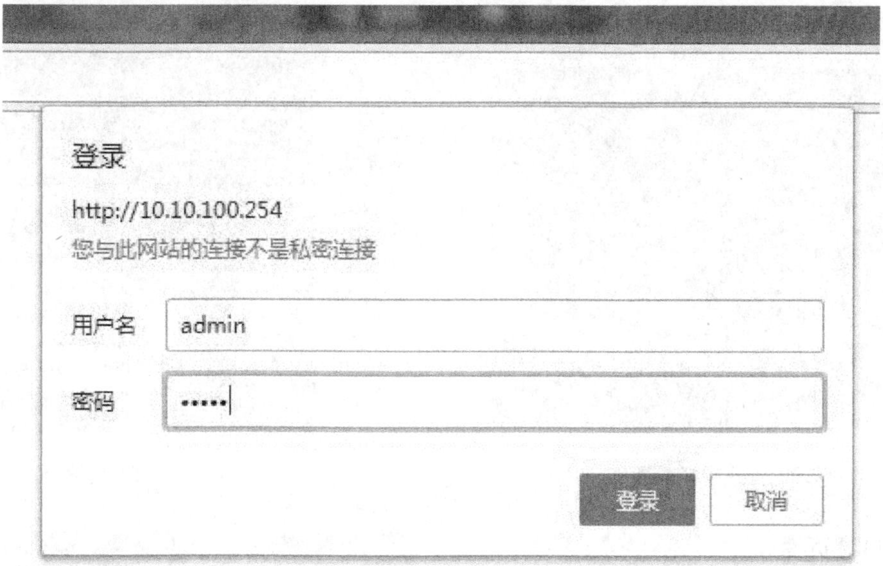

图 4-18　管理登录页面

3. 系统信息页面

管理登录页面单击"OK"后，出现系统信息页面如图 4-19 所示。

在本页面，用户可以获得当前设备的重要状态信息，包括：设备序列号，固件版本，无线组
网信息以及相关的参数设置情况，并可以读到 STA 模式下的无线信号强度指示。

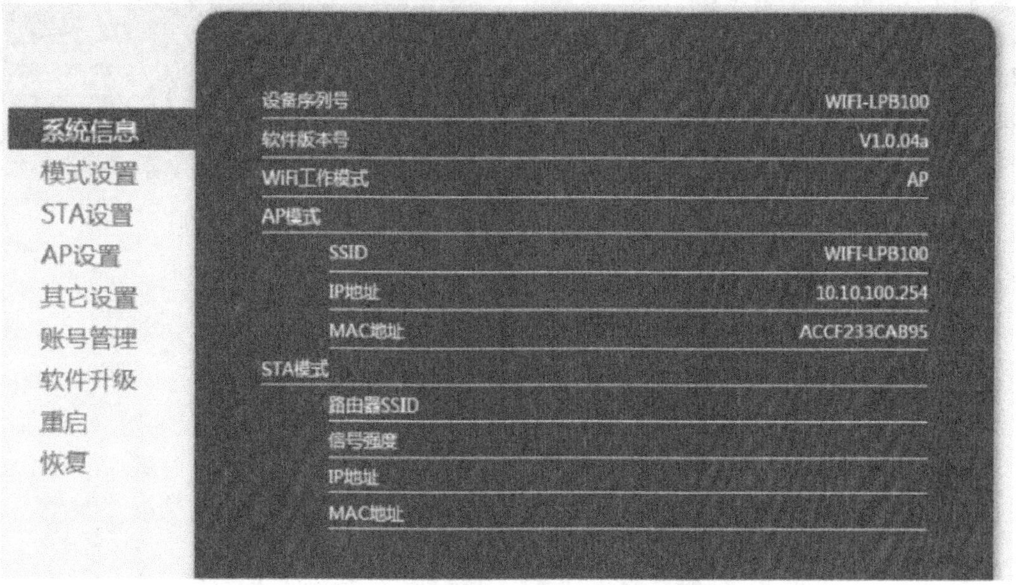

图 4-19　系统信息页面

4. 模式选择页面

WiFi – LPT100/WiFi – LPB100 模组即可以作为无线接入点（AP 模式）方便用户对设备进行
配置，也可以作为无线信息终端（STA 模式）通过无线路由器连接远程服务器。更可以配置成
AP + STA 模式，给用户的使用提供了灵活的组网方式。如图 4-20 所示。

5. STA 设置页面

在本页面，用户可以单击［搜索］按钮自动搜索附近的无线接入点，并通过网络参数连接上它。这里提供的加密等信息一定要和对应的无线接入点一致才正确连接，如图 4-21 所示。

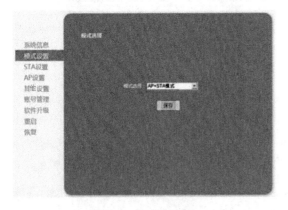

图 4-20　模式选择页面

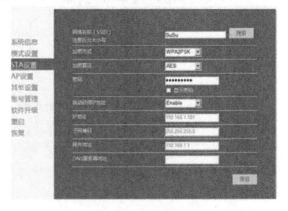

图 4-21　STA 设置页面

6. AP 设置页面

当用户选择模块工作在 AP 或 AP + STA 模式时，需要设置本页无线和网络参数。大多数系统支持 DHCP 自动获取 IP，建议您设定局域网参数 DHCP 类型为"服务器"，否则，相应的 STA 需手动输入网络参数。如图 4-22 所示。

7. 恢复出厂页面

恢复出厂设置后，所有用户的配置都将删除，模块自动恢复到 AP 模式，用户可以通过 http：// 10. 10. 100. 254 来重新配置，登录用户名和口令都是 admin，如图 4-23 所示。

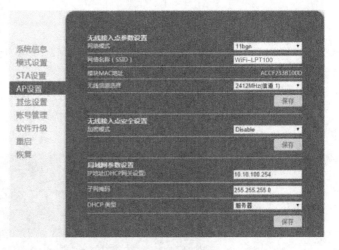

图 4-22　AP 设置页面

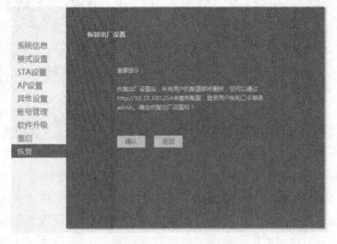

图 4-23　AP 设置页面

4.4.11　串口 AT 命令配置参数

AT + 指令是指在命令模式下用户通过串口与模块进行命令传递的指令集，后面将详细地讲解模块各工作模式的切换方法以及具体 AT + 指令的使用格式。

WiFi – LPT100 上电后，进入默认的模式即透传模式，用户可以通过串口命令把模块切换到命令行模式。模块的默认 UART 口参数配置如图 4-24 所示。

在命令行模式下，用户可以通过 AT + 指令利用 UART 口对模块进行设置。

说明：AT 命令调试工具推荐使用 SecureCRT 软件工具。用户均可以在本公司网站下载获得，以下介绍均使用 SecureCRT 工具演示。

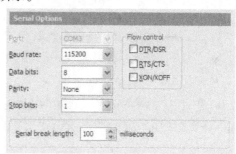

图 4-24　WiFi – LPT100/WiFi – LPB100
默认 UART 参数

1. 工作模式的切换

从透传模式切换到命令模式需要以下两个步骤：

1）在串口上输入"＋＋＋"，模块在收到"＋＋＋"后会返回一个确认码"a"。

2）在串口上输入"a"，模块收到确认码后返回"a + ok"确认，进入命令模式，如图 4-25 所示。

说明：

1）在输入"＋＋＋"和确认码"a"时，串口没有回显，如图 4-25 所示。

2）输入"＋＋＋"和"a"需要在一定时间内完成，以减少正常工作时误进入命令模式的概率，具体要求如图 4-26 所示。

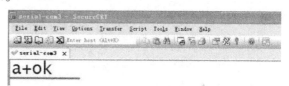

图 4-25　串口无回显

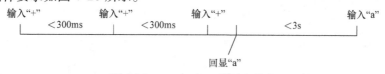

图 4-26　＋＋＋ 与 a 的时序要求

从命令模式切换到透传模式需要采用 AT + ENTM 命令，在命令模式下输入 AT + EN-TM，以回车结尾，即可切换到透传模式。

注意：这里的工作模式切换均是临时切换，模块重启后依然为模块默认工作模式，若需要更改模块默认工作模式，请参考 AT + TMODE 指令。

2. AT + 指令集概述

AT + 指令可以直接通过超级终端等串口调试程序进行输入，也可以通过编程输入。如图4-27 所示，通过 SecureCRT 工具，AT + H 是一条帮助指令，列出所有的指令及说明。

AT + 指令采用基于 ASCII 码的命令行，指令的格式如下：

```
AT+H
+ok

AT+: NONE command, reply "+ok".
AT+ASWD: Set/Query WiFi configuration code.
AT+E: Echo ON/Off, to turn on/off command line echo function.
AT+ENTM: Goto Through Mode.
AT+NETP: Set/Get the Net Protocol Parameters.
AT+UART: Set/Get the UART Parameters.
AT+UARTF: Enable/disable UART AutoFrame function.
AT+UARTFT: Set/Get time of UART AutoFrame.
AT+UARTFL: Set/Get frame length of UART AutoFrame.
AT+UARTTE: Set/Query UART free-frame triggerf time between two byte.
AT+PING: General PING command.
AT+WAP: Set/Get the AP parameters.
AT+WAKEY: Set/Get the Security Parameters of WIFI AP Mode.
AT+WMODE: Set/Get the WIFI Operation Mode (AP or STA).
AT+WSKEY: Set/Get the Security Parameters of WIFI STA Mode.
AT+WSSSID: Set/Get the AP's SSID of WIFI STA Mode.
AT+WSLK: Get Link Status of the Module (Only for STA Mode).
AT+WSLQ: Get Link Quality of the Module (only for STA Mode).
AT+WSCAN: Get The AP site survey (only for STA Mode).
AT+WEBU: Set/Get the Login Parameters of WEB page.
AT+TCPLK: Get The state of TCP link.
AT+TCPTO: Set/Get TCP time out.
AT+TCPDIS: Connect/Dis-connect the TCP Client link
AT+RECV: Recv data from UART
AT+SEND: Send data to UART
AT+WANN: Set/Get The WAN setting if in STA mode.
AT+LANN: Set/Get The LAN setting if in ADHOC mode.
AT+RELD: Reload the default setting and reboot.
AT+RLDEN: Put on/off the GPIO12.
AT+Z: Reset the Module.
AT+MID: Get The Module ID.
AT+VER: Get application version.
AT+H: Help.
```

图 4-27　AT + H 列出所有指令示意图

1）格式说明：

< >：表示必须包含的部分

[ ]：表示可选的部分

2）命令消息：

AT + < CMD > [op] [para－1，para－2，para－3，para－4，，] < CR >

AT +：命令消息前缀；

CMD：指令字符串；

[op]：指令操作符，指定是参数设置或查询；

◆ "＝"：表示参数设置

◆ "NULL"：表示查询

[para－n]：参数设置时的输入，如查询则不需要；

< CR >：结束符，回车，ASCII 码 0x0a 或 0x0d；

< 说明 >：

输入命令时，"AT + < CMD >" 字符自动回显成大写，参数部分保持不变。

3）响应消息：

＋ < RSP > [op] [para－1，para－2，para－3，para－4，，] < CR > < LF > < CR > < LF >

＋：响应消息前缀；

RSP：响应字符串，包括：

◆ "ok"：表示成功

◆ "ERR：表示失败

[op]：＝

[para－n]：查询时返回参数或出错时错误码

< CR >：ASCII 码 0x0d；

< LF >

4）错误码见表4-9。

表4-9　错误码列表

错误码	说明
－1	无效的命令格式
－2	无效的命令
－3	无效的操作符
－4	无效的参数
－5	操作不允许

3. AT + 指令集详解

AT + 指令集见表4-10。

表4-10　AT+指令集

NO	指令	描述
		管理指令
1	E	打开/关闭回显功能
2	WMODE	设置/查询 WiFi 操作模式（AP/STA/APSTA）
3	ENTM	进入透传模式
4	TMODE	设置/查询模组的数据传输模式
5	MID	查询模块 ID
6	RELD	恢复出厂设置
7	Z	重启模块
8	H	帮助指令

（续）

NO	指令	描述
		配置指令
9	CFGTF	复制用户配置参数到出厂配置设置
		UART 指令
10	UART	设置/查询串口参数
11	UARTF	开启/关闭自动成帧功能
12	UARTTL	设置/查询自动成帧出发时间
13	UARTFL	设置/查询自动成帧触发长度
14	UARTE	设置/查询自动组帧每个字节间隔
		网络协议指令
15	PING	网络 "ping" 指令
	Sock A 参数指令	
17	SEND	在命令模式喜爱发送数据
18	RECV	在命令模式喜爱接收数据
19	MAXSK	设置限制 TCP Client 接入数
20	TCPLK	查询 TCP 链接是否已建链
21	TCPT0	设置/查询 TCP 超时时间
22	TCPDIS	建立/断开 TCP 链接
		SOCK B 参数指令
23	SOCKB	设置/查询 SOCKB 网络协议参数
24	TCPDISB	建立/断开 TCP_B 链接
25	TCPTOB	设置/查询 TCP_B 超时时间
26	TCPLKB	查询 TCP_B 链接是否已建链接
27	SNDB	在命令模式下发送数据到 SOCKB
28	RCVB	在命令模式下从 SOCKB 接收数据
		WiFi STA 命令
29	WSSSID	设置/查询关联 AP 的 SSID
30	WSKEY	设置/查询 STA 的加密参数
31	WANN	设置/查询 STA 的网络参数
32	WSMAC	设置/查询 STADE 的 MAC 地址参数
33	WSLK	查询 STA 的无线 Link 状态
34	WSLQ	查询 STA 的无线信号强度
35	WSCAN	搜索 AP
36	WSDNS	设置/查询 STA 模式静态配置下 DNS 服务器地址
		WiFi AP 指令
37	LENN	设置/查询 AP 的网络参数
38	WAP	设置/查询 AP 的 WiFi 配置参数
39	WAKEY	设置/查询 AP 的加密参数
40	WAKAC	查询 AP 的 MAC 地址参数
41	WADHCP	设置/查询 AP 的 DHCP Server 状态
42	WALK	查询链接上模块 AP 的 STA 设备 MAC 地址
43	WALKIND	设置/查询模块 AP 模式下的链接状态指示
44	PLANG	设置/查询网页的语言模式
45	WEBU	设置/查询网页登录用户名和密码
46	MSLP	设置模块进入低功耗模块，关闭 WiFi（暂未实现）
47	NTPRE	设置/查询时钟校准间隔
48	NTPPEN	打开/关闭校准功能
49	NTPTM	查询时间
50	WRMID	设置模块 ID
51	ASWD	设置/查询模块搜索口令
52	MDCH	设置 WiFi 自动切换功能
53	TXPWR	设置/查询发射功率
54	WPS	启动 WPS 功能
55	WPSBTNEN	使能/关闭 GPIO15 按键 WPS 功能
56	SMTLK	启动 SmartLink 功能
57	LPTIO	打开/关闭 GPIO15 nLink 指示功能

4.4.12　WiFi – LPB100 快速入门

1. 模块测试硬件环境

为了测试串口到 WiFi 网络的通信转
换，将模块的串口与计算机连接，WiFi
网络也和计算机建立链接。由于需要同时
具有 WiFi 和串口的特殊要求，这里采用
台式机加 WiFi 网卡的形式测试，台式机
自带串口。WiFi 硬件连接示意图如图
4-28 所示。

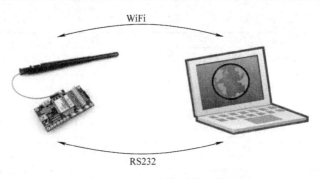

图 4-28　WiFi 硬件连接示意图

关于串口的连接，模块的引脚引出为 3.3V TTL 电平，不能直接和计算机连接，需要带底板
或者用户有 TTL 转 RS232 的转接线再连到计算机上。

2. 网络连接

下面以 WiFi – LPT100 模块示例，其他模块除 SSID 不同，其他均相同。打开无线网络连接，
搜索网络，如图 4-29 所示的 WiFi – LPT100 即是模块的默认网络名称（SSID）。加入网络，选择
自动获取 IP，WiFi 模块支持 DHCP Server 功能并默认开启。无线网络连接示意如图 4-30 所示。

图 4-29　无线网络 SSID 搜索

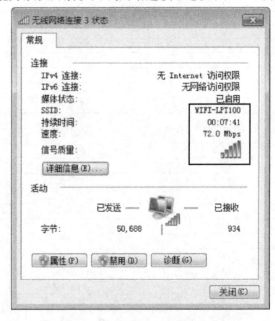

图 4-30　无线网络连接示意

3. 数据传输测试

模块的初始参数：

1）模块默认的 SSID 为：WiFi – LPT100；

2）模块加密方式默认为：open，none；

3）用户串口参数默认为：115200，8，1，None；

4）网络参数默认值：TCP，Server，8899，10.10.100.254；

5）模块本身 IP 地址：DHCP，0.0.0.0，0.0.0.0，0.0.0.0

现在只需要按照参数相应设置网络通信参数，就可以进行串口 < – – >WiFi 通信，操作步

骤如下：

1）打开测试软件 TCP232 串口转网络调试助手，选择硬件连接到计算机的相应串口，选择 WiFi 模块串口默认波特率 115200，打开串口。

2）网络设置区选择 TCP Client 模式，服务器 IP 地址输入 10.10.100.254，此为 WiFi 模块默认的 IP 地址，服务器端口号 8899，此为模块默认监听的 TCP 端口号，单击连接建立 TCP 连接。

至此，我们就可以在串口和网络之间进行数据收发测试了，串口到网络的数据流向是：计算机串口→模块串口→模块 WiFi→计算机网络；网络到串口的数据流向是：计算机网络→模块 WiFi→模块串口→计算机串口。具体演示如图 4-31 所示。

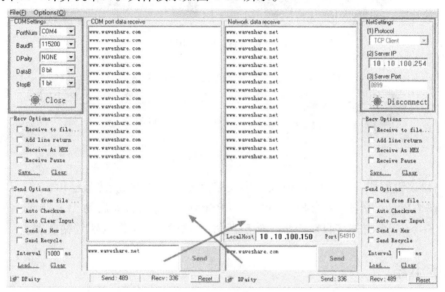

图 4-31　串口/网络参数设定及传输测试

4. 产品应用举例

1）无线遥控应用。在无线遥控应用中，WiFi – LPT100/WiFi – LPB100 模块工作在 AP 模式。模块的串口连接用户设备。控制客户端（例如图 4-32 中的智能手机）就可以通过无线网络控制用户设备。

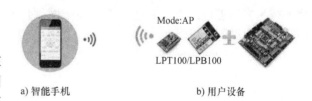

a）智能手机　　　　　　　b）用户设备

图 4-32　无线遥控应用图示

2）远程连接应用。远程连接应用中如图 4-33 所示，模块作为 STA，通过网关连接到 Internet 网上。模块设置为 TCP Client，与 Internet 网上的远端 TCP server 相连。用户设备通过串口连接到模块。

这种组网应用可以采集用户设备上的数据并将其发送到服务器上处理和存储，服务器也可以发送命令对用户设备进行控制。用户既可以用手机或者 PC 通过局域网进行设备控制，又可以远程通过手机或 PC 与服务器通信，实现远程数据获取或者远程设备控制。

3）透明串口　这一应用中，两个 WiFi – LPT100/WiFi – LPB100 模块组网 WiFi 无线点对点连接，如图 4-34 所示，这样的组网为两个用户设备搭建了一个透明串口通路。设置如下：

① 左边模块设置为 AP 模式，SSID 及 IP 地址默认，网络协议设置成 TCP/Server 模式，协议端口默认为 8899。

② 右边模块设置为 STA 模式，SSID 设为要连接的 AP 的 SSID（如 WiFi – LPT100），默认为

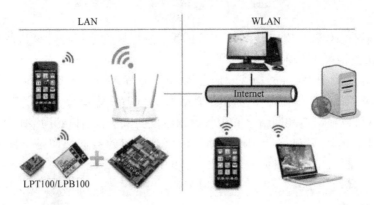

图 4-33　远程连接应用图示

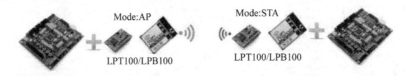

图 4-34　透明串口应用

DHCP，网络协议设置成 TCP/Client 模式，协议端口 8899，IP 地址配置为 10、10、100、254。

当右边模块启动后会找 AP（SSID：WiFi‐LPT100），然后自动启动 TCP client 端并连接左边模块的 TCP Server。所有连接自动完成，然后两边的 UART 就可以透明传输数据。

4.5　本章小结

本章主要介绍了物联网技术应用，并对 WiFi、Bluetooth（蓝牙）、ZigBee 和 Z‐Wave 物联网相关技术内容进行介绍，重点分析了物联网硬件开发模块 WiFi‐LPB100 的工作原理与技术应用，并给出案例分析。

第5章 51单片机C语言的程序设计

随着单片机技术的发展，越来越多的单片机爱好者喜欢用以C语言为主流的高级语言对单片机进行编程。C语言是51单片机进行软件设计最为常用的设计语言之一，可移植性好，易用易懂。

单片机C语言具有以下优点：

1）提供了常用的函数库，以便初学者使用。

2）不需要初学者了解具体的单片机硬件结构，也可以进行编程。

3）C语言有着丰富的数据类型，极大地增强了处理程序的灵活性。

4）C语言编译器具有较为严格的语法检查，语法上出现错误较少。

5）C语言有着多种函数类型，把复杂的程序划分成多段，方便段落式程序编写。

6）C语言只有一个主体函数和其他多个子函数构成，方便查阅程序。

为了使初学者更好地使用C语言对51单片机进行开发使用，本章将对C语言中的重点知识进行介绍。其中包括C语言的数据类型、运算符、数组、指针以及程序设计语句。这些都是单片机C语言组成中不可缺少的一部分，是每个单片机爱好者认识和学习单片机的基础。

5.1 数据类型

C语言中基本数据类型有字符型（char）、位变量型（bit）、单精度浮点型（float）、双精度浮点型（double）等，具体如图5-1所示，数据类型的长度和范围见表5-1。

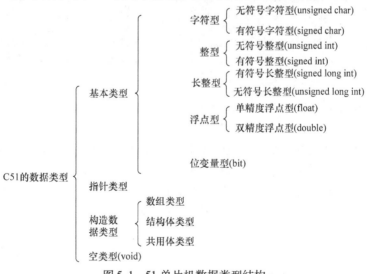

图5-1 51单片机数据类型结构

1. char 字符型

char字符型通常用来定义字符数据的常量或者变量，分为无符号字符类型 unsigned char（数值范围为0~255）和有符号字符类型 signed char（数值范围为−128~+127），char字符类型的长度是一个字节（byte）。

2. int 整型

int 整型通常用来定义整数类型的常量或者变量，分为有符号整型 signed int（数值范围为 -32768 ~ +32767）和无符号整型 unsigned int（数值范围为 0 ~ 65535），int 整型的长度为两个字节。

3. long 长整型

long 长整型通常用来定义整数类型的常量或者变量，分为有符号长整型 signed long（数值范围为 -2147483648 ~ +2147483647）和无符号长整型 unsigned long（数值范围为 0 ~ 4294967295），long 长整型的长度为 4 个字节。

4. float 浮点型

float 浮点型通常用来定义含有小数的常量或者变量，在十进制中具有 7 位有效数字。Float 浮点型的长度为 4 个字节。

5. 指针型

指针型在 C 语言结构中本身就是作为一个变量存在，指针指向于这个变量中存放的某个数据的地址。

6. bit 位变量

bit 位变量在单片机 C 语言中是用来定义一个位标量，但是不能定义指针。它的值为一个二进制（0 或 1）。C 语言中数据类型的长度和范围见表 5-1。

表 5-1　C 语言中数据类型的长度和范围

类型	长度/bit	长度/字节	范围
位变量型	1	…	0, 1
无符号字符型	8	单字节	0 ~ 255
有符号字符型	8	单字节	-128 ~ 127
无符号整数型	16	双字节	0 ~ 65536
有符号整数型	16	双字节	-32768 ~ 32767
无符号长整数型	32	四字节	0 ~ 4294967295
有符号长整数型	32	四字节	-2147483648 ~ 2147483647
单精度浮点型	32	四字节	$\pm 1.175e-38 ~ \pm 3.402e+38$
双精度浮点型	32	四字节	$\pm 1.175e-38 ~ 3.402e+38$
一般指针	24	三字节	存储空间：0 ~ 65536

5.2　运算符与表达式

运算符是传达给编译器执行某一特定的逻辑操作符号。C 语言中常见的运算符种类有：算术运算符、赋值运算符、关系运算符、逻辑运算符、位操作运算符，见表 5-2。在 C 语言中，运算符有单、双目之分，双目运算符需要两个操作数；而单目运算符只需要一个操作数。

表 5-2　C 语言常见运算符

名称	符号
算术运算符	+ - * / ++ -- %
赋值运算符	= += -= *= /= %= >>= <<=
关系运算符	> < == >= <= !=
逻辑运算符	&& ‖ !
位操作运算符	<< >> ~ ^ ‖ &
指针运算符	* &
特殊运算符	( ) [ ]

5.2.1　算术运算符

算术运算符是最基本、最常见的运算符之一，用于各类的数值运算。常见的双目算术运算符包括加（＋）、减（－）、乘（＊）、除（/）、取余（％）；常见的单目运算符包括自增（＋＋）和自减（－－）。

加法运算符"＋"：如 a＋b；

减法运算符"－"：如 a－b；

乘法运算符"＊"：如 a＊b；

除法运算符"/"：如 a/b；

取余运算符"％"：如 a％b；

自增 1 运算符"＋＋"：例如，i＋＋：表示先用 i 进行运算，运算之后 i 的值加 1；＋＋i：表示 i 的值先加 1，再进行运算。

自减 1 运算符"－－"：例如，i－－：表示先用 i 进行运算，运算之后 i 的值减 1；－－i：表示 i 的值先减 1，再进行运算。

算术运算符的优先级为：先乘除，后加减，有括号时括号优先。

例如：

S＝a＊b＋3/（c＋d）

int a＝4，b＝3，c＝2，d＝1；

结果：S＝13

5.2.2　赋值运算符

在 C 语言中，赋值运算符分为一般赋值运算符和复合赋值运算符。

最常见的一般赋值运算符为"＝"，它的作用是将"＝"右边的值赋值给左边的变量，例如：int a＝1；表示将 1 赋值给整型变量 a。

复合赋值运算符，是在"＝"的前面加上其他的运算符，从而构成复合赋值运算符。例如：

＋＝：加法赋值运算符；例如：a＋＝1 等效于 a＝a＋1

－＝：减法赋值运算符；例如：a－＝1 等效于 a＝a－1

＊＝：乘法赋值运算符；例如：a＊＝1 等效于 a＝a＊1

/＝：除法赋值运算符；例如：a％＝1 等效于 a＝a％1

5.2.3　关系运算符

关系运算符一般用于数值之间进行比较时的运算，通常用于判断某个条件是否成立以执行后续的程序。关系运算符包括大于（＞）、小于（＜）、大于等于（＞＝）、小于等于（＜＝）、等于（＝＝）和不等于（!＝）。

关系运算符的输出只有 0 和 1。当条件成立时，输出为 1；当条件不成立时，输出为 0。注意：大于（＞）、小于（＜）、大于等于（＞＝）、小于等于（＜＝）的优先级相同，且高于等于（＝＝）和不等于（!＝）。

5.2.4　逻辑运算符

逻辑运算符通常用于逻辑运算。C 语言中常用的逻辑运算符为：与（&&）、或（||）、非（!）。其中，与（&&）、或（||）都是双目运算符，非（!）为单目运算符。优先级为逻辑

非 > 逻辑与 > 逻辑或。

a&&b：a 和 b 两边的表达式同时成立，输出为 1（真）；否则为 0（假）。

a‖b：a 的表达式成立或者 b 的表达式成立，输出为 1（真）；否则为 0（假）。

b = ! a：当 a 为 1（真）时，b 为 0（假）；当 a 为 0（假）时，b 为 1（真）。

例如：3 > 2‖2 > 7：输出结果为 1（真）。因为左边 3 > 2 成立，右边 2 < 7 不成立，而非（‖）表示只要有一边满足即为真。

5.2.5　位操作运算符

C 语言中的位操作运算符包括按位与（&）、按位或（‖）、按位异或（^）、按位取反（~）、按位左移（<<）、按位右移（>>）6 种。位运算符的逻辑真值表见表 5-3。

表 5-3　位运算符的逻辑真值表

A	B	~ A	~ B	A&B	A‖B	A·B
0	0	1	1	0	0	0
0	1	1	0	0	1	1
1	0	0	1	0	1	1
1	1	0	0	1	1	0

位取反运算符 ~：

例如：unsigned char x = 0x9a，y；

y = ~ x；

结果：y = 0x65，x = 0x9a

位左移运算符 < <：左移 1 位相当于乘以 2。左移运算中高位移出舍弃不用，低位自动补 0。

例如：unsigned char x = 15；

x = a < < 1；

结果：x = 30

位右移运算符 > >：右移 1 位相当于除以 2。右移运算中低位移出舍弃不用，高位对无符号数补 0。

5.2.6　指针运算符

指针在 C 语言中是一个非常重要的概念，C 语言之所以灵活，很大一部分体现在程序中对指针的灵活运用。在单片机的程序书写当中，指针运用得当会使复杂的程序变得简单易懂，因此，善于使用指针，是学习单片机 C 语言中的一个难点部分。

1. 指针定义

指针用于存放变量的地址，该地址是另一个变量在内存中存储的位置。指针本身也是一种变量，和其他变量一样，要占有一定数量的存储空间，用来存放指针值（即地址）。

指针定义一般形式为：

数据类型 ＊指针变量名；

其中，数据类型：表示该指针变量所指向变量的类型。

指针变量名：定义指针变量的名字。

例如：

int ＊seong；指针变量 seong 是指向 int 类型变量的指针。

注意区分变量的指针和指针变量：变量的指针是变量的地址，而一个指针变量存放的内容是另一个变量在内存中的地址，拥有这个地址的变量为该指针变量所指向的变量。每一个变量都有自己的指针（称为地址），每一个指针变量指向另一个变量。

例如：整型变量 x 的地址 50H 存放在指针变量 seong 中，可用 ∗ seong 表示指针变量 seong 指向的变量，即 ∗ seong 表示变量 x。

2. 指针运算符 & 和 ∗

指针变量中只能存放地址，基本的运算符是 & 和 ∗。

1）&：表示取地址运算符，返回变量的内存地址。只能用于一个具体的变量或数组元素，不可用于表达式。

例如：

int ∗ m；

int n；

m = &n；

说明将整型变量 n 的地址赋值给指针变量 m。

2）∗：表示指针运算符，返回地址中的变量值。

例如：

int ∗ m；//指针变量定义

int n；

int v；

m = &n；//&t 中的 & 为取 n 的地址赋值给 m。

v = ∗ m；//将指针变量 m 指向的变量值赋给 v。

在指针赋值时注意几点：

① 指针使用之前，未初始化的指针变量不可以使用。

② 赋值语句中，变量的地址只能赋给指针变量本身。

5.3　数组

数组是具有相同类型的数据有序集合，因此，同数组内的数据是具有同一个数据类型的。数组名则代表了整个数组的标识。单片机 C 语言中，常见的数组分为一维数组和二维数组。

5.3.1　一维数组

一维数组是单片机 C 语言中相对简单的数组，也是程序中应用最多的一种。

一维数组的定义方式为数据类型 数组名［常量表达式］。

数据类型：定义数组中的各数据的类型，常用 int、char 等进行定义。

数组名：整个数组的标识，不同数组的数组名不同，是程序中引用数组的关键字。

常量表达式：定义数组的长度，须用"［］"括起，且常量表达式中不能有变量。

例如：

int a［30］；

数据类型是整型；数组名是 a；常量表达式是 30。

表示数组 a 中有 30 个元素，即 a［0］到 a［29］。

下面为求数组中的最大值的程序：

```
#include < stdio. h >
main()
{
  float max,s =0. 0,a[3];
  int i;
  for(i =0;i <3;i + +)
  scanf("% f",&a[i]); //输入 3 个实数
  max =a[0];
  for(i =1;i <3;i + +)
  if(max <a[i])
  max =a[i];
  printf("最大值是:% f\n",max);//输出最大值 max
}
```

5.3.2　二维数组

二维数组的定义方式为：数据类型 数组名［常量表达式 1］［常量表达式 2］；

常量表达式 1 和常量表达式 2 分别表示第 1 维和第 2 维数据长度。

例如：

int b ［2］［2］ = {1, 2, 3, 4};

上式也等同于 int b ［2］［2］ = { {1, 2}, {3, 4} };

5.4　指针

指针在单片机 C 语言中有非常重要的作用，这部分对于初学者来说是重点，同时也是难点。掌握指针的知识，能让我们更好地对单片机进行编程。

5.4.1　指针定义

指针定义一般形式为数据类型 *指针变量名。

数据类型：表示该指针变量所指向的变量的类型。

指针变量名：定义指针变量的名字。

例如：

int *p；表示指针变量 p 是指向整型变量的指针。

举个简单的例子帮助读者理解指针的用法：

```
#include < stdio. h >
main()
{
  int a;     //定义一个整型变量 a
  int * p1; //定义指向整型变量的指针 p1
  p1 =&a;    //p1 中应存放变量 a 的地址
  * p1 =5;   //通过指针变量 p1 给 a 赋值
Printf("a =% d",a);
```

}

这里要注意区分变量的指针和指针变量。总的来说，变量的指针是变量的地址；而指针变量指的是所指向的变量地址中的内容变量。

5.4.2 指针运算符和地址运算符

"＊"运算符为指针运算符；"&"为地址运算符。

变量 = ＊指针变量

指针变量 = & 目标变量

例如：

{

  int x，y，＊z；

  x = 1；

  y = &x；

  z = ＊y；

}

运行结果，x = 1；y 是 x 对应的地址；z 是地址 y 所指的内容 d 值，即 z = 1。

5.5 程序设计语句

C 语言的程序结构可以分为三种：顺序结构、选择结构和循环结构。

1. 顺序结构

顺序结构是一种最简单、最基本的编程结构。这种结构是程序由低地址向高地址顺序执行的指令代码。如图 5-2 所示。

其中程序先执行语句 A，再执行语句 B 操作，两者是顺序结构。

2. 选择结构

选择结构是给定一个条件进行判断，根据判断的结果决定执行哪个分支。如图 5-3 所示。

图 5-2 顺序语句流程图结构

由图 5-3 可知：若判断条件为真，则执行语句 A；反之，则执行语句 B。

选择结构中最常用的是 if 语句。If 语句有三种形式：

1）if 基本形式

if（表达式）

{

  语句；

}

2）if – else 形式

if（表达式）

{

  语句 A；

}

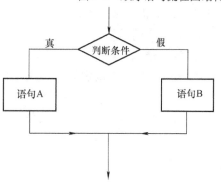

图 5-3 选择语句流程图结构

```
        else
    {
语句 B;
    }
```

3) if – else – if 形式

```
if（表达式 1）
    {
        语句 A;
    }
else if（表达式 2）
    {
语句 B;
    }
…
else if（表达式 n）
    {
语句 Z;
    }
```

4) switch – case 形式

```
switch（表达式）
    {
        case 值 1：语句 1 break;
        case 值 2：语句 2 break;
        …
        default：语句 n break;
    }
```

当 switch 表达式值等于某个 case 语句后的值，它后续的所有语句都会一直运行，直到遇到一个 break 终止运行。假如任何一个 case 语句后的值都不等于 switch 表达式的值，就运行可选标签 default 后续的语句。

3. 循环结构

循环结构是一旦给定的条件成立时，一直反复执行一段程序，直到条件不成立跳出循环。

1) for 语句

```
    for（初值设定值；循环条件；条件更新）
    {
        循环语句;
    }
```

for 循环语句流程图结构如图 5-4 所示。首先执行初值设定值，当满足循环条件时进行循环语句的循环并条件更新，一直循环到循环条件不满足时，退出循环。

例如，for 的用法（实现 1 + 2 + 3 + … + 10）

```
#include < stdio. h >
    int main(void)
```

```
{int i,sum = 0;
   for(i =1; i < =10 ;i + +)//当 i 小于 10 时循
                                环
      {
sum = sum + i;
i + +;
      }
   }
```

2）while 语句

while 语句一般格式：

```
   while(循环条件)
   {
   循环语句;
   }
```

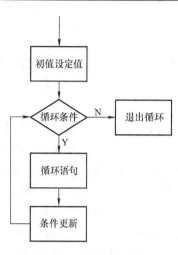

图 5-4　for 循环语句流程图结构

While 循环语句流程图结构如图 5-5 所示。若满足 while 内的循环条件，则执行循环语句，反之跳出循环。

例如，while 的用法（实现 $1 +2 +3 + \cdots +10$）

```
#include < stdio. h >
int main(void)
{
  int i,sum = 0;
  i =1;
  while(i < =10)      //i 小于 10 的时候进入循环
  {
    sum = sum + i;
    i + +;
  }
  printf("% d\n",sum);
  return 0;
}
```

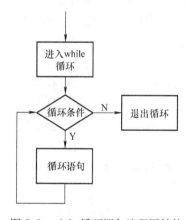

图 5-5　while 循环语句流程图结构

5.6　本章小结

本章对 C 语言数据结构、数组和指针、运算符以及程序设计语句的使用方法做了简单的介绍，以方便读者学习 C 语言的基础内容。对于 51 单片机而言，C 语言是单片机进行软件编写不可或缺的工具，可以使我们程序编写更加方便。因此，希望通过本章的学习，对于初学单片机的读者掌握 C 语言流程控制语句设计的方法以及 C 语言一些基础知识，使得初学者具备基本的 C 语言软件编写能力。

第6章 Java程序设计

Java语言是在1995年由斯坦福大学网络（Stanford University Network，SUM）公司推出的一门高级编程语言。随着互联网的逐渐强大，越来越多的程序设计人员开始使用Java语言，包括一些主流的浏览器、大型的企业网站（去哪儿网，人人网）和Android手机上的APP等，Java开始迅速壮大，成为世界编程语言中的主流。

Java语言是典型的面向对象的语言，部分语法和思想参考了C++，降低了设计人员的学习成本。如果有C++基础的读者，学习Java会事半功倍。与C++不同的是，Java语言中没有指针，以引用取代指针，使程序不容易出错。但是，没有面向对象编程经验的读者可能需要花费更多的时间来了解面向对象的概念、语法以及编程思想。所以，只要坚持多练习编写代码，很快就会完成从C语言的面向过程到Java的面向对象的转变。

Java语言不只是一种编程语言，它同时也是一个完整的平台，拥有庞大的库。如果想要有奇特的绘图功能、网络连接功能和数据库存取功能，Java无疑是其中功能齐全的出色语言。高质量的执行环境（如安全性、跨操作系统的可移植性和自动垃圾收集等服务）以及庞大的库，得到广大程序设计人员的认可和支持。

目前，Java的应用相当广泛，例如：

1）Web开发　Java是众多Web开发语言中的主流，在开发高访问、高并发、集群化的大型网站方面有着较大的优势。

2）Android开发　Android是全球最大的智能手机操作系统，而Android应用主要开发语言是Java。

3）客户端开发　主要面向单位、企业等构建有关信息方面的系统。

对于程序设计人员来说，一个好的编程语言，应该具有赏心悦目的语法结构和容易理解的程序语句。与其他优秀的编程语言一样，Java语言也都满足了这些要求，可以让程序设计人员在Java特有的执行环境下更加轻松地完成自己的程序。

6.1　Java语言概述

6.1.1　Java语言特点

Java语言的主要特点有完全面向对象、可靠性、安全性、可移植性和多线程等，这些特点使得Java语言深受编程爱好者的喜爱。下面将对这些主要特点进行简单的介绍。

（1）完全面向对象

面向对象设计程序实际上是一种程序的设计技术，是Java语言中最基本的编程思路。对于Java而言，现实世界中的任何实物都可以看成对象，对象与对象之间通过消息来相互作用。而现实世界中的任何实物都可以归结于某一类的事物，对应到计算机程序上来讲，类就是对象的模型。类包含变量和函数，变量被称为属性，也叫成员变量，函数被称为方法。属性和方法统称为类的成员。总的来说，Java语言程序思路为程序 = 对象 + 消息，映射到计算机上就相当于一个Java的程序是多个类的集合。

（2）可靠性和安全性

Java 语言中存在严密的语法规则，编译和运行过程中一旦出现错误，将会检查错误；Java 语言有着自动回收的机制，防止内存丢失等问题；Java 语言不支持指针，不会对内存进行非法访问。

（3）可移植性

相对于 C 语言和 C＋＋来讲，Java 语言在 Windows 下编写的程序，不需要任何的修改就可以在 Linux 等平台下运行，具有良好的可移植性。Java 语言可以借助 Java 虚拟机 JVM（Java Virtual Machine）完成跨平台运行，只要在不同的平台上安装对应的 JVM，就可以运行 Java 程序。

（4）多线程

区别于多进程，Java 的多线程编译使 Java 成为程序员喜爱的服务器端开发语言的主要原因之一。多进程是指操作系统能同时运行多个任务；多线程是指同一程序中可以有多个顺序流在执行。比起多进程，Java 的多线程可以更好地对 CPU 进行利用，使得 Java 需要更少的管理费用。而对于传统的单线程环境，多线程可以帮助提高 CPU 的利用率，例如，本地系统资源的读取速度比 CPU 慢很多，尽管 CPU 有很多空闲时间，而程序必须等待每一个这样的任务完成后才能执行下一步。因此，Java 的多线程使用起来也是非常的方便。

6.1.2　Java 语言的基本语法

对于学习 Java 的人来说，基本语法的学习是必不可少的，也是学习一门新语言的重中之重。本章将介绍编程语言最基础的部分：Java 数据类型、Java 运算符、Java 流程控制语句、Java 数组，这是所有 Java 编程人员都应该掌握的知识。本章将通过大量的程序和代码，来讲述如何操作这些数据和运算符。熟练掌握本章节，将对后续 Java 的开发起着非常重要的作用，并且对以后学习其他编程语言，有很大的帮助。

（1）Java 数据类型

众所周知，Java 是一种强类型的语言，在对变量进行声明的时候必须要指明数据类型，且不同变量的值会占据不同的内存空间。

Java 中共有 8 种基本数据类型，这些基本数据类型与 C 语言相似，分为 4 种整型：字节型 byte、短整型 short、整型 int 和长整型 long；两种浮点型：单精度浮点型 float、双精度浮点型 double；1 种字符型 char；1 种布尔型 boolean。见表 6-1。

表 6-1　Java 基本数据类型（1byte＝8bit）

数据类型	说明	所占内存
byte	字节型	1byte
short	短整型	2bytes
int	整型	4 bytes
long	长整型	8 bytes
float	单精度浮点型	4 bytes
double	双精度浮点型	8 bytes
char	字符型	2 bytes
boolean	布尔型	1bit

Java 的数据类型大体上和 C 语言并没有多大的区别，有 C 语言基础的读者对这些数据类型也并不陌生。但是与 C 语言不同的是 Java 中还存在布尔型 boolean，它在 Java 编程中同样很容易

用到。下面将详细讲述布尔型 boolean。

在 C 语言中，如果判断条件成立，会返回 1，否则返回 0。例如：

```c
int main( )
{
    int x,y;
    x = 1000 > 10;
    y = 1000 < 10;
    printf("1000 > 10 = % d \n",x);
    printf("1000 < 10 = % d \n",y);
return 0;
}
```

运行结果为：

```
1000 > 10 = 1
1000 < 10 = 0
```

但是在 Java 中，如果条件成立，会返回 true，否则返回 false，即布尔型。例如：

```java
public class Demo
{
  public static void main(String[] args)
    {
        // 字符型
        boolean a = 1000 > 10;
        boolean b = 1000 < 10;
        System.out.println("1000 > 10 = " + a);
        System.out.println("1000 < 10 = " + b);

        if(a){
            System.out.println("1000 > 10 是对的");
        }else{
            System.out.println("1000 < 10 是错的");
        }
    }
}
```

运行结果：

```
1000 > 10 = true
1000 < 10 = false
1000 > 10 是对的
```

通过 C 语言和 Java 的对比，相信大家都已经清楚布尔型了。实际上，true 等同于 1，false 等同于 0，只不过换个名称，并单独成为了一种数据类型即布尔型。

(2) Java 运算符

Java 的运算符基本与 C 语言相同，详细介绍参见第 5 章，这里只简单介绍几种常用的运算符。这些常用的运算符大致分为算术运算符、关系运算符、位操作运算符和条件运算符。

1）算术运算符，见表 6-2。

表 6-2　算术运算符

运算符	说明
+	加法
-	减法
*	乘法
/	除法
%	取余
++	自增
--	自减

2）关系运算符：关系运算符的结果为一个布尔值，见表 6-3。

表 6-3　关系运算符说明

运算符	说明
>	大于
>=	大于等于
<	小于
<=	小于等于
==	等于
!=	不等于
&&	与
||	或
!	非

3）位操作运算符，见表 6-4。

表 6-4　位操作运算符说明

运算符	说明
&	与
|	或
^	异或
~	非
<<	左移
>>	右移

4）条件运算符：Java 中有一个三目运算符的条件运算符。

Java 中的条件运算符，书写格式如下：

表达式：关系表达式 ? 表达式 1 : 表达式 2

条件运算符用来进行逻辑判断，若关系表达式成立，则输出值为表达式 1 的值；否则为表达式 2 的值。例如：

```
int a = 100;          //a 赋值为 100
int b = 10;           //b 赋值为 10
```

```
int min;                        //定义 min
min = a > b ? b : a;            //判断 a 是否大于 b，若是，则 min = b; 若不是，则 min =
                                  a
System. err. println (min);     //输出 min 的值
```

输出结果为：

10

（3）Java 流程控制语句

Java 中的流程控制语句与 C 语言大体相同，同样具有 if…else、while、do…while、for、switch，等等，这里不作重点介绍，仅举例说明。

例 1：输出九九乘法表：

```
public class Demo {
    public static void main (String[] args){
        int i, j;
        for (i =1; i < =9; i + +){
            for (j =1; j < =9; j + +){
                if (j < i){
                    //打印八个空格，去掉空格就是左上三角形
                    System. out. print ("");
                }else{
                    System. out. printf ("% d* % d =% 2d  ", i, j, i* j);
                }
            }
            System. out. print (" \n");
        }
    }
}
```

运行结果：

```
1 * 1 = 1  1 * 2 = 2  1 * 3 = 3  1 * 4 = 4  1 * 5 = 5  1 * 6 = 6  1 * 7 = 7  1 * 8 = 8  1 * 9 = 9
           2 * 2 = 4  2 * 3 = 6  2 * 4 = 8  2 * 5 =10  2 * 6 =12  2 * 7 =14  2 * 8 =16  2 * 9 =18
                      3 * 3 = 9  3 * 4 =12  3 * 5 =15  3 * 6 =18  3 * 7 =21  3 * 8 =24  3 * 9 =27
                                 4 * 4 =16  4 * 5 =20  4 * 6 =24  4 * 7 =28  4 * 8 =32  4 * 9 =36
                                            5 * 5 =25  5 * 6 =30  5 * 7 =35  5 * 8 =40  5 * 9 =45
                                                       6 * 6 =36  6 * 7 =42  6 * 8 =48  6 * 9 =54
                                                                  7 * 7 =49  7 * 8 =56  7 * 9 =63
                                                                             8 * 8 =64  8 * 9 =72
                                                                                        9 * 9 =81
```

例 2：用 do while 循环输出从 0 到 9。

```
public class TestWhile {
    public static void main (String[] args) {
        int i = 0;
```

```
    while(i < 10) {
     System.out.print("i = " + i);
     i++;
    }

    i = 0;
    do {
     System.out.print("i = " + i);
     i++;
    } while(i < 10);
  }
}
```

运行结果：

0123456789

值得注意的是，println () 输出内容后换行，print () 不换行。

6.1.3　Java 数组

数组对于处理具有相同类型的数据起着非常重要的作用。本节将介绍 Java 中常用的一维数组。

1. 一维数组的声明

在使用一维数组时，首先要对其进行声明。

形式一：int a[ ]

形式二：int[ ] a

基本类型数组的声明有两种形式，且这两种形式并没有多大区别，效果也是一样，读者可以根据自身的编程习惯进行选择。值得注意的是，Java 中的数组声明与 C 语言的有一定的不同，Java 在定义数组时并不会为数组元素分配内存，因此 a 后面的中括号 [ ] 里面并不需要指定数组元素的个数。另外，如果我们需要给数组元素分配一定的内存资源时，可以使用运算符 new，格式如下：

```
    int a = new int[3];
```

表示为一个整型数组分配 3 个 int 型整数所占据的内存空间。

2. 一维数组的初始化

静态初始化是指在声明数组的同时进行赋值。例如：

```
    int intArray[] = {0,1,2,3};
    String stringArray[] = {"abc", "def", "ghi"}
```

动态初始化是指在声明数组后再进行赋值。例如：

```
int intArray[];
    intArray = new int[5];
    String stringArray[ ];
    String stringArray = new String[3];      //为数组中每个元素开辟引用空间
    stringArray[0] = new String("How");      //为第一个数组元素开辟空间
```

```
stringArray[1] = new String("are");      //为第二个数组元素开辟空间
stringArray[2] = new String("you");      // 为第三个数组元素开辟空间
```

3. 一维数组的使用方法

在 Java 中，一维数组的使用方法与 C 语言中相差不大，仅举例说明：

写一段代码，要求输入任意 2 个整数，输出它们的和。

```java
public class Demo {
    public static void main(String[] args){
        int intArray[] = new int[2];
        long add = 0;
        int len = intArray.length;
        // 给数组元素赋值
        System.out.print("请输入" + len + "个整数，以空格为分隔：");
        Scanner sc = new Scanner(System.in);
        for(int i = 0; i < len; i++){
            intArray[i] = sc.nextInt();
        }
        // 计算数组元素的和
        for(int i = 0; i < len; i++){
add += intArray[i];
        }
        System.out.println("所有数组元素的和为:" + add);
    }
}
```

　　运行结果：

　　请输入 2 个整数，以空格为分隔：5 25

　　所有数组元素的和为：30

在这个例子当中，值得注意的是在编写程序的过程中，如果要引用数组的长度，一般是使用变量 "length"，在程序中一般是使用下列格式：数组名.length，从本例子中的第五行中 "int len = intArray.length" 可以看出。

6.1.4　面向对象的定义

Java 作为一种独立的编程语言，具有自己的定义方式。在 Java 中，面向对象的定义可视作类的定义，具体格式如下：

　　　　类的修饰符 class 类名 extends 父对象名称 implements 接口名称

　　　　　{

　　　　类体：属性和方法组成

　　　　　}

下面举例介绍：

　　可以将类抽象成现实世界中的学生，具有学号、姓名、性别、地址和年龄等属性。在定义这个类的时候，语法 public class student { } 是必不可少的，表示已经定义了一个关于学生的类。在这个类中，应该包含属性和方法，属性即学生的学号、姓名、性别、地址和年龄。这时，可以写出程序的大致结构如下：

//定义现实世界中的学生类型

```
    public class student
    {
        //属性
        int id;          //学号

        String name; //姓名

        boolean sex; //性别

        int age;         //年龄

        String addr; //住址

        //方法
    }
```

以上就是简单的关于学生的类定义的框架，在关于属性方面的定义，要注意数据类型。对于方法的定义，实际上是通过函数来实现的。例如：

```
public class People
    {            //public 是类的修饰符，表明该类是公共类，可以被其他类访问。
                 //class 是定义类的关键字。
                 // People 是类名称。
    int age;
    String name;
    //name、age 是类的成员变量，也叫属性；Walk ()、hungry() 是类中的函数，也叫方法

    void walk ()
    {  // 走
        System. out. println("我要回家了");
    }

    void hungry()
    {  // 饥饿
        System. out. println("我饿了");
    }
    }
```

通过这些简单的例子，相信大家对类的定义有了一定的了解。通常在一个类中，可以包含以下类型变量：

局部变量：在方法或者语句块中定义的变量。变量声明和初始化都是在方法中，方法结束后，变量就会自动销毁。

　　成员变量：成员变量是定义在类中、方法体之外的变量。这种变量在创建对象的时候实例化（分配内存）。成员变量可以被类中的方法和特定类的语句访问。

　　类变量：类变量也声明在类中，方法体之外，但必须声明为 static 类型。static 也是修饰符的一种。

　　另外，构造方法没有返回值，而普通方法必须有返回值。

```java
public class People
{
    String name;
    int age;

    // 构造方法, 没有返回值
People (String name1, int age1)
    {
        name = name1;
        age = age1;
        System. out. println("我是一名学生");
    }

    // 普通方法, 必须有返回值
    void walk()
    {
        System. out. println("我要回家了");
    }

    void hungry()
    {
        System. out. println("我饿了");
    }

    public static void main(String arg[])
    {
        // 创建对象时传递的参数要与构造方法参数列表对应
        People xiaoming = new People("小明", 10);
    }
}
```

运行结果：

我是一名学生

这时，应该知道如何来访问成员变量和方法。

```java
public class People
{
```

```java
    String name;
    int age;

People (String name1, int age1)
    {
        name = name1;
        age = age1;
        System. out. println("我是一名学生");
    }

    void walk(){
        System. out. println("我要回家了");
    }

    void hungry()
    {
        System. out. println("我饿了");
    }

    public static void main(String arg[])
      {
        People xiaoming = new People("小明", 10);
        // 访问成员变量
        String name = xiaoming. name;
        int age = xiaoming. age;
        System. out. println("我名字叫" + name + ", 我" + age + "岁了");
        // 访问方法
xiaoming. walk();
xiaoming. hungry();
    }
}
```

运行结果：

我是一名学生

我名字叫小明，我 10 岁了

我要回家了

我饿了

这样，一个类的定义就成功的完成了。

6.2　Java 面向对象

6.2.1　类

1. 定义类

在客观世界中，人们总是把某些具有相同特征和行为的事物归为一类，面向对象程序设计中的 "类" 也与此相似。Java 是面向对象的程序设计语言，类是面向对象的重要内容，类创建出对象。类是面向对象程序设计的核心概念之一，一个用户自定义的类就是一个新的数据类型。我们可以将类认为是一种自定义的数据类型，可以使用类来定义变量，所有使用类定义的变量都是引用变量。也就是说所有类是引用数据类型。

面向对象的程序设计过程中有两个重要概念，一个是类（class），一个是对象（object，也被称为实例）。其中类是某一批对象的抽象，它是概念性质的存在，而对象才是一个具体存在的实体。类是相同或相似的各类事物间共同特性的一种抽象。即类是数据和对数据进行操作方法的集合体。在设计类时，应该抓住类是对象抽象的要点，抽取对

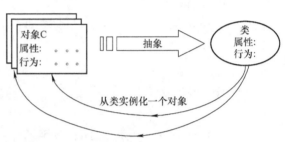

图 6-1　类与对象关系

象或实例的属性和行为，要看所设计类的用途。类和对象的关系如图 6-1 所示。

Java 语言提供了对创建类和创建对象简单的语法支持。

定义类的简单语法如下：

［修饰符］class ＜类名＞
｛
零个到多个构造器定义…
零个到多个属性…
零个到多个方法…
｝

在上面的语法格式中，修饰符可以是 public、final，或者完全省略这两个修饰符。按照规定，Java 语言中的所有类名都以大写字母开头，并且类名中包含的每个单词的首字母都大写（如 SampleClassName）。Java 类名是一种标识符，即由字母、数字、下划线（_）和美元符（$）组成的字符串。不能以数字开头，中间不能有空格。例如，World1_ value，$ value 和 Come2，都是有效的标识符；而 4come 和 input come 都不是有效地标识符。在 Java 中大写字母和小写字母是不同的，例如 a1 和 A1 是两个不同的标识符。

对一个定义类来说，包含的最常见的部分是构造器、属性、方法三个部分，都可以定义零个或多个。如果三部分都定义了零个，则定义了一个空类型，这三个部分合起来就是类体。Java 规定每个类声明的体都必须以左花括号（｛）开头，并以一个相应的右花括号（｝）结束类的声明。其中类体中的构造器是一个类创建对象的根本途径，如果一个类没有构造器，这个类通常无法创建实例。因此，为避免出现构造器丢失的情况，Java 语言提供了一种特殊的功能：如果程序员没有为一个类编写构造器，系统会自动为该类提供一个默认的构造器。一旦用户为类编辑了构造器，则系统将不会为该类提供一个构造器。

2. 定义属性

正如现实生活中每个对象都有其特殊的属性（如大小、名字、颜色），在 Java 面向对象程序设计中，每个对象也有相应的特性和特征，称其为属性。属性用于定义该对象的类或者该类的实例所包含的数据。

定义属性的语法格式如下：

［修饰符］属性类型 属性名 ［ =默认值］

属性语法格式的详细说明如下：

1）修饰符：修饰符可以省略，也可以是 public、protected、private、static、final，其中 public、protected、private 三个最多只能出现其中之一，可以与 static、final 组合起来修饰属性。

2）属性类型：属性类型可以是 Java 语言允许的任何数据类型，包括基本类型和引用类型。

3）属性名：属性名只要是一个合法的标识符即可，但如果从程序的可读性角度来看，属性名应该由一个或多个有意义的单词连缀而成。

4）默认值：定义属性还可以定义一个可选的默认值。

3. 定义方法

现实生活中，具体事物都有行为，例如球可以滚动、弹跃、膨胀、收缩，婴儿会哭、睡觉、爬行、走路，汽车可以刹车、加速、减速、改变档位。这些行为抽象起来都是对象的动作。而方法就是描述对象的动作，即表示客观事物的动态特性（对数据的操作），描述这个对象"做什么"。方法用于定义该类或该类的实例行为特征或功能实现。

在 Java 中，必须通过方法才能完成对类和对象属性的操作。方法只能在类的内部声明并加以实现。一般在类体中声明属性之后再声明方法。

定义方法的语法格式如下：

［修饰符］方法返回值类型 方法名称（形式参数）
{
方法主体
}

方法语法格式的详细说明如下：

1）修饰符。方法的修饰符可以分为存取权限修饰词、方法存在性修饰词、方法操作相关修饰词。存取权限修饰词用来控制此方法对于其他类的可存取关系，方法存在性修饰词是方法的声明与存在方面所具备的特性，方法操作相关修饰词是方法本身操作方面的特性，以及方法之间操作的相关性。修饰词可以省略，也可以是 public、protected、private、static、final、abstract，其中 public、protected、private 三个最多只能出现其中之一，abstract 和 final 最多只能出现其中之一，但是它们可以与 static 组合起来修饰方法。

2）方法返回值类型。方法执行后可能会返回某些执行的结果，而这些执行结果可以让调用这个方法的程序利用。方法返回值类型可以是一般的原始数据类型，或者是某个对象类。如果声明了方法返回值类型，则方法体内必须有一个有效地 return 语句，该语句返回一个变量或者一个表达式，这个变量或表达式必须与此处声明的类型匹配。例如，对于返回值类型声明为 int 的方法，必须在方法主体内加入"return 整数变量或值"来返回方法执行的结果。除此之外，如果一个方法没有返回值，必须使用 void 来声明没有返回值，表示返回值类型为空。

3）方法名称。方法名称的命名规则与属性命名规则基本相同，同样尽量使用有意义的单词，通常建议方法名称以英文中的动词开头。

4）形式参数。形式参数用于定义该方法可以接受的参数，形式参数由一到多组"参数类型 形参名"组成，多个参数之间以英文逗号（,）隔开，形参类型和形参名之间用空格隔开。形式 参数的格式为：

<参数类型 1> <参数名 1>，<参数类型 2> <参数名 2>，…

5）方法主体。方法主体里多条可执行性语句之间有严格的执行顺序，排在方法主体前面的 语句先执行，排在方法主体后面的语句后执行。

6.2.2 对象

很多编程爱好者，包括有过很多年编程经验的人，对于对象的概念都是很模糊的，如果将对 象的概念与现实生活中的实物相比，就会发现对象其实是很好理解的。

对象就是实际生活中的事物，可以说一切事物都是对象，在现实生活中时时刻刻都接触到对 象这个概念，例如桌子、椅子、电脑、电视机、空调等。这些实物都可以说是对象。

抽象来讲，对象是系统中用来描述客观事物的一个实体，是构成系统的基本单位。一个对象 由一组属性和对属性进行操作的一组方法组成。从更抽象的角度来看，对象是问题域或现实中某 些事物的一个抽象，它反映该事物在系统中需要保存的信息和发挥的作用，它是一组属性和有权 对这些属性进行操作的一组方法的封装体。客观世界是由对象和对象之间的联系组成的。

1. 对象创建

用简单数据类型来说，有了 int 类型还不行，程序中能用的是 int 类型的变量，并且必须给变 量赋值后才具有意义。同样，定义了类只是定义了数据类型，要想使用，还必须用该类型声明相 应的变量，并给变量赋一个具体的值，这一过程称为对象创建。

创建对象的语法格式如下：

类名 对象名 = new 类名([参数列表]);

例如：String s1 = new String("hello");

在这个例子中先给对象命名为 s1，并且声明 s1 是属于字符串类型的对象，最后把"hello" 这个字符串类型对象的内存地址赋给这个对象，并且初始化。以后要操纵这个对象，只要操纵这 个 s1 对象就可以了。

2. 对象引用

通过对象创建之后，如何引用对象呢？比如通过 Student 类创建 xiaofang 这个对象，那么如 何访问 xiaofang 的 name、sex 和 number 呢？这个过程称为对象引用。对象引用就是通过访问对象 变量或调用对象方法。在 Java 中，运用运算符"."可以实现对象变量或调用对象方法。

引用对象的语法格式如下：

引用对象的属性：对象. 属性

调用对象的方法：对象. 成员方法([参数])

比如 xiaofang. number 表示访问 xiaofang 的属性 number。

下面来看一个对象引用的实例

```
class clothes
{
    String color;
String size;
}
```

```
public class Test
  {
  public static void main(Stringargs[]){
pro = new clothes();
pro. color = "Blue";
pro. size = "M";
System. out. println("pro. color = " + pro. color);
System. out. println("pro. size = " + pro. size);
  }
  }
```

在这段 Java 面对对象程序设计中，学习者一定要学会一点，首先看主程序，也就是"public static void main（Stringargs［］）｛｝"。在这个主程序中看到了两句代码，一句是对象初始化语句，一句是利用对象引用对象方法的语句。这样学习起来比较方便，很快就能看出这个程序要干什么，再去细看方法究竟是干什么的。

3. 对象比较和销毁

在 Java 语言中，对象比较主要运用"＝＝"运算符和 equal（）函数进行比较。用"＝＝"运算符比较对象时，只要两个对象相等即返回 true，不同返回 false。

不过这两个符号其实现的机制不同。或者说，对于两个相同的对象，如果利用它们来进行比较，往往会有不同的结果。例如，分别定义了 3 个 String 对象

String a = new String("welcome");//创建一个对象 a

String b = new String("welcome");//创建一个对象 b

String c = a;//创建一个对象,并将对象 a 地址赋值给 c

以上 3 个对象，内容是一样的。但是如果利用"＝＝"和 equal 函数来比较，往往会有不同的结果。

当用运算符"＝＝"时，a ＝＝ b，返回结果是 false，说明他们是两个不同的对象；当用 equal 函数时，返回值是 true。

其实不难理解，对象 a 和对象 b 两个对象虽然内容相同，但是其在内存中分配的地址不同，也就是同一个模具出来的外观看起来相同的不一样的盒子。而对象 a 和对象 c 虽然对象名称不同，但是在内存中的地址却是相同的。所以利用运算符"＝＝"返回值为 false，而用 equal 函数时，返回值是 true。运算符"＝＝"是用来比较内存中的地址是否相同，而 equal 只比较其内容，即使地址不同，但内容相同，equal 返回值就为 true。

Java 堆是一个运行时数据区，对象从中分配空间。Java 虚拟机（JVM）的堆中存储着正在运行的应用程序所建立的所有对象，这些对象通过 new 或 newarray 等指令建立，但是它们不需要程序代码来显式释放，而是由垃圾回收器负责释放的。

垃圾回收器是 Java 平台中用得最频繁的对象销毁方法。垃圾回收器会全程侦测 Java 应用程序的运行情况。一旦发现有些对象成为垃圾时，垃圾回收器就会销毁这些情况，并释放这些对象所占用的内存空间。通常情况下，如果程序发现以下两种情况时，系统会以为这些对象是需要被销毁的垃圾对象。①将一个 NULL 值赋值给对象。如用户先建立了一个对象 a。对象用完了之后，再利用赋值语句，将 NULL 值赋值给这个对象 a。此时这个对象与内存中对象的存储地址之间就失去了联系，此时内存中的这个对象就似乎成为了一个无主的对象，就会被垃圾回收器销毁。②对象超出了作用范围时，就会被认为是垃圾对象，被垃圾回收器回收并释放内存。

6.2.3　方法

1. 方法的所属性

会遇到相同功能的代码写了很多次的情况，以后程序中再使用需要再重复编写。万一遗漏或者修改错误一处，则程序将会无法运行。那么代码能不能只写一遍，而在多处使用呢？如果可以，那么修改代码时只需修改一处即可，代码的可维护性会大大提高，这就用到了方法。需要说明的是 Java 中的方法必须定义在类中。

在 Java 中，最基本的方法的定义格式如下：

```
void 方法名称( )
{
   方法内容;
   }
```

定义方法后,调用方法时使用"对象名. 方法名( )"。例如：

```
class People
{
   String color;
   String nation;
   int age;
 void display(){
 System. out. println("Peoplecolor = " + color);
 System. out. println("Peoplenation = " + nation);
 System. out. println("People age = " + age);
   }
}
public class Test
{

 public static void main(String[] args){
Peoplefangfang = new People();
   fangfang. color = "白";
   fangfang. nation = "美利坚";
fangfang. age = 18;
   fangfang. display();//方法调用
            }
}
```

运行以上程序, 输出的结果为

```
People color = 白
People nation = 美利坚
People age = 18
```

在实际应用中方法还可以带参数，即在实际的操作过程中还可以给方法传递一些参数，让其根据参数的不同完成不同的工作。带参数的方法基本格式如下：

```
void 方法名(类型 1 参数名 1,类型 2 参数名 2,…,类型 n 参数名 n)
```

```
{
        方法内容;
}
```

对于带参数的成员方法,在使用时必须传递参数,调用格式:"对象名. 方法名(参数列表)"。有时程序中的方法调用是希望方法有一个返回结果,对于这样的方法定义的基本格式如下:

```
返回类型 方法名称(类型 1 参数名 1,类型 2 参数名 2,…,类型 n 参数名 n)
{
        方法内容;
        return 对象或变量(其类型与方法返回类型一致);
        }
```

2. 传递方法参数

在方法的调用过程中,需要将实际参数传递到方法中,在 Java 中实参和形参之间的传递是如何进行的呢? 在 Java 中参数的传递采用的是"值"传递的方法,但是值传递也分为两种方式。

方式一:基本数据类型:数值传递

基本数据类型的参数传递的是变量的值。例如:

```
class De{
    void black(int a){
     a = a +1;
       }
     }

public class Test{
    public static void main(String[] args){
     int a =10;
 De b = new De();
b. black(a);
    System. out. println("a = " + a);
               }
    }
```

运行程序, 控制台的运行结果为

```
 a =10
```

分析程序:执行语句"b. black (a);"时, 将 a 变量的值 10 复制一份给了 black 中的形参 a, 然后执行 a + 1 的操作, black ( ) 方法调用结束, 形参 a 的作用域结束, 并不会对 main 中的 a 产生影响, 所以结果 a 还是最初的值 10。

方式二:引用数据类型:地址传递

引用数据类型的参数传递的是变量所引用对象的首地址。例如:

```
class People{
  String color;
```

```
   String sex;
   int age;
       }
public class Test{
    void changeAge(People people){
    people. age = people. age + 1;
                                    }
    public static void main(String[] args){
   People Mike = new People();
   Mike. age = 20;
   Test test = new Test();
   test. changeAge(Mike);
   System. out. println("Mike's age is:" + Mike. age);
                                         }
}
```

运行程序，运行结果为

```
Mike's age is:21
```

分析程序：在执行"test. changeAge（Mike）；"语句时，将 Mike 变量所引用的地址复制一份给形参 people，Mike 所引用的值是内存 People 对象的内存首地址。这时 changeAge（）方法中的 people 变量引用的对象是内存中 People 对象，修改 People 对象的 age 变量，但是 main 中的 Mike 变量没有变化，但 Mike 变量所引用的 People 对象的 age 已经改变。所以结果为 21。

3. 构造方法

对象的初始化工作是非常重要的，为防止未对对象进行初始化就直接调用对象的操作，只需要将对象初始化工作的代码写在构造方法中即可。在 Java 中，通过 new 创建一个类的实例，通过调用构造方法执行初始化操作。

构造方法的语法格式为

Fruit c = new Fruit（）；

构造方法的特点只要体现在：

1）无返回值，无 void。

2）方法名与类名相同。

3）仅在创建对象 new 时调用。

例如：

```
class Fruit{
   String color;
   String size;
   int price;
   Fruit(String color,String size,int price){
   this. color = color;
   this. size = size;
   this. price = price;
```

```
        }
void display(){
        System.out.println("fruit color = " + color);
        System.out.println("fruit size = " + size);
        System.out.println("fruit price = " + price);
            }
        }
public class Test{
    public static void main(String[] args){
    Fruit apple = new Fruit ("红 ","小",7);
    apple.display();
                        }
                    }
```

程序运行结果为

fruit color = 红

fruit size = 小

fruit price = 7

注意：

1）当一个类的对象在创建时，构造方法会被自动调用，可以在构造方法中加入初始化代码。

2）在对象的生命周期中构造方法只会调用一次。

3）一个类中如果没有定义构造方法，Java 编译器会自动为该类生成一个默认的构造方法。默认的构造方法的参数列表即方法体均为空。因此，在实例化没有定义构造方法的类的对象时可以写成。

类名 对象名 = new 类名 ()；

4）只要类中有显示声明的构造方法，Java 编译就不产生默认的构造方法。

5）在一个类中可以定义多个构造方法，但构造方法的参数列表不能相同。

6.2.4　继承

1. 父类和子类

面向对象思想的第二大特征就是继承。继承就是实现类的重用、软件复用的重要手段。子类通过继承自动拥有父类的非私有的属性和方法，即继承父类的特征和能力。通俗来讲，"龙生龙、凤生凤、老鼠生儿会打洞"就是继承。子类不必重复书写父类中的属性和方法，而只需对父类已有的属性和方法进行修改或扩充，以满足子类更特殊的需求。

继承是通过 extends 关键字实现的，继承的基本语法：

class 子类名称 extends 父类名称

{

//扩充或修改的属性与方法

}

通过继承子类自动拥有父类的允许访问的所有成员（public，protected，默认访问权限）。但需注意的是，Java 只需单继承，即一个子类只能有一个父类。final 修饰的类不能被继承，表示最终类。类的继承具有传递性。即 A 继承 B，B 继承 C，则 A 也继承了 C。C 也是 A 的父类。下面是一个继承示例。

```
class Cat
{
    private String name;
    double weight;
    protected String color;
    public int age;
    public void shout(){
      System.out.println("喵喵喵");
        }
}
class PetCat extends Cat{
    String dest;
    public void pet(String dest){
    System.out.println("小猫正在玩耍:"+dest);
        }
}
```

2. 调用父类的构造方法

实例化子类对象时，会先调用父类的构造方法。调用格式为 super（参数列表）。如果子类的构造方法没有显示调用父类的构造方法，则编译器会自动加上 super（）。此时若父类中没有无参数的构造方法，则编译器会报错。

用 super 语句调用父类的构造方法时，必须遵循以下语法规则。

（1）在子类的构造方法中，不能直接通过父类方法名调用父类的构造方法，而是要使用 super语句。

（2）假如在子类的构造方法中 super 语句，它必须作为构造方法的第一条语句。

例如：

```
public class Father{
    public Father(String name){
        }
}
public class Son extends Father{
    public Son(String name){
        super(name);
        }
}
```

需要注意的是同一个构造方法中不能同时使用 this() 和 super()。

3. 访问父类的属性方法

当 super 用于访问父类的属性方法时，使用的语法格式如下：

　　super. 属性

　　super. 方法( )

　　例如, 可以在子类中通过下面的方式来调用父类中的方法:

super. getname ( )

　　注意: 父类的属性或方法必须是那些 protected (受保护) 或者 public (公共) 等可以让子类访问的属性方法。

4. 多重次继承

　　在 Java 中多重次继承指的是一个类可以继承另外一个类, 而另外一个类又可以继承其他的类, 比如 A 类继承 B 类, B 类又继承 C 类, 这就是 Java 中的多重次继承。

　　需要注意的是, Java 中有多重次继承, 但却没有多继承的概念, 一个类有且仅有一个父类, 这是 Java 单继承的局限性。Java 中通过实现接口来达到多继承的功能。一个类只能继承一个类, 但是却可以实现多个接口。常常使用继承单个类和集成多个接口的方式实现类的多重次继承。以下是多重次继承的示例。

```
Interface CanPlay
{
Void play();
    }
Interface CanRun{
Void run();
    }
Interface CanFly{
Void fly ();
    }
Class ActionCharacter{
Public void play(){
   }
}
Public class Superman extends ActionCharacter implements CanPlay, CanRun, CanFly
{
Public void fly(){
   }
Public void run(){
   }
//对于 play( )方法继承父类。所以不需要显示声明
}
```

　　前面说到子类只能继承一个父类, 也就是说单一继承, 但是在 Java 中可以实现多个接口, 曲折地实现多重次继承。

6.2.5　多态

1. 多态的基本概念

多态是面向对象的重要概念之一，简单地讲，多态是指一个事物在不同情况下呈现出不同的形态。

多态就是指程序中定义的引用变量所指向的具体类型和通过该引用变量的方法调用，在编程时并不确定，而是在程序运行时才确定。

继承为多态做了铺垫，从同一个父类派生的多个不同子类可以被当成父类对待，可对这些不同的类型进行相同的处理，由于多态性，子类对象响应同一方法的行为是不同的。把不同的子类对象都当成父类来看，可以屏蔽不同子类对象之间的差异，写出通俗的编程，以适应需求的不断变化。

在 Java 中，多态性主要体现在两个方面：由方法重载实现的静态多态性（编译时多态）和方法重写实现的动态多态性（运行时多态）。

1）编译时多态。在编译阶段，具体调用哪个被重载的方法，编译器会根据参数的不同静态确定调用相应的方法。

2）运行时多态。如果子类重写了父类的方法，此时方法调用的原则是系统根据调用该方法的实例，来决定调用哪个方法。如果子类重写了父类的方法，则运行时 Java 调用子类的方法。如果子类继承了父类的方法，则 Java 调用父类的方法。

2. 多态的使用

多态的使用分为向上转型和向下转型。

1）向上转型　子类对象既能作为自身类型使用，又可以作为其父类型使用，这种把某个对象视为其父类型的做法就是向上转型。下面是一个向上转型的程序。

```
class People
{

}
class Man extends People
{

}
public class Test{
  public static void main(String[] args){
  People peolpeMan = new People();
Man man = new Man();
  People people = man;
}
}
```

向上转型，子类 Man 可以作为父类 People 类型使用。即子类转换为父类。

2）向下转型。把父类的引用向下转换为子类型引用，成为向下转型。在向下转型时，必须强制进行。例如：

```
Manager manager = new Employee();
Employee employee = (Employee) manager;  //父类强制类型转换为子类型
```

注意：多态的条件一是必须有继承，二是方法的重载。转型是在继承的基础上而言的，继承是面向对象语言中，代码重复的一种机制，通过继承，子类可以拥有父类的功能，如果父类不能满足当前子类的需求，子类可以重新父类的方法加以扩展。

6.2.6　修饰符

对于 Java 修饰符来讲大致可以分为三类：类修饰符、字段修饰符和方法修饰符。而根据功能的不同可以分为以下几种：

1）public（公共访问控制符），指定该变量为公共类型，它可以被任何对象的方法访问。

2）private（私有访问控制符），只能在当前类中访问，而不能被类外部的任何内容访问，一般修饰不开放给外部使用的内容。

3）protected（保护访问控制符），一般称作继承权限，使用 protected 修饰的内容可以被同一个包中的类访问，也可以在不同包内部的子类中访问，一般用于修饰只开放给子类的属性、方法和构造方法。

4）default（声明成员变量为默认类型），如果不给成员变量添加任何修饰符，表示这个成员变量被修饰为 default 类型。在同一个包里的类或子类是能够访问的，相当于 public 类型，但是在不同包里的类或者子类没有继承该成员变量，是访问不到它的。

权限访问修饰符见表 6-5。

表 6-5　权限访问修饰符

访问权限	类	包	子类	其他包
public	√	√	√	√
protected	√	√	√	×
default	√	√	×	×
private	√	×	×	×

1. Final 修饰符

Final 的意思是不可改变的，决定性的。Final 可以用以修饰类、字段、方法。但是修饰类后类不能被扩展（extends），也就是不能被子类继承。如果当这个类不需要拥有子类时候，类的实现细节不允许改变，并且确信这个类不会再被扩展，那么就设计为 Final 类。修饰字段后字段的值不能被改变，因此如果有 Final 修饰字段，就要对字段进行手动初始化。修饰方法后该方法不能被改变。如果一个类不允许其子类覆盖某个方法，则可以把这个方法声明为 Final 方法。使用 Final 方法的原因有二：第一，防止任何继承类用以修改其意义和实现将它的方法锁定。第二，编译器在遇到调用 Final 方法时候大大提高执行效率，使它具有高效性。例如：

1）编译无法通过的例子：

```
父类:final class F
{
String str = "父类";
public void outPut()
{
System. out. printIn(str);
}
}
public class S extends F{
```

```
public static void main(String[] args){
  S tom = new S();
  tom. outPut();
    }
}
```

2）就可以正常编译的例子（去掉 Final）：

```
class F
{
String str = "父类";
public void outPut()
{ System. out. printIn(str);
}
}
public class S extend F{
 public static void main(String[] args){
 S tom = new S();
tom. outPut();
}
}
```

2. Static 修饰符

大家都知道，可以基于一个类创建多个该类的对象而每个对象都拥有自己的成员并相互独立，然而在某些时候，我们更希望该类的所有对象共享一个成员，此时需要用到 Static 来解决这一问题。

Static 的意思是"全局"或者"静态"，它用来修饰内部类、方法、字段。修饰属于外部类而不属于外部类的某个实例的内部类。修饰字段和方法都是属于类而不属于类的实例字段和方法。当 static 被修饰符修饰时，有很多不同，例如被 public 修饰时其成员变量和成员方法本质是全局变量和全局方法。声明它类的对象时，是类的所有实例共享同一个 static 变量；当 static 变量前被 private 修饰，表示这个变量可以在类的静态代码块中或者类的其他静态成员方法中使用，但是不能在其他类中通过类名来直接引用。static 前面加上其他访问权限关键字的效果也以此类推。

因为 static 代表静态的意思，所以它修饰的成员变量和成员方法习惯上称为静态变量和静态方法，当然也可以直接通过类名来访问，访问语法为：

类名. 静态方法名（参数列表...）

类名. 静态变量名

static 的变量引用方法如下：

1）通过对象定位变量。假设已经定义好了一个 static 类，此时定义类中的 static 变量程序如下：

```
Public class StaticTest{
  Static int u = 20;
  Public static void main(String arg{}){
      StaticTest st0 = new StaticTest();
```

```
StaticTest st1 = new StaticTest();
System.out.println(st0.u + st1.u);
    }
}
```

由上例我们可以很简洁地看出来：只是定义了一个类却创建了两个对象，而且两个对象只是占据一个存储空间，也同样是共享的，所以拥有"20"一个同样的值。

2）通过类名直接引用　直接通过类名也可以直接引用 static 变量，但只可以用于静态成员。首先是通过类名调用，一方面强调了变量的结构，另一方面也方便了编译器进行优化。例如，语句 StaticTestu + +引用 static 修饰符。

3. Abstract 修饰符

abstract 是抽象的意思，用来修饰类和方法。类为抽象类，这个类将不能生成对象实例，但可以作为对象变量声明的类型，也就是编译时类型，抽象类就相当于一个类的半成品，需要子类继承并覆盖其中的抽象方法；方法为抽象方法，也就是只有声明（定义）而没有实现。需要子类继承实现（覆盖），也就是说必须在其子类中实现，除非子类本身也是抽象类。

注意：有抽象方法的类一定是抽象类。但是抽象类中不一定都是抽象方法；abstract 修饰符在修饰类时必须放在类名前。

Static、private、final 和 abstract 都不能放在一起。因为 static 是可以覆盖的，但是在调用时会调用编译时类型的方法，因为调用的是父类的方法，而父类的方法又是抽象的方法，又不能够调用；private 是不能够继承到子类，所以也就不能覆盖；final 是不可以在它的子类中覆盖。所以修饰符 Static、private、final 和 abstract 之间是不能放在一起的。

例如：

```
abstract class S
{ public S(int a)
  { p = a;
  }
public int getp()
  { return p;
  }
Public abstract Shape makeShape(Point2D[] p);
Public String toString()
  { return getClass().getName();
  }
private int p;
}
```

6.2.7　接口

在生活中经常会使用到接口：例如手机充电接口，计算机 USB 接口等。当使用 USB 接口，同一类型手机不用担心接口型号和计算机或者充电的接口是否匹配，直接可以使用。同样，对于学习 Java 接口也是如此，Java 程序设计中的接口是在程序中预设一个虚拟的接口，这个接口可以和编写程序实现更好的衔接，它只会定义方法名却没有方法体，指明接口定义了一个类该做什么么，却没有说如何去做。接口在 Java 中具有重要的意义，它可以理解为一种特殊的类（但不是类），里面全部都是由全局常量和公共的抽象方法组成，所以接口只包含常量和方法的定义，而没有实现变量和方法。因此，可以直接定义接口类型的参数方法，并把代码应用于实现接口的所有类中。

1. 接口定义

在 Java 中，定义接口必须使用 interface 关键字，接口定义分为两个部分：接口声明和接口体。其中接口体有常量定义和方法定义两个部分组成。接口定义的语法格式：

[修饰符] interface　接口名 [extends Super 接口名]

{

[public] [static] [final] 常量；

[public] [abstract] 方法；

}

例如：

interface First

{

  int NUM = 10;　　// 所储存的值均默认为常数（final），不必指出

  void method(); // 所定义的方法均默认为 abstract，亦不必指出，且不含具体代码

}

在此段代码中只是定义了使用方法的名称，并没有真正地实现这个方法。而且可以看出修饰符可省略，但是省略则是使用默认的访问权限。

而修饰符的作用则是用于指定接口的访问权限，可以放置：public；abstract；static；strictfp。其中，public 属于一个接口的内部类在默认情况下使用的，用于指定接口的访问权限；static 属于一个接口的内部类在默认情况下使用的，用于指定接口的访问权限；abstract 每个接口隐式的修饰 abstract 接口，所以不该在程序中使用；strictfp：strict floating point，定义为 strictfp 接口声明内的所有浮点运算都显式的进行严格的浮点运算。接口中声明的所有嵌套类型隐式的都是 strictfp。对于接口名，必须选定参数，用于指定接口名称，接口名必须是合法的 Java 标识符，并首字母大写。当使用到 extends 时父接口名为必选参数。

2. 应用接口

通过类才可以使得接口实现一定的作用，使其执行一定的功能。以下给出类实现接口的语法。

[修饰符] class ＜类名＞ [extends super 类名] [implement 接口列表]

{

 }

例如：

Interface Name;

public class A extends SuperA implement Name

{

 public void b();

}

接口中声明的变量会自动成为类变量，不需要加上 static 和 final 修饰词。以下两个步骤可以让一个类实现一个接口：

1）把类声明为实现给定的接口，用 implement。

2）对接口中的所有方法进行定义。

其中，implement 用于指定该类实现的是哪些接口。

其接口列表位必选参数。当接口列表存在多个接口名时，各个接口名之间用逗号分割。在该类中实现接口时，方法的名字，返回值类型，参数的个数及类型必须同接口中的完全一致，并实现该接口中的所有方法。如果没有实现接口声明的所有方法，就必须把该类声明为 abstract，否则编译器会报错。

3. 接口继承

接口和接口之间也有继承的关系，当两个接口实现继承时，需要使用的关键词为 extends。

对于接口的继承和继承类两者之间从表面来看，区别就是接口的下层类要实现（覆盖）接口中提到的所有方法，而继承类则不用。但是，实际上接口是一种方法继承，而类的继承则是包括了字段的继承，但实现类继承的多继承困难也就在于此：没有办法多个上层类之间的字段冲突，也无法确定调用的是哪个上层类的方法，在这时需要接口继承作用。首先，接口只是包含方法的定义，却没有实现，这样不同接口之间的矛盾得以解决，而接口中间不包含常量使得冲突的字段很大程度降低。所以，接口就是一种简化的多继承，而类的继承只可以用以单继承。

6.2.8　抽象类

通俗地讲抽象类就是普通类和接口的结合，因为抽象类可以像普通类那样在类中实现方法，也可以像接口一样，只声明，不实现。抽象类不可以被实例化，也就是说不可以使用 new 关键字来创建对象。使用抽象类的好处在于，当有的方法在父类中不想实现时可以不实现。

1. 抽象类方法

抽象类的对象不能由抽象类直接创建，只可以通过抽象类派生出新的子类，再由其子类创建对象。也就是说只需要给一个模板，可依据模板来创建一个新的对象。

当一个类被声明为抽象类时，要在这个类前面加上修饰符 abstract。

抽象类方法包括一般方法和抽象方法。一般方法需要抽象类中的成员直接继承，实例化子类后，通过子类调用。抽象方法是以 abstract 修饰的方法，这种方法只声明返回的数据类型、方法名称和所需的参数，没有方法体，该方法只需要声明而不需要实现。当一个方法为抽象方法时，子类要实现父类的所有抽象方法，如果没实现抽象方法，其子类即为抽象类，即声明为 abstract。

2. 抽象类语法

定义抽象方法需要在方法的声明处使用关键字 abstract。以下是一个抽象方法的基本格式：

Abstract ＜方法返回值类型＞ 方法名（参数列表）

其中，方法返回值类型和方法名为必选参数，方法值返回类型则是用于指定方法的返回值，类型若无，则使用关键字 void 来标识，而方法名则只要是合法的 Java 标识符即可。

例如，使用 abstract class 方式定义 M：

```
abstract class M
{
abstract void open();
abstract void close();
}
```

3. 抽象类作用

了解 Java 中的抽象类，抽象类在编程中有哪些作用？或者说为什么 Java 中会存在抽象类？

在面向对象方法中，抽象类主要用来进行类型例举。为创建一个用于固定组行为描述的抽象描述，但相对于其他所创建的这组抽象描述却可以具备多种可以实现形式。这个抽象描述就是抽象类，而具体实现形式则是派生类。对于所创建的模块，由于模块依赖于一个固定形式的抽象体，所以它是不允许修改的。为了能够实现面向对象设计的一个最核心的原则 OCP（Open - Closed Principle），抽象类是其中的关键所在。而且抽象类往往用来表征对问题领域进行分析、设计中得出的抽象概念，是对一系列看上去不同但本质上相同的具体概念的抽象。

6.2.9　内部类

在所有类中有一种类是"依附"外部类而存在的内部类，即嵌套类（inner class）。内部类是定义类的一种方式。它可以被定义在另外一个类和接口的内部，或者作为其成员的一部分而存在。内部类可以是静态，也可以用 protected 和 private 修饰（外部类只可以用 public 和默认包访问权限）。类似的，一个接口可以被定义在另一个类和接口的内部，或者作为其成员的一部分而存在，称为内部接口或者嵌套接口。

嵌套类或者嵌套接口所在的类就称为外部类（outer class）或者顶级类（top—level class）。嵌套类和嵌套接口合称为嵌套类型。而嵌套类型则是外部类型的一部分。

对于内部类来说可以分为两种：成员内部类和局部内部类。

（1）成员内部类

成员内部类就如同它名字一样：作为外部类的一个成员存在，在与外部类的属性和方法并列。不可使用 static 做限定词。

注意：成员内部类中不能定义静态变量，但可以访问外部类的所有成员，而且内部类是一个编译时的概念，一旦编译成功，就会成为完全不同的两类。

例如：

```
public class D
{
    private int age ;
    private class Inner
    {
        //Inner 是成员内部类
        //...
    }
}
```

（2）局部内部类

局部内部类在方法中定义的内部类，与局部变量类似，在局部内部类前不加修饰符 public 或 private，其范围为定义它的代码块。

注意：局部内部类中不可定义静态变量，可以访问外部类的局部变量（即方法内的变量），但是变量必须是 final 的。在类外不可直接生成局部内部类（保证局部内部类对外是不可见的）。要想使用局部内部类时需要生成对象，在方法中才能调用其局部内部类。通过内部类和接口达到一个强制的弱耦合，用局部内部类来实现接口，并在方法中返回接口类型，使局部内部类不可见，屏蔽实现类的可见性。

例如

```
 public void work()
 {
```

```
class InnerMethod
  { // 就是局部内部类
    //...
  }
}
```

6.2.10　多线程的编程

1. 多线程的定义

线程（Thread）是程序中单一的顺序控制流程。在单个程序的同时运行多个线程完成不同工作的称为多线程。

在详细介绍线程之前，先了解进程的概念。进程是具有一定独立功能的程序关于某个数据集合的一次运行活动。它是操作系统动态执行的基本单元，在传统的操作系统中，进程既是基本的分配单元，也是基本的执行单元。简单地说，进程是程序在计算机上的一次执行活动。当你启动一个程序时，你就启动了一个进程。而什么叫多进程呢？多进程就是在操作系统中能同时运行多个任务（程序）。简单地说，在同一个时间内，一个计算机系统可以运行多个进程。比如，你在计算机上打开 qq 音乐听歌，同时打开网页下载网上的电视剧，又同时网上 qq 聊天。这些任务（程序）看起来都是同步的，相互没有干扰，互相独立执行。那么对于一个 CPU 而言，在某一时间上，只能执行一个程序。CPU 运行的速度实在是太快了。在多个程序进行轮流执行。人眼是观察不出来的。

线程，被称为轻量级进程，是操作系统能够进行运算调度的最小单元。它是进程中一个单一顺序的控制流。所以一个进程包含至少有一个线程。多线程是进程中包含多个线程，并且在同一时间内，同时完成多项任务。多线程是为了同步完成多项任务，不是为了提高运行效率，而是为了提高资源使用的效率来提高系统的效率。

线程与进程的关系和区别：进程包含线程，一个线程可以有多个线程。进程是系统进行资源分配和调度的基本单元。线程是进程的一个实体，是 CPU 调度和分派的基本单元。线程比进程更小，基本上不拥有资源，所以对它的调度所付出的开销就会小得多。线程与进程的区别：子进程和父进程有不同的代码和数据空间，而多个线程则共享数据空间，每个线程都有自己的执行堆栈和程序计数器为其执行上下文，多线程主要是为了节约 CPU 时间，根据具体情况而定，线程的运行中需要使用计算机的内存资源和 CPU。

2. 多线程的创建

在 Java 中创建线程有两种方式。一种是通过继承 Thread 方式来实现，另一种是通过实现 Runnable 接口创建线程。

1）继承 Thread 方式创建线程。是通过一个类来继承 Thread，然后这个类来重写 Thread 中的 run 方法，最后通过 start 方法来启动线程。并且此时这个类就是线程类。例如下面程序代码是如何通过该方式来创建线程的。

```
package test;
public class MyMemo {
    static int i;
    public static void main(String[]args){
        Create create = new Create();
```

```
                create,start();
                for(i =0;i <10;i + +)
                {
                System.out.println("主函数");
                }
            }
        }
class Create extends Thread{
        static int i;
        public void run()
        {
            for(i =0;i <10;i + +)
            {
                System.out.println < "线程体");
            }
```

2）实现 Runnable 接口创建线程。是通过一个类先实现 Runnable 接口，然后这个类中重写 Runnable 中的 run 方法。接着在 main 中创建这个实例对象，并把这个实例当作 Thread 构造器的参数创建一个 Thread 的实例对象，最后调用 Thread 类的 start 方法开启线程并调用 Runnable 接口子类的方法创建线程。例如下面程序代码是如何通过该方式来创建线程的。

```
package test;
public class MyMemo implements Runnable{
        public void run(){
            for(int k =0;k <100;k + +){
                System.out.println("线程" + k);
            }
        }
    public static void main(String[]args){
        MyMemo adc  = new MyMemo();
        Thread t  = new Thread(adc);
        t. start();
        for(int k =0;k <100; k + +){
            System.out. println("主函数" + k);
        }
    }
}
```

3. 线程同步

先了解同步这个概念，可能会认为同步就是一起动作，其实不是，“同”的意思指协同、互相配合的意思。在 Java 多线程中，线程同步就是当有一个线程在对内存进行操作时，其他线程都不可以对这个内存地址进行操作，直到该线程完成操作，其他线程才能对该内存地址进行操作，而其他线程又处于等待状态。比如，就好比两个人不能同时上同一个厕所，只有当一个人上好厕所时，另一个人才能进去。而在之前，这个人不得不在外面等待。所以 Java 多线程中就是需要用线程同步技术来解决，为的是避免多个线程对同一资源的访问。

前面讲了线程同步这个概念，是为了避免多个线程对同一资源的访问。可以想象，在 Java 中给共享资源加一把锁，这把锁只有一把钥匙，哪个线程获取了这把钥匙，才有权访问该资源，这个锁就加在共享资源上。

Java 语言中的 synchronized 关键字给共享资源加锁。接下来简单地介绍 synchronized 的用法。

用法 1：synchronized 可以放在方法名的前面表示该方法同步。

例如：

```
public synchronized void method( )
{
                //方法体
                        }
```

用法 2：synchronized 可以放在对象的前面表示访问该对象，只能有一个同步。

例如：

```
public class mythread implements Runnable
{
      public static void main(String args[])
      {
        mythread t = new mythread();
        Thread t1 = new Thread(t,"t1");
        Thread t2 = new Thread(t,"t2");
        t1. start();
        t2. start();
      }
      Public void run()
      {
      Synchronized(this)
        {
          System. out. println(Thread. currentThread(). getName());
        }
      }
}
```

用法 3：synchronized 可以放在类名的前面表示该类所有方法同步。

例如：

```
class ArrayWithLockOrder
{
  private static long num_locks = 0;
  private long lock_order;
  private int[] arr;
  public ArrayWithLockOrder(int[] a)
  {
    arr = a;
```

```
    synchronized(ArrayWithLockOrder.class)
    {// - - - - -这里
      num_locks + + ;                    // 锁数加 1。

      lock_order = num_locks;            // 为此对象实例设置唯一的 lock_order。
    }
  }
public long lockOrder()
{
return lock_order;
}
public int[] array()
 {
   return arr;
 }
}


 class SomeClass implements Runnable
 {
 public int sumArrays(ArrayWithLockOrder a1,
                 ArrayWithLockOrder a2)
 {
   int value = 0;
   ArrayWithLockOrder first = a1;        // 保留数组引用的一个
   ArrayWithLockOrder last = a2;         // 本地副本。
   int size = a1. array(). length;
   if (size = = a2. array(). length)
   {
     if (a1. lockOrder() > a2. lockOrder())   // 确定并设置对象的锁定
     {                                        // 顺序。
       first = a2;
       last = a1;
     }
     synchronized(first) {                    // 按正确的顺序锁定对象。
       synchronized(last) {
         int[] arr1 = a1. array();
         int[] arr2 = a2. array();
         for (int i =0; i < size; i + +)
           value + = arr1[i] + arr2[i];
       }
     }
```

```
    }
     return value;

    }
   public void run() {
     //
    }
    }
```

用法 4：对某一代码使用，synchronized 后跟括号，括号里是变量，一次只有一个线程进入代码块。例如：

```
   public int method void( int t)
     {
       synchronized( t)
       {
         }
     }
```

6.3 Java 提高

6.3.1 文件编程

File 文件编程是通过 File 类对象来进行文件或者目录的访问，如文件或目录的名称、大小、路径、创建和删除等。

1. 创建文件类

可以通过 File 的构造方法来创建文件类。下面有三种构建方法：

第一种：File（String pathname）;

语法：new File（filepath）。

第二种：File（String parent，String child）;

语法：new File（parent，child）。

第三种：File（File parent，String child）;

语法：File（File parent，String child）。

下面举例各种方式来创建 File 对象。

```
File t0 = new File("f:\\456");              //创建一个路径的对象。
File t1 = new File("c:\\123\\test.txt");    //创建一个表示文件路径字符串，包括
                                             文件名称的对象。
File t2 = new File("e:\\java","test.txt"); //创建一个指定的 e: java 目录和
                                             test.txt 文件的对象。
File t3 = new File("t0","test.txt");        //创建一个指定 t0 目录和 test.txt 文
                                             件的对象。
```

注意：在 Window 系统中，用一个反斜线（\）表示的是转义字符，用两个反斜线（\\）表示路径。

2. File 类的常见的方法

File 类的常见方法说明见表 6-6。

表 6-6　File 类的常见方法说明

返回类型	方法	解释说明
String	getName（）	得到文件名称
String	getParent（）	得到文件的父路径字符串
String	getPath（）	得到文件的相对路径
String	getAbsolutePath（）	得到文件的绝对路径
boolean	exists（）	是否存在文件
boolean	Isfile（）	是否文件类型
boolean	Delete（）	删除文件，如果删除成功返回值为 0
boolean	isAbsolute（）	是否文件夹类型
Long	Length（）	得到文件的长度
Long	LastModified（）	返回文件的最后修改时间

例如：

```
package demol;
import java.io.File;

public class FileTest {
    /* *
     * @ param args
     * /
    public static void main(String[] args){
        File file = new File("F:\\qq音乐\\QQMusic1273.13.18.14");
        System.out.println("文件夹目录名称:" + file.getName());
        System.out.println("文件夹目录是否存在:" + file.exists());
        System.out.println("文件夹目的相对路径:" + file.getPath());
        System.out.println("文件夹目录的绝对路径:" + file.getAbsolute-
        Path());
        System.out.println("是否可执行文件:" + file.canExecute());
        System.out.println("文件夹目录可以读取:" + file.canRead());
        System.out.println("文件夹目录可以写入:" + file.canWrite());
        System.out.println("文件夹目录上级路径:" + file.getParent());
        System.out.println("文件夹目录大小:" + file.length() + "B");
        System.out.println("是否为文件类型:" + file.isFile());
        System.out.println("是否为文件夹类型:" + file.isDirectory());
    }
}
```

输出的结果：

<terminated>Filetest[Java Application]C:\Program Files\Jave\jre1.8.0_111\bin\

javaw. exe(2017 - 3 - 4 下午 3:18:05)

 文件夹目录名称:QQMusic1273.13.18.14

 文件夹目录是否存在:true

 文件夹目的相对路径:F:\qq 音乐\QQMusic1273.13.18.14

 文件夹目录的绝对路径:F:\qq 音乐\QQMusic1273.13.18.14

 是否可执行文件:true

 文件夹目录可以读取:true

 文件夹目录可以写入:true

 文件夹目录上级路径:F:\qq 音乐

 文件夹目录大小:122888

 是否为文件类型:false

 是否为文件夹类型:true

6.3.2 Java 文件 I/O 编程

1. I/O 概念

了解 Java 中文件编程,可以知道文件或者目录的相关信息。比如文件的名称、大小、文件的路径等。这仅仅是对文件本身进行操作,但是不能对文件中的内容进行处理。下面将介绍文件的 I/O 编程。

I/O 即输入和输出,在介绍输入和输出之前,应先知道"流"这个概念。"流"的概念来自 UNIX 中的管道,是计算机输入和输出之间流的数据序列。例如:一杯水中倒入到另一杯水中,在水流倒入的过程中就体现"流"的概念。Java 中的 I/O 原理就是基于数据流进行的输入和输出。所以数据流包括两种流:输入流和输出流。输入流是用来读取数据,是外界设备(如键盘、文件、网络等)到程序内存的通信通道。输出流是用来写数据的,是由程序内存到外接设备(如显示器、文件、打印机等)的通信通道。

在 Java 中,输入流和输出流的操作就是继承 InputStream 类(字节输入流)、Reader 类(字符输入流)、OutputStream 类(字节输出流)以及 Writer 类(字符输出流)。

2. InputStream 类

InputStream 类是字节输入流的抽象类。表格 6-7 是该类的常用方法。

表 6-7   InputStream 类的方法说明

返回类型	方法	解释说明
int	read ()	从输入流中读取下一个字节,若读到输入流的末尾,则返回 -1
int	read (byte [] b)	从输入流中读多个字节,存入到数据 b 中,如果到输入流结束,则返回值 -1
int	read (byte [] b, int off, int len)	从输入流中读 len 字节,存入字节数组 b 从 off 开始的元素中,如果输入流结束,则返回值为 -1
int	available ()	获取输入流中可以读取的有效字节数
void	close ()	关闭输入流
long	skip (long a)	跳过当前输入流中 a 个数据

例如：

```
package demo2;

import jave.io.IOException;
import jave.io.* ;

public class Hello {


    public static void main(String[] args)throws IOException {
        InputStream is = System.in;
        byte[]bs = new byte[1024];
        is.read(bs);
        System.out.println("输入的内容是:" + new String(bs));
        is.close();
    }
}
```

运行的结果：

<terminated>Hello[Java Application]C:\Program Files\Java\jre1.8.0_111\bin\javaw.exe(2017 - 3 - 4 下午 3:20:01)

字节输入流

输入的内容是:字节输入流

3. OutputStream 类

OutputStream 类是字节输出流的抽象类。表 6-8 是该类的常用方法。

表 6-8　OutputStream 类的常用方法

返回类型	方法名称	解释说明
void	write（byte [ ] a）	将 byte [ ] 数组的数据写入到输出流
void	write（byte [ ] a, int off，int len）	byte [ ] 数组下标的 off 开始的 len 长度的数据写入到输出流
Abstract void	write（int a）	写入一个字节数据到输出流
void	close（）	关闭输出流
void	flush（）	刷新输出流

例如：

```
package demo3;
import java.io.IOException;
import java.io.* ;
public class Shuchu{


    public static void main(String[] args)throws IOException{
        OutputStream out = System.out;
        byte[]bs = "字节输出流".getBytes();
        out.write(bs);
        out.close();
```

```
        }
    }
```

运行的结果：

＜terminated＞Shuchu[Java Application]C:\Program Files\Java\jre1.8.0_111\bin\javaw.exe(2017－3－4 下午3:22:10)

字节输出流

4. Reader 类

Reader 类是字符输入流的抽象类，表 6-9 是该类的方法。

表 6-9　Reader 类常用方法

返回类型	方法	解释说明
int	read（）	从输入流中读取下一个字符，若读到输入流的末尾，则返回－1
int	read（byte［］b）	从输入流中读多个字符，存入到数据 b 中，如果到输入流结束，则返回值－1
int	read（byte［］b，int off，int len）	从输入流中读 len 字符，存入字节数组 b 从 off 开始的元素中，如果输入流结束，则返回值为－1
int	available（）	获取输入流中可以读取的有效字符数
void	close（）	关闭输入流

例如：

```
package demo4;
import java.io.IOException;
import java.io.* ;
public class Zifushuruliu {

    public static void main(String[] args)throws IOException {
        InputStreamReader re = new InputStreamReader(System.in);
        char[]cs = new char[1024];
        re.read(cs);
        System.out.println("输入的内容:" + new String(cs));
        re.close();
    }
```

运行的结果：

＜terminated＞Iifushuruliu[Java Application]C:\Program Files\Java\jre1.8.0_111\bin\javaw.exe(2017－3－4 下午3:23:55)

字节输入流

输入的内容:字符输入流

5. Writer 类

Writer 类是字符输出流的抽象类，表 6-10 是该类的方法。

表 6-10　Writer 类常用方法

返回类型	方法名称	解释说明
void	write（byte［］a）	将 byte［］数组的数据写入到输出流
void	write（byte［］a, int off, int len）	byte［］数组下标的 off 开始的 len 长度的数据写入到输出流
Abstract void	write（int a）	写入一个字符数据到输出流
void	close（）	关闭输出流
void	flush（）	刷新输出流

例如：

```
package demo5;
import java.io.IOException;
import java.io,* ;
public class Zifushuchuliu {
    public static void main(String[] args)throws IOException{
        Writer wr = new PrintWriter(System.out);
        char[] cs ="字符输出流".toCharArray();
        wr.write(cs);
        wr.close();
    }
}
```

运行的结果：

<terminated>Zifushuchuliu[Java Application]C:\Program Files\Java\jre1.8.0_111\bin\javaw.exe(2017-3-4 下午 3:25:29)

字符输出流

6. 文件的输入、输出流

前面介绍了 4 种抽象类以及各类的方法。下面来介绍文件的输入、输出流。文件流的操作是为了使文件之间能够实现数据的传输。根据流的类型来分，可以分为文件字符流和文件字节流；根据流的流向来分，可以分为流的文件输入流和文件输出流。

1）字节输入流　文件字节输入流可以从文件中读取数据，并且使用 FileInputStream（）的构造方法，调用该类的多种方法。比如 read（），reset（）等。但前提是需要建立 FileInputStream 类的实例对象。

语法如下：

new = FileInputStream (file);或者是 new = FileInputStream (filepath);

前者的 file 是 File 类型实例的一个对象，后者是根据文件的路径和名称。两者都可以创建 FileInputStream 类的实例对象。

2）字节输出流　文件字节输入流是从文件输出数据，并且使用 FileOutputStream（）的构造方法，调用该类的多种方法。前提是需要建立 FileIOutputStream 类的实例对象。

语法如下：

new =FileInputStream(file);或者是 new = FileInputStream(filepath);

前者的 file 是 File 类型实例的一个对象，后者是根据文件的路径和名称。两者都可以创建 FileOutputStream 类的实例对象。

3）复制文件 介绍了文件流，接下来用 Java 语言对文件流进行程序编写，加深对文件流使用。

而文件的字符输入、输出流，和上面的字节输入、输出流其实本质上是一样的，在这里不做详细的说明。

6.3.3 Java TCP 编程

1. 基本概念

TCP（Transmission Control Protocol，传输控制协议）是一种面向连接的、可靠的、基于字节流的传输层通信协议。而 TCP 编程的原理是通过利用 Socket 类来编程程序，并通过 TCP 使两个应用程序进行通信，从而实现计算机与计算机之间的数据传输。应用程序的对象分为服务器（server）和客户机（client）。下面介绍服务器和客户机如何进行通信？其步骤如下：

第一步：服务器程序中创建一个 ServerSocket（端口#）。

第二步：ServerSocket 调用 accept（）的方法，等待客户端的连接，这一过程叫侦听。

第三步：客户端程序创建一个 Socket，试图链接服务端。

第四步：服务器成功接收客服端的请求。这时 ServerSocket 调用 accept（）的方法会返回一个 Socket（）的对象，否则一直等待。

2. 服务器的 Server Socket 类及方法

ServerSocket 类是用于建立一个等待的请求的服务器套接字对象。该类的构造方法见表 6-11。

表 6-11 ServerSocket 类构造方法

构造方法	解释说明
ServerSocket（int port）	创建一个端口号为 port 的服务器套接字对象
ServerSocket（int port，int backlog）	创建一个指定最大连接长度的服务器套接字对象
ServerSocket（int port，int backlog，InetAddress address）	创建一个可以绑定 IP 地址又指定最大连接长度的服务器套接字对象

构造该类的对象之后，回调用其方法，比如 accept（），等待客户端的到来。表 6-12 所示举例一些该类的方法。

表 6-12 ServerSocket 类的常用方法

返回类型	方法	解释说明
Socket	accept（）	等待客户链接
boolean	isBound（）	判断 ServerSocket 的绑定状态
InetAddress	getInetAddress（）	返回服务器套接字的本地地址
boolean	isclose（）	返回服务器套接字的关闭状态
void	Close（）	关闭服务器套接字
void	Bind（SocketAddress endpoint）	将 ServerSocket 绑定到特定地址
Int	getLocalPort（）	返回套接字在其监听的端口

3. 客户机 Socket 的类以及方法

客户机创建 Socket 类的对象之后，会试图与服务器进行连接。连接之后，双方都可以通过 Socket 进行沟通交流。表 6-13 是该类的构造方法。

表 6-13　Socket 的构造方法

构造方法	解释说明
Socket（InetAddress add，int port）	创建连接指定服务器的套接字
Socket（String host，int port）	创建连接指定的服务器的套接字
Socket（）	创建未进行连接的套接字

相应的，Socket 的方法，见表 6-14。

表 6-14　Socket 的方法

返回类型	方法	解释说明
InetAddress	getInetAdress（）	获取套接字的地址
Int	getPort（）	获取此套接字连接的端口
InetAddress	getLocalSddress（）	获取套接字绑定的本地地址
Int	getLocalPort（）	获取套接字绑定的本地端口
void	close（）	关闭套接字
InputStream	getInputStream（）	获取套接字的输入流
OutputStream	getOutputStream（）	获取套接字的输出流

4. TCP 程序编程案例

1）服务器的程序如下：

```
package demo6;
import java.io.IOException;
import java.net.ServerSocket;
import java.net.Socket;
public class Server {
    public static void main(String[] args){
        new Server().startUp();
    }
public void startUp(){
    ServerSocket aa = null;
    Socket a = null;
    try{
        aa = new ServerSocket(6677);
        System.out.println("服务器已启动…");
        a = aa.accept();
        System.out.println("客户连接");

    }catch(IOException e){
        e.printStackTrace();
    } finally{
        try{ if(a!=null) a.close();
            if(aa!=null) aa.close();
```

```java
            }catch(IOException e)  {
              e.printStackTrace();
            }
        }
    }
}
```

2）客户端的程序如下：

```java
package demo6;
import java.io.IOException;
import java.net.Socket;
import java.net.UnknownHostException;
public class Client {
    public static void main(String[] args){
        new Client().startUp();
    }
    public void startUp(){
        Socket a = null;
        try {
            a = new Socket("192.168.21.1",6677);
            System.out.println("客户端接上");
        } catch (UnknownHostException e) {
            // TODO Auto - generated catch block
            e.printStackTrace();
        } catch (IOException e) {
            // TODO Auto - generated catch block
            e.printStackTrace();
        }finally{
            try {
                a.close();
            }catch (IOException e){
                // TODO Auto - generated catch block
                e.printStackTrace();
            }
        }
    }
}
```

首先运行服务端的程序，运行结果：

Server[Java Application]C:\Program Files\Java\jre1.8.0_111\bin\javaw.exe
(2017 - 3 - 5 下午 4:39:06)

服务器已启动…

接着运行客户端的程序，运行结果：

<terminated>Client[Java Application]C:\Program Files\Java\jre1.8.0_111\bin\javaw.exe(2017-3-5 下午4:39:43)

客户端接上

最后服务器会出现，运行结果：

<terminated>Server[Java Application]C:\Program Files\Java\jre1.8.0_111\bin\javaw.exe(2017-3-5 下午4:39:06)

服务器已启动…

客户连接

6.3.4　Java UDP 编程

1. 基本概念

UDP（User Dategram Protocol，数据报协议）是一种简单的、面向数据报的无连接的协议。和 TCP 相比，是一种不可靠的通信协议。但它的优点是信息传输速度快，有消息的边界，可以一台服务器给多个客户同时传输信息。UDP 的工作原理是将数据报发送到目的地，然后别人来接收数据包的过程。具体步骤如下：

第一步：通过 DategramSocket 创建一个套接字。

第二步：通过使用 DategramPacket 的构造方法，将发送的数据封装到数据包中。

第三步：通过 DategramSocket 类 send（）方法，发送数据包。

第四步：在另个一应用程序中通过第一步来创建套接字。

第五步：通过第二步的方法来接收数据包。

第六步：通过 DategramPacket 类 receive（）方法，接收数据包。

2. DategramSocket 类的构造方法。

DategramSocket 类适用于建立一个负责发送和接收点的套接字对象，其构造方法见表 6-15。

表 6-15　DategramSocket 类的构造方法

构造方法	解释说明
DategramSocket（）	创建绑定到本地主机上任意端口的套接字
DategramSocket（int port）	创建绑定大本地主机上的指定端口套接字
DategramSocket（int port，InetAddress add）	创建数据包套接字，将其绑定到指定的本地地址

3. DategramPacket 类的构造方法

DategramPacket 类是用来接收和发送数据，其构造方法见表 6-16。

表 6-16　DategramPacket 类的构造方法

构造方法	解释说明
DategramPacket（byte［］b，int，len）	指定接收长度，创建 DategramPacket 对象
DategramPacket（byte［］b，int，len，InetAddress，add，int port）	指定了数据包的内存空间大小，并且指定了数据的目标地和端口

4. UDP 的程序编程案例

1）服务端接收程序如下：

```java
package demo7;
import java.io.IOException;
import java.net.* ;
public class Receive {


    public static void main(String[] args)throws IOException {
        DatagramSocket s = new DatagramSocket(3000);
        byte[] data = new byte[1024];
        DatagramPacket dp = new DatagramPacket(data,data.length);
        System.out.println("服务器已启动,等待客户发送");
        s.receive(dp);
        System.out.println(new String(data,0,dp.getLength()));
        InetAddress address = dp.getAddress();
        int port = dp.getPort();
        byte[] data2 = "欢迎客户到来", getBytes();
        DatagramPacket dp2 = new DatagramPacket(data2,data2.length,address,
        port);
        s.send(dp2);
        s.close();


    }
}
```

2）客户端发送的程序如下：

```java
package demo7;
import java.io.IOException;
import java.net.* ;


public class Send {
    public static void main(String[] args)throws IOException{
        InetAddress address = InetAddress.getByName("localhost");
        int port =3000;
        byte[] date = "客户名称:小小;".getBytes();
        DatagramPacket dp = new DatagramPacket(data,data.length,
        address,port);
        DatagramSocket s = new DatagramSocket();
        s.send(dp);
        System.out.println("发送完毕");
        byte[] data2 = new byte[1024];
        DatagramPacket dp2 = new DatagramPacket(data2,data2.length);
```

```
        s.receive(dp2);
        System.out.println(new String(data2,0,dp2.getLength()));
        s.close();
    }
}
```

首先运行服务端的程序,运行结果:

Receive[Java Application]C:\Program Files\Java\jre1.8.0_111\bin\javaw.exe (2017 - 3 - 5 下午 8:30:58)

服务器已启动,等待客户发送

然后运行客户端的程序,运行结果:

< terminated > Send[Java Application]C:\Program Files\Java\jre1.8.0_111\bin \javaw.exe(2017 - 3 - 5 下午 8:33:45)

发送完毕

欢迎客户到来

而下面"欢迎客户到来"是服务器来响应客户端,并且客户端接收服务器的响应。

6.3.5　Java Swing 编程

1. Swing 概念

Swing 是为了 GUI（图形用户界面）所服务的。而 Swing 是在 AWT 基础上发展起来的。因为 AWT 自身的一些不足,所以出现了 Swing,Swing 的功能比 AWT 要强大,但并不能完全代替 AWT。所以,为了构建 GUI,在 Java 中提供了两个包,分别是 java. awt 和 javax. swing 包。

2. Swing 组件

下面将简单地介绍 Swing 常见基本组件,以及它们的功能介绍。

（1）Jbutton 组件

1）Jbutton 组件。表示 Swing 普通按钮,它们使用频率较多的组件之一。Swing 按钮不仅可以在上面加文字,还可以在上面加图标。

2）其构造方法主要有以下这些形式结构:

```
JButton();              //显示内容为空的按钮;
JButton(String text);   //带有内容的按钮;
JButton(Icon icon);     //带有图标的按钮;
```

3）常用的方法有以下形式结构:

```
SetRolloverEnabled(true);                //设置图标的
void setIcon(Icon icon);                 //在不同状态下的图标
setRollverIcon(Icon icon);
setPressedIcon(Icon icon);
setDisableIcon(Icon icon);
String getText()、void setText(Sting text)   //获得,设置按钮文字
```

（2）JRadioButton 组件

1）JRadioButton（单选按钮）,可以在 GUI 界面中,并且使用 ButtonGroup 类实现单项的选择。

2）其构造方法主要有以下这些形式结构:

```
JRadioButton();                      //建立无内容的按钮;
JRadioButton(Icon i);                //参数 i 设置单选按钮的图标
JRadioButton(Sring text);   //建立有内容的按钮;
JRadioButton(Sring text Icon icon Boolean selected);
```
（3）JcheckBox 组件

1）JcheckBox（复选框），就是类似于多选题一样。可以在 GUI 界面上，选中多个选项。

2）其构造方法主要有以下这些形式结构：
```
Jcheck();
Jcheck(String  t);
Jcheck(String t, Icon i, Boolean selected)         //设置文字和图标,并且文字是
                                                        否选中。
```
（4）JTextfield 组件

1）JTextfield（文本框），就是用来显示一行的文本。

2）其构造方法主要有以下这些形式结构：
```
JTextfield();
JTextfield(string t);               //设置文本内容
JTextfield(int f);                  //设置文本的长度
```
3）其常用的方法有以下形式结构：
```
getText ();
```
（5）JPasswordfield 组件

1）JPasswordfield（密码框）。就是相当于在登录 qq 账户时，输入密码的时候一样，显示的内容都是不能被看见的。

2）其构造方法主要有以下这些形式结构：
```
JPasswordfield();
JPasswordfield(String t);
JPasswordfield(int f);
```
3）常用的方法有以下形式结构：
```
getPassword();
void setEchochar(char echo);//甚至回显的字符
```
（6）JTextArea 组件

JTextArea（文本区），和上面的文本框是类似的。区别是文本区是显示多行文本内容;

（7）JLabel 组件

1）JLabel（标签），用来显示文本和图标。

2）其构造方法主要有以下这些形式结构：
```
Jlabel();
Jlabel(String t);          //创建文本内容的标签
Jlabel(Icon i);            //设置有图标的标签
```
3）常用的方法有以下形式结构。
```
setText(Srting t);
setIcon(Icon i);
```
（8）其他组件

Jlist 组件、JDialog 组件、JOptionPane 组件，这些组件也有自己的功能。大家想要了解关于组件、组件的构造方法以及常用的方法，可以查阅相关技术书籍。

6.4 本章小结

本章由浅入深、循序渐进地讲授了 Java 语言程序的开发，包括 Java 基本语法知识，Java 面向对象特点以及 Java 文件编程、文件 I/O 编程、TCP 编程、UDP 编程和 Java Swing 编程，适用 Java 语言初学者，并为后续的 Android 开发提供编程语言基础。

第 7 章 Android 编程基础

7.1 Android 基础

7.1.1 Android 系统背景

Android 即安卓，是基于 Linux 开放性内核的操作系统，是一款开源的手机操作系统，由 Google 公司在 2007 年 11 月推出，凭借完全免费，一举成为主流的手机开发平台。目前，Android 不但应用于智能手机，也在平板计算机市场占据强大的地位。Android 采用 WebKit 浏览器引擎（WebKit 浏览器引擎是 Apple Safari 浏览器背后的引擎），具有触摸屏、高级图像显示和上网功能，用户能够在手机上查看邮件、搜索网址和观看视频节目等，此外，Android 有比 iPhone 等其他手机更强的搜索功能，是一个兼容全部 Web 应用的平台。Android 以 Java 为编程语言，是操作系统和应用程序之间的桥梁。而且 Android 具有强大的研发团队，主要厂商包括摩托罗拉、HTC、三星、魅族、联想等。正是因为安卓特有的巨大优势，使之跃居全球最受欢迎的智能手机平台。

Android 系统具有五大特点：

1) 开放性　Android 系统允许任何移动终端厂商加入到 Android 联盟。在 Android Market 上，允许开发人员发布应用程序，也允许 Android 用户随意下载程序。

2) 多类型的连接设备　Android 平台提供了多种连接方式，USB、GPS、红外、蓝牙、无线局域网等，且不存在软件兼容的问题。

3) 友好的用户界面　Android 有良好的用户界面，使用户能够很快上手，容易学习和操作。

4) 不受任何限制的开发商　Android 平台提供给第三方开发商自由的环境。虽然有很多别出新样的软件诞生，但是也具有其两面性，不能加以控制。

5) 无缝结合 Google 应用　Google 服务如地图、邮件、搜索等功能已经成为大众和互联网的重要纽带，而 Android 平台手机将无缝结合 Google 应用。

7.1.2 Android 开发环境

1. JDK 搭建

安装 Eclipse 的开发环境，需要 JDK 的支持，安装流程的步骤如下：

1) 双击 "jdk-8u111-windows-x64.exe" 开始进行安装，将弹出 "安装向导" 对话框，在此单击【下一步】按钮，如图 7-1 所示。

2) 弹出 "定制安装" 对话框，在此选择文件的安装路径，如图 7-2 所示。

3) 单击【下一步】按钮，开始进行安装，如图 7-3 所示。

4) 完成后弹出 "目标文件夹" 对话框，在此选择需要安装的位置，如图 7-4 所示。

5) 弹出 "安装进度" 对话框，如图 7-5 所示。

图 7-1　　"安装向导"对话框

图 7-2　　"定制安装"对话框

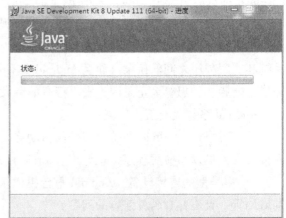

图 7-3　　开始安装

图 7-4　　"目标文件夹"对话框

图 7-5　　"安装进度"对话框

6）完成后弹出"完成"对话框，单击【关闭】，完成整个安装过程，如图 7-6 所示。

图 7-6　"完成"对话框

安装完成后可以检测是否安装成功，方法是运行 cmd 界面，在 cmd 窗口中输入 java – version 命令，如果显示如图 7-7 所示的提示信息，说明安装成功。

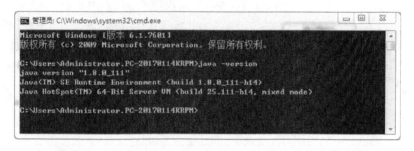

图 7-7　cmd 界面

2. Eclipse 搭建

安装好 JDK 后，可以继续安装 Eclipse，将 Eclipse 装在计算机的任意盘符，具体步骤如下。

1）双击"Eclipse. exe"可执行文件，启动界面如图 7-8 所示。

2）进入之后选择工作空间的提示，如图 7-9 所示。

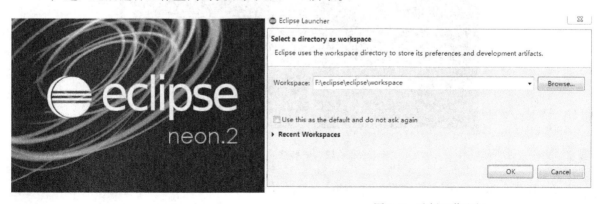

图 7-8　Eclipse 启动界面　　　　　　　　　图 7-9　选择工作空间

此时单击【OK】按钮，完成 Eclipse 的安装。

3. SDK 搭建

完成好 JDK 和 Eclipse 的安装后，接下来需要安装软件开发工具包 SDK，具体安装步骤如下：

在网上下载 SDK 后，解压文件，设定下载后的文件解压放在"F：\"目录下，并将其 tools 目录的绝对路径添加到系统的 PATH 中。

1）鼠标右击【计算机】，选择【属性】，选择【高级系统设置】，单击右下方的【环境变量】，在"系统变量"中选择新建，在变量名中输入"SDK_ HOME"，变量值中输入刚才的目录"F：\ android – sdk – windows"，如图 7-10 所示。

2）找到 Path 变量。单击编辑，在变量值的后面输入"%SDK_HOME% \ tools；"，如图 7-11 所示。

3）打开 cmd 界面，输入"android – h"，如果显示如图 7-12 显示的信息，则说明安装成功。

4. ADT 搭建

ADT 是 Android 为 Eclipse 专门定制的一个插件，提供用户开发 Android 应用程序的综合环境，可以让用户快速的建立 Android 项目，创建应用程序界面。

图 7-10　新建系统变量

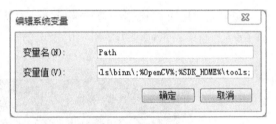

图 7-11　编辑系统变量

图 7-12　安装成功信息

1）打开 Eclipse 界面，找到目录【Help】，单击【Install New Software…】选项，如图 7-13 所示。

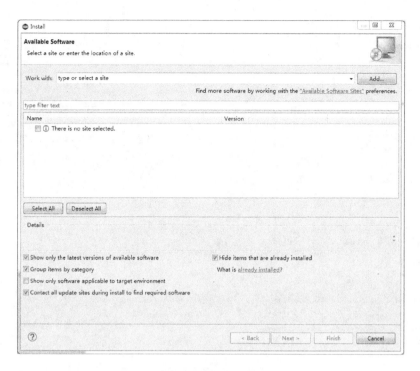

图 7-13　添加插件

2）在弹出的"Add Repository"对话框中分别输入名字和地址，名字可以自己命名，但是 Location 中必须输入插件的地址，设定放在 F 盘中，单击【OK】，如图 7-14 所示。

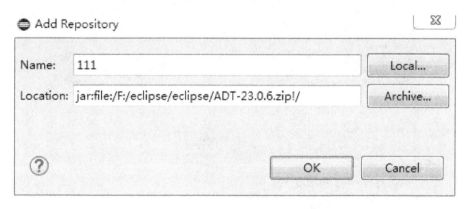

图 7-14　设置地址

此时回到 Available Software 对话框，单击 Developer Tools，如图 7-15 所示。

3）选中"Android DDMS"和"Android Developer Tools"，然后单击【Next】，如图 7-16 所示。

4）单击 Install Details 对话框中的【Next】，如图 7-17 所示。

5）选择"I accept the terms of the license agreements"选项，单击【Finish】，如图 7-18 所示。

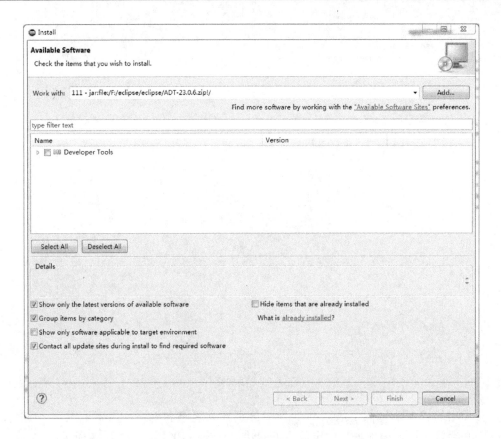

图 7-15　Available Software 界面

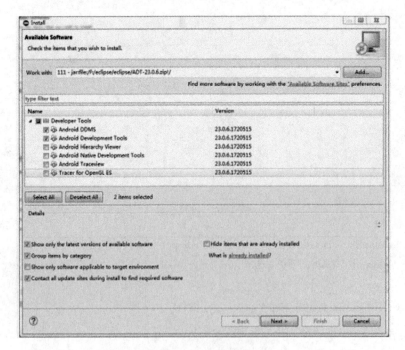

图 7-16　插件列表

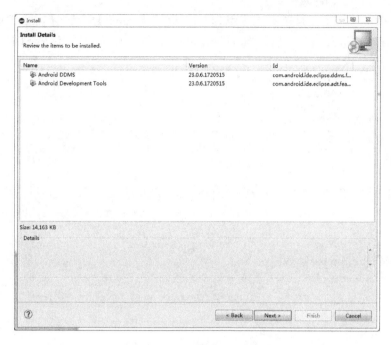

图 7-17　Install Details 对话框

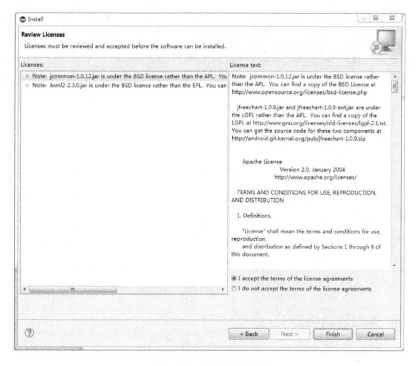

图 7-18　插件安装界面

6）完成安装，如图 7-19 所示。

7）设定 Android SDK home

完成上述插件工作后，此时还不能使用 Eclipse 创建 Android 项目，还需要增加 SDK 的路径，打开 Eclipse，选择"Windows"，选择"preference"，单击"Android"，设置 SDK Location 为 SDK 的目录，如图 7-20 所示。

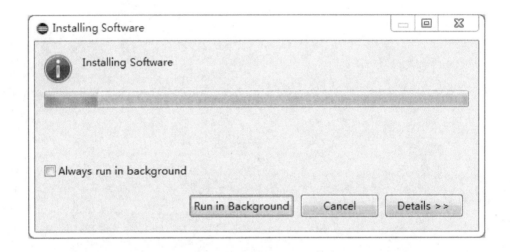

图 7-19　安装界面

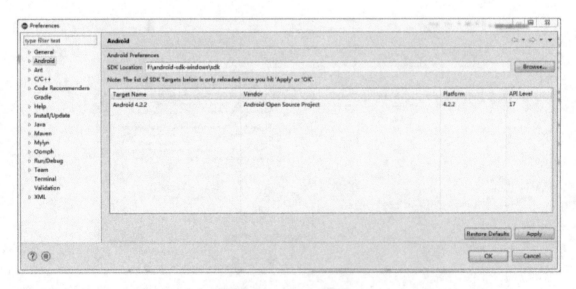

图 7-20　preference 界面

7.1.3　Android 虚拟机的搭建

AVD 为 Android 虚拟设备，模拟运行 Android 平台，创建 AVD 的步骤如下：

1）打开 Eclipse，单击【Windows】菜单栏，选择【Android Virtual Device（AVD）Manager】，弹出对话框如图 7-21 所示。

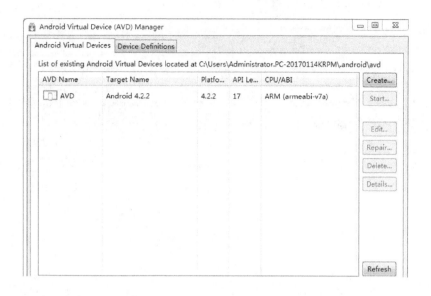

图 7-21　Android Virtual Device Manager 界面

2）单击【Create】，弹出如图 7-22 所示的界面。

3）将参数按照图 7-23 所示填写，并且单击【OK】。

图 7-22　创建 AVD

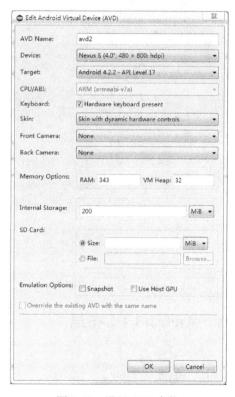

图 7-23　设置 AVD 参数

4）单击【Start】，弹出对话框，如图 7-24 所示。

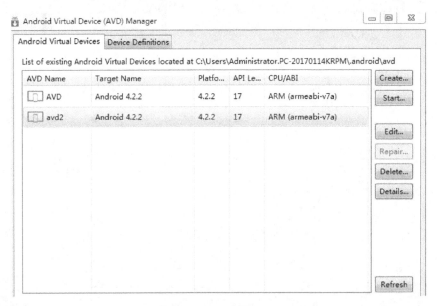

图 7-24　运行 AVD

5）单击【Launch】，进入虚拟机，如图 7-25 所示。

6）打开虚拟机界面，模拟运行成功，如图 7-26 所示。

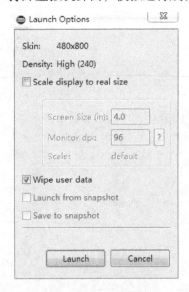

图 7-25　进入虚拟机

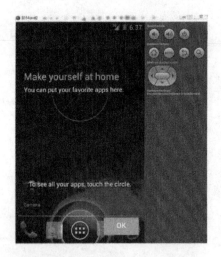

图 7-26　虚拟机模拟运行成功界面

7.2　Android UI 布局

7.2.1　视图（View）

一个 Android 程序是由一个或者多个 Activity 组成。Activity 是一个 UI 的容器，其本身不在用户界面中显示。其中 view 类是一个最基本的 UI 类，大部分的 UI 组件都是继承于 view 类实现的。比如：List（列表）、Button（按钮）、EditText（编辑框）、Textview（文本框）、RadioButoon（多选按钮）都是继承于 view 类。这里简单地介绍 view 类中的 XML 一些比较常见的属性。见表 7-1。

表 7-1　View 属性

属性名称	解释说明
android：background	设置图片的景色、背景图片
android：clickable	是否响应单击事件
android：id	当前 View 设置一个在当前 layout. xml 中的一个编号
android：longClickable	设置是否响应长按事件
android：minHeight	设置视图的最小高度
android：minWidth	设置视图的最小宽度
android：paddingBottom	设置底部的边距
android：paddingLeft	设置左边的边距
android：paddingRight	设置右边的边距
android：paddingTop	设置上方的边距

7.2.2　视图组（ViewGroup）

ViewGroup 是 View 类的一个子类，它能够承载包含多个 View 的显示单元。ViewGroup 能够装载和管理一组下层的 View 和其他 ViewGroup。它是布局类的一个基类，布局类则是一组提供屏幕界面通用类型的完全实现子类。

一个 Viewgroup 对象是一个 Android. View. Viewgroup 的实例。Viewgroup 的作用就是 View 的容器，其职责是 View 类中的组件进行布局。当然，Viewgroup 可以加入到另一个 Viewgroup。因为它是抽象类，也是其他容器类的基类。

7.2.3　线性布局（Linearlayout）

线性布局是最常见的布局形式之一，线性布局是把所有的控件按照水平或者垂直的方式进行摆放。对于每一行而言是垂直摆放，对于每一列而言是水平摆放。在 Android 系统开发中，线性布局可以在 XML 中定义，也可以在 . java 代码中编写。常用的是在 XML 中定义。

下面是在 . xml 中定义的垂直方式的线性布局程序。

```
< LinerLayout xmlns; android = " http://schemas. android. com/apk/res/android"
    android:layout_width = "fill_parent"
    android:layout_height = "fill_parent"
    android:orientation = "vertical" >

    <Button
        android:id = "@ + id/button1"
        android:layout_width = "match_parent"
        android:layout_height = "wrap_content"
        android:text = "@string/a"/ >

    <Button
        android:id = "@ + id/button2"
```

```
    android:layout_width = "match_parent"
    android:layout_height = "wrap_content"
    android:text = "@string/b"/ >
  < Button
    android:id = "@ + id/button3"
    android:layout_width = "match_parent"
    android:layout_height = "wrap_content"
    android:text = "@string/c"/ >
  < /LinearLayout >
```

解释上面的代码：如第二行和第三中的"fill_parent"代表填满其父元素。第四行属性"orientation"指定元素排列方式，其"vertical"表示的是垂直方式，每个元素独占一行。第六行表示该元素的编号。第七行和第八行分别表示该元素的宽度和高度。第九行设置该元素的名称。其运行的结果如图 7-27 所示。

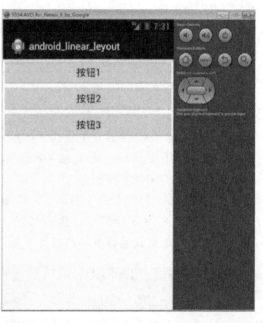

图 7-27　线性布局运行结果图

7.2.4　相对布局（Relativelayout）

相对布局也是最常见的布局之一。相对布局意思是一个控件相对于另一个控件的位置或是相对于布局管理器的位置。在 Android 中，线性布局可以在 XML 中定义，也可以在 .java 代码中编写。常用的是在 XML 中定义。

下面是在 .xml 中定义的相对布局程序。

```
< RelativeLayoutxmlns: android = "http://schemas. android. com/apk/res/android"
  android:layout_width = "fill_parent"
  android:layout_height = "fill_parent" >

  < Button
  android:id = "@ + id/button1"
  android:layout_width = "wrap_content"
  android:layout_height = "wrap_content"
  android:layout_centerHorizontal = "true"
  android:layout_centerVertical = "true"
  android:text = "@string/d"/ >

  < Button
  android:id = "@ + id/button2"
  android:layout_width = "wrap_content"
  android:layout_height = "wrap_content"
```

android:layout_alignParentLeft = "*true*"
android:layout_alignParentTop = "*true*"
android:text = "*@string/e*"/>

<Button
android:id = "*@ + id/button3*"
android:layout_width = "*wrap_content*"
android:layout_height = "*wrap_content*"
android:layout_alignParentRight = "*true*"
android:layout_alignParentTop = "*true*"
android:text = "*@string/f*"/>

</RelativeLayout>

解释上面的代码:

第十五行 android:layout_alignParentLeft = "*truer*" 表示贴紧父元素的左边缘。第八行 android:layout_center-Horizontal = "*true*" 表示相对与父元素完全居中。第二十二行 android:layout_alignParentRight = "*true*" 表示贴紧父元素的右边缘。第二十三行 android:layout_alignParent-Top = "*true*" 表示贴紧父元素的上边缘。其运行结果如图 7-28 所示。

图 7-28　相对布局运行结果图

7.2.5　框架布局 (Framelayout)

框架布局就是每增加一个控件都会产生空白的区域，称为一帧。每个控件可以调用 gravity 属性来调整该控件的位置。默认情况下是从左上角 (0，0) 坐标开始。含有多个组件会进行叠层排序，后来添加的控件覆盖先前的控件。在 Android 系统开发中，线性布局可以在 XML 中定义，也可以在 .java 代码中编写，常用的是在 XML 中定义。

下面是在 .xml 中定义的框架布局程序。

< FrameLayoutxmlns: android = " *http://schemas. android. com/apk/res/android*"
android:layout_width = "*fill_parent*"
android:layout_height = "*fill_parent*">

<ImageView
android:id = "*@ + id/imageView1*"
android:layout_width = "*match_parent*"
android:layout_height = "*match_parent*"
android:src = "*@drawable/ic_launcher3*"

```
android:contentDescription = "@string/none"/ >

< ImageView
android:id = "@ + id/imageView2"
android:layout_width = "146dp"
android:layout_height = "146dp"
android:src = "@drawable/ic_launcher2"
android:layout_gravity = "center"
android:contentDescription = "@string/none"/ >

</FrameLayout >
```
解释上面的代码：

android：layout_gravity = "center" 是用来设置该 view 相对与其父 view 的位置，"center" 表示居中。

框架布局运行结果如图 7-29 所示。

7.2.6　表单布局（Tablelayout）

表单布局就是以行和列的形式来添加控件，和常见的表格形式是类似的，但是不会显示行和列的边界线。若直接向表格布局中添加控件，那么该控件会独自占一行。可以在表格布局中，添加 <TableRow > 标记，每个 <TableRow > 标记会占用一行，可以在其中添加控件。每增加一个控件，就会增加一列，在 Android 系统开发中，线性布局可以在 XML 中定义，也可以在 .java 代码中编写。常用的是在 XML 中定义。

下面是在 .xml 中定义的表单布局程序。

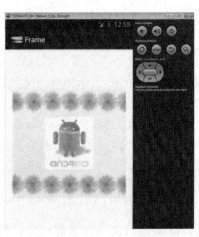

图 7-29　框架布局结果图

```
< TableLayoutxmlns: android = "http://schemas. android. com/apk/res/an-
droid"
android:layout_width = "fill_parent"
android:layout_height = "fill_parent" >

< TableRow
android:id = "@ + id/tableRow1"
android:layout_height = "wrap_content"
android:gravity = "center" >

< TextView
android:layout_width = "wrap_content"
android:layout_height = "wrap_content"
android:text = "@string/a"/ >
```

```
< EditText

android:id = "@ + id/userName"
android:layout_weight = "1"
android:layout_height = "wrap_content"
android:hint = ""/ >

< /TableRow >

< TableRow
android:id = "@ + id/tableRow2"
android:layout_height = "wrap_content"
android:gravity = "center" >

< TextView
android:layout_width = "wrap_content"
android:layout_height = "wrap_content"
android:text = "@string/b"/ >

< EditText

android:id = "@ + id/password"
android:layout_weight = "1"
android:layout_height = "wrap_content"
android:inputType = "textPassword"/ >

< /TableRow >

< TableRow
android:id = "@ + id/tableRow3"
android:layout_width = "wrap_content"
android:layout_height = "wrap_content"
android:gravity = "center" >

< Button
android:id = "@ + id/button1"
android:layout_width = "wrap_content"
android:layout_height = "wrap_content"
android:text = "@string/e"/ >

< Button
```

```
android:id = "@ + id/button2"
android:layout_width = "wrap_content"
android:layout_height = "wrap_content"
android:text = "@string/f"/ >


    < /TableRow >


    < /TableLayout >
```

解释上面的代码：

android:layout_weight = "1" layout_weight 值与其所处布局中所有控件 layout_weight 值之和的比值为该控件分配占用的区域。其值越大，权重就大。android:hint = ""表示输入框。android:inputType = "text-Password"也是表示输入框，只是输入的文字不能显示出来。

表单布局运行的结果如图 7-30 所示。

图 7-30　表单布局结果图

7.2.7　网格布局（Gridlayout）

网格布局就是将容器分割成多行多列，组件可以添加到每一个网格当中。在 Android 系统中，线性布局可以在 XML 中定义，也可以在 .java 代码中编写，常用的是在 XML 中定义。

下面是在 .xml 中定义的网格布局程序。

```
< GridLayoutxmlns: android = " http://schemas. android. com/apk/res/an-
droid"
android:layout_width = "fill_parent"
android:layout_height = "fill_parent"
android:columnCount = "4"
android:rowCount = "4" >


    <Button
android:id = "@ + id/button1"
android:layout_column = "0"
android:layout_row = "0"
android:text = "@string/a"/ >


    <Button
android:id = "@ + id/button2"
android:layout_column = "1"
android:layout_row = "0"
```

```
android:text = "@string/b"/ >


< Button
android:id = "@ + id/button3"
android:layout_column = "2"
android:layout_row = "0"
android:text = "@string/c"/ >

< Button
android:id = "@ + id/button4"
android:layout_column = "3"
android:layout_row = "0"
android:text = "@string/d"/ >

< Button
android:id = "@ + id/button5"
android:layout_column = "0"
android:layout_row = "1"
android:text = "@string/e"/ >

< Button
android:id = "@ + id/button6"
android:layout_column = "1"
android:layout_row = "1"
android:text = "@string/f"/ >

< Button
android:id = "@ + id/button7"
android:layout_column = "2"
android:layout_row = "1"
android:text = "@string/g"/ >
< Button
android:id = "@ + id/button8"
android:layout_column = "3"
android:layout_row = "1"
android:text = "@string/h"/ >

< Button
android:id = "@ + id/button9"
android:layout_column = "0"
```

```
        android:layout_row = "2"
        android:text = "@string/i"/ >

    <Button
        android:id = "@ + id/button10"
        android:layout_column = "1"
        android:layout_row = "2"
        android:text = "@string/j"/ >

    <Button
        android:id = "@ + id/button11"
        android:layout_column = "2"
        android:layout_row = "2"
        android:text = "@string/k"/ >

    <Button
        android:id = "@ + id/button12"
        android:layout_column = "3"
        android:layout_row = "2"
        android:text = "@string/l"/ >

    <Button
        android:id = "@ + id/button13"
        android:layout_column = "0"
        android:layout_row = "3"
        android:text = "@string/m"/ >

    <Button
        android:id = "@ + id/button14"
        android:layout_column = "1"
        android:layout_row = "3"
        android:text = "@string/n"/ >

    <Button
        android:id = "@ + id/button15"
        android:layout_column = "2"
        android:layout_row = "3"
        android:text = "@string/o"/ >

    <Button
        android:id = "@ + id/button16"
```

```
android:layout_column = "3"
android:layout_row = "3"
android:text = "@string/p"/ >
```

```
</GridLayout >
```
解释上面的代码：

这是网格布局，android:columnCount = "4"和 android:rowCount = "4"形成 4 行 4 列的网格。每一个网格可以添加一个控件。

图 7-31 为运行结果。

图 7-31　网格布局结果图

7.3　Android 组件

7.3.1　Activity 组件

Activity 组件作为 Android 4 大组件之一，可以表示应用的一个界面，在 Android 系统中起着十分重要的作用。简单地说，我们在应用中看到的每一个界面，都可以认为是一个 Activity。Activity 也可以理解为"活动"，一个 Activity 从创建到销毁的过程称为 Activity 的生命周期，即一个"活动"开始，代表 Activity 组件启动；"活动"结束，代表 Activity 的生命周期结束。

1. Activity 的生命周期

一个 Activity 的对象的生命周期可类比于人的生命周期，不同阶段需要做对应的事。这就使得一个 Activity 从创建到销毁的生命周期中，存在 4 种不同的状态，7 个生命周期函数和 3 个生存期。

（1）Activity 的 4 种状态

1）Resumed：Activity 对象处于运行状态，置于屏幕的最前端。

2）Paused：另一个 Activity 位于前端，该 Activity 被覆盖但是可见。此时它依然与窗口管理器保持连接，系统继续维护其内部状态，所以它仍然可见，但它已经失去了焦点故不可与用户交互。

3）Stopped：另一个 Activity 位于前端，完全遮挡之前的 Activity。

4）Killed：Activity 被系统杀死回收或者没有被启动。

（2）Activity 的 7 个生命周期函数（见表 7-2）

表 7-2　Activity 生命周期函数

生命周期函数	调用时机
onCreate	在 Activity 对象被第一次创建时调用
onStart	当 Activity 变得可见时调用
onResume	当 Activity 开始准备和用户交互时调用
onPause	当系统即将启动另一个 Activity 之前调用
onStop	当前 Activity 变得不可见时调用
onDestroy	当前 Activity 被销毁之前调用
onRestart	当一个 Activity 再次启动之前调用

以上 7 个方法中除了 onRestart 之外，其他都是两两相对的，从而又可以将活动分为三种生存期。

1）完整生存期。活动在 onCreate 方法和 onDestroy 方法之间所经历的过程，就是完整生存期。一般情况下，一个活动会在 onCreate 方法中完成初始化操作，而在 onDestroy 方法中结束活动并销毁，从而释放内存。

2）可见生存期。活动在 onStart 方法和 onStop 方法之间所经历的过程，就是可见生存期。在可见生存期内，活动对于用户总是可见的，即便有可能无法和用户进行交互。

3）前台生存期。活动在 onResume 方法和 onPause 方法之间所经历的过程，就是前台生存期。在前台生存期内，活动总是处于运行状态的，此时的活动是可以和用户进行相互的，我们平时看到和接触最多的也在这个状态下的活动。

为了更好地理解 Activity 的生命周期，可以认真研读活动生命周期示意图，如图 7-32 所示。

activity 启动时：onCreate→onStart→onResume。

为了方便说明，这里把当前 activity 称为 Activity1，其他的 activity 称为 Activity2、Activity3，等等。

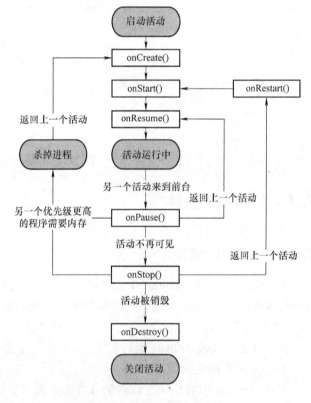

图 7-32　Activity 生命周期图

从图 7-32 可以看出，activity 从 running 状态跳转到 onPause 状态的原因是：有另外一个 actvity 被启动并运行，比如 Activity1 通过 startActivity 启动了 Activity2，那么 Activity2 就处于 UI 视图的最顶层，而 Activity1 不再是最顶层的 activity，此时就会 onPause，此时 Activity1 已经站在他人之后。

当 Activity1 完全被 Activity2 挡住，完全看不见时，Activity1 就会 onStop。从图 7-32 中看到，从 onPause 到 onStop 的原因是：此时 Activity1 完全不可见，可以理解为按下 home 键时，当前 activity 就会处于 onStop 的状态。

从图 7-32 中可以看出 activity 是可以停留在 onPause 和 onStop 这两个状态上，可以相应的恢复。

当在 Activity1 退出时，Activity1 就会走到 onDestory。

一旦 Activity 走到 onDestory，若恢复只能 onCreate →onStart→onResume。

2. 界面的切换

Activity 的界面切换是应用中必不可缺的，是实现从一个界面跳转到另一个界面的过程。按照实现的方法不同，大致上可以分为两种：启动新的 Activity 实现界面切换和改变 XML 文件实现界面切换。

1）启动新的 Activity 实现界面切换。对于这种方法分三步：第一步：创建 Intent 对象；第二步：通过 setClass（）方法指定当前界面和要跳转到的界面，第一个参数为当前界面，第二个参数是要跳转到的界面；第三步：用当前的 Activity 调用 starActivity（）实现界面的切换。

首先了解 Intent，Intent 可以理解为"意图"，是 Android 程序中各组件之间进行交互的一种重要方式，它不仅可以指明当前组件想要执行的动作，还可以在不同组件之间传递数据。Intent 一般可被用于启动活动、启动服务以及发送广播等场景。Intent 有多个构造函数的重载，其中一个是 Intent（Context packageContext, Class <？> cls）。这个构造函数接收两个参数，第一个参数 Context 要求提供一个启动活动的上下文，第二个参数 Class 则是指定想要启动的目标活动，通过这个构造函数就可以构建 Intent 的"意图"。Activity 类中提供了一个 startActivity（）方法，这个方法是专门用于启动活动的，它接收一个 Intent 参数，这里将构建 Intent 传入 startActivity（）方法就可以启动目标活动。

下面对启动新的 Activity 实现界面切换举简单的例子进行分析：

先新建一个 second_layout. xml 布局文件，定义一个按钮，按钮显示 Button 2。代码如下：

```
< LinearLayout  xmlns: android = " http://schemas. android. com/apk/res/android"
      android:layout_width = "match_parent"
      android:layout_height = "match_parent"
      android:orientation = "vertical" >
<Button
        android:id = "@ + id/button_2"
        android:layout_width = "match_parent"
        android:layout_height = "wrap_content"
        android:text = "Button 2"
        / >
</LinearLayout >
```

其次，新建一个活动 SecondActivity，并让这个活动继承自 Activity，代码如下：

```
public class SecondActivity extends Activity {
    @Override
    protected void onCreate(Bundle savedInstanceState) {
        super. onCreate(savedInstanceState);
        requestWindowFeature(Window. FEATURE_NO_TITLE);
        setContentView(R. layout. second_layout);
    }
}
```

再次，在 AndroidManifest. xml 中对 SecondActivity 进行注册，代码如下：

```
< application
    android:allowBackup = "true"
    android:icon = "@drawable/ic_launcher"
    android:label = "@string/app_name"
    android:theme = "@style/AppTheme" >
< activity
        android:name = ". FirstActivity"
        android:label = "This is FirstActivity" >
< intent - filter >
< action android:name = "android. intent. action. MAIN" / >
< category android:name = "android. intent. category. LAUNCHER" / >
< /intent - filter >
< /activity >
< activity android:name = ". SecondActivity" >
< /activity >
< /application >
```

最后，对 FirstActivity 中按钮的单击事件进行修改。首先需要构建一个 Intent，传入 FirstActivity. this 作为承接，传入 SecondActivity. class 作为目标活动，这样的"意图"就非常明显，即在 FirstActivity 活动的基础上打开 SecondActivity 活动，然后通过 startActivity（）方法来执行 Intent。代码如下：

```
button1. setOnClickListener (new OnClickListener () {
    @Override
    public void onClick (View v) {
        Intent intent = new Intent (FirstActivity. this, SecondActivity
. class);
        startActivity(intent);
    }
});
```

就这样，已经成功启动 SecondActivity 活动，实现了界面的切换。如图 7-33 所示。

2）改变 XML 文件实现界面切换。改变 XML 文件实现界面切换，可以把它看作重新设置界面的布局文件。这个方法的实质就是在监听事件实现的函数，重新调用 setContentView 方法，来改变界面的布局——比如，界面上有一个按钮，要实现用户单击这个按钮，就改变一下界面布局，来达到界面切换的效果。

可以分两步骤来实现这种方法：

1）创建一个 xml 布局文件。

2）通过触发某一个控件（如 Button），该控件已经加载监听器，监听器通过 setContentView 函数切换界面布局。

这样实现整个过程都是在一个 Activity 上实现，因此所有变量都可

图 7-33　界面切换图

以在 Activity 状态中获得。

先定义两个按键，通过单击按键 1 跳转到按键 2。

按键 1：

```
< LinearLayout xmlns: android = " http://schemas. android. com/apk/res/an-
droid"
     android:layout_width = "fill_parent"
     android:layout_height = "fill_parent"
     android:orientation = "vertical" >

<Button
     android:id = "@ + id/button1"
     android:layout_width = "match_parent"
     android:layout_height = "wrap_content"
     android:text = "@string/b" / >

</LinearLayout >
```

按键 2：

```
< LinearLayout xmlns: android = " http://schemas. android. com/apk/res/an-
droid"
     android:layout_width = "fill_parent"
     android:layout_height = "fill_parent"
     android:orientation = "vertical" >

<Button
         android:id = "@ + id/button2"
         android:layout_width = "334dp"
         android:layout_height = "wrap_content"
         android:text = "@string/a" / >

</LinearLayout >
```

接着，在 Activity 中写入下面这段代码：

```
package com. example. moh;

import android. os. Bundle;
import android. app. Activity;
import android. view. Menu;
import android. view. View;
import android. view. View. OnClickListener;
import android. widget. Button;
```

```
public class MainActivity extends Activity {

    private Button btn = null;


    protected void onCreate(Bundle savedInstanceState) {
        super. onCreate(savedInstanceState);
        setContentView(R. layout. activity_main);
        btn = (Button)findViewById(R. id. button1);
            btn. setOnClickListener(new OnClickListener(){
        public void onClick(View v){
            setContentView(R. layout. second);
        }
            });


    }
```

这样，就可以通过按下按键 1，跳转到按键 2 的界面，实现了界面的切换。如图 7-34 所示。

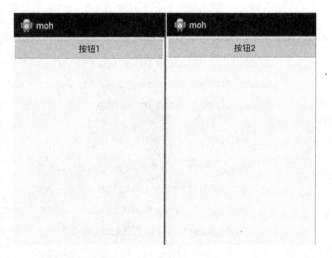

图 7-34　界面切换图

7.3.2　BroadcastReceiver 组件

本节介绍 Android 4 大组件之一的 Broadcast Receiver。先了解以下一些必要的概念。

1）Broadcast（广播）　是一种广泛运用在应用程序之间用来传输信息的一种机制。

2）BroadcastReceiver（广播接收者）是对发送出来的广播进行过滤接收并响应的一类组件，它的作用就是用来接收来自系统或者应用中的广播。

实际中，广播及广播接收者的用途很多，例如当手机开机完成后，系统会产生一条广播。一些开机启动的程序，一旦接收了这条广播，都会自动启动，从而实现了一些开机自启动的功能；当网络状态改变时，系统也会产生一条广播，当收到这条广播后，就可以对程序进行保存数据或者其他相应的处理。

注意：BroadcastReceiver 的生命周期只有 10s 左右，因此在 BroadcastReceiver 里不能做一些比较耗时的操作；不能使用子线程。

1. 介绍广播的使用方法

1）发送：将信息装入一个 Intent 对象（如 Action、Category），通过调用相应的方法 sendBrodacast（）、sendOrderBrodacast（）或 sendStickyBrodacast（），将 Intent 对象以广播的方式发送出去。

2）接收：当 Intent 发送出去以后，所有已经注册的 BroadcastReceiver 会检查注册时的 Intent-Filter 是否与发送的 Intent 相匹配。一旦匹配，就会调用类 BroadcastReceiver 中的 onReceive（ ）方法。

例如，先准定义一个按钮准备用来发送广播：

```
Public void doClick(View)
{
  Switch(v. getId())
  {
     case R. id. send1:            //发送一条广播
    intent intent = new Intent();
    intent. putExtra("msg","hello receiver");
    intent. setAction("MyReceiver");
    sendBroadcast(intent);
    break;
    default;
    break;
  }
}
```

2. 介绍接收广播和发送广播

（1）接收广播

在 onReceive 方法内，可以获取随广播传送过来的 Intent 中的数据，就像无线电一样，包含很多有用的信息。下面先创建一个名为 MyReceiver 广播接收者：

```
package com. scott. receiver;

import android. content. BroadcastReceiver;
import android. content. Context;
import android. content. Intent;
import android. util. Log;

public class MyReceiver extends BroadcastReceiver {

    private static final String TAG = "MyReceiver";

    @Override
    public void onReceive(Context context, Intent intent) {
        String msg = intent. getStringExtra("msg");
        Log. i(TAG, msg);
    }

}
```

在创建自己的 BroadcastReceiver 对象时，需要继承 android. content. BroadcastReceiver，并实现其 onReceive 方法，可以通过以上程序实现。在创建 BroadcastReceiver 之后，并不能够使它马上进入工作状态，原因在于还需要为它注册一个指定的广播地址。值得注意的是，注册广播地址可分为静态注册和代码注册（也称动态注册）。

1）静态注册。静态注册是在 AndroidManifest. xml 文件中配置的。为 MyReceiver 注册一个广播地址：

```
< receiver android:name = ". MyReceiver" >
< intent - filter >
< action android:name = "android. intent. action. MY_BROADCAST"/ >
< category android:name = "android. intent. category. DEFAULT" / >
</intent - filter >
</receiver >
```

注册完成后，只要是 android. intent. action. MY_ BROADCAST 这个地址的广播，MyReceiver 都可以接收到。并且，这种方式的注册是常驻型的，即当应用关闭后，如果有广播信息传来，MyReceiver 也会被系统调用而自动运行。

2）代码注册：代码注册需要在代码中动态的指定广播地址并注册，通常是在 Activity 或 Service 注册一个广播。下面就来看一下注册的代码：

```
MyReceiver receiver = new MyReceiver();

IntentFilter filter = new IntentFilter();
filter. addAction("android. intent. action. MY_BROADCAST");

registerReceiver(receiver, filter);
```

Activity 和 Service 都继承了 ContextWrapper，而 registerReceiver 是 android. content. ContextWrapper 类中的方法，所以可以直接进行调用。

在 Activity 或 Service 中使用代码注册 BroadcastReceiver 时，需要注意的是当 Activity 或 Service 被销毁时要进行解除注册。如果没有解除注册，通常系统会提示一个异常，所以要记得在组件结束的地方进行解除注册操作，代码如下：

```
@Override
protected void onDestroy()
{
    super. onDestroy();
    unregisterReceiver(receiver);
}
```

这种注册方式与静态注册不同，不是常驻型的，这样注册的广播会跟随程序的结束而结束。
最后，单击发送按钮，执行 send 方法，控制台打印如下：

tag	Message
MyReceiver	hello receiver.

（2）发送广播

广播接收器接收系统广播后，如何在应用程序中发送广播？广播主要分为两种类型：标准广播（又称无序广播）和有序广播，下面将通过实践的方式区别这两种广播。

1）标准广播的特点　同级别接收时间是随机的；级别低的迟一点收到广播；接收器不能截断广播的继续传播，也不能对广播进行处理；同级别的动态注册高于静态注册。

对于标准广播来说，最大的特点就是接收器不能截断广播的继续传播，同时也不能对广播进行处理。下面简单地验证一下。我们新建 3 个 BroadcastReceiver，演示这个过程，FirstReceiver、SecondReceiver 和 ThirdReceiver。具体代码如下：

① FirstReceiver 代码

```
package com. scott. receiver;

import android. content. BroadcastReceiver;
import android. content. Context;
import android. content. Intent;
import android. util. Log;

public class FirstReceiver extends BroadcastReceiver {

    private static final String TAG = "NormalBroadcast";

    @Override
    public void onReceive(Context context, Intent intent) {
        String msg = intent. getStringExtra("msg");
        Log. i(TAG, "FirstReceiver: " + msg);
    }

}
```

② SecondReceiver 代码

```
public class SecondReceiver extends BroadcastReceiver {

    private static final String TAG = "NormalBroadcast";

    @Override
    public void onReceive(Context context, Intent intent) {
        String msg = intent. getStringExtra("msg");
        Log. i(TAG, "SecondReceiver: " + msg);
    }

}
```

③ ThirdReceiver 代码

```
public class ThirdReceiver extends BroadcastReceiver {

    private static final String TAG = "NormalBroadcast";

    @Override
    public void onReceive(Context context, Intent intent) {
        String msg = intent.getStringExtra("msg");
        Log.i(TAG, "ThirdReceiver: " + msg);
    }
}
```

然后像之前单击发送按钮，系统会发送一条广播，控制台打印如下：

tag	Message
NormalBroadcast	FirstReceiver: hello receiver.
NormalBroadcast	SecondReceiver: hello receiver.
NormalBroadcast	ThirdReceiver: hello receiver.

可以清楚的看到 3 个都接收到这条广播，接下来对代码进行略微的修改，试图终止广播。我们在 onReceive 方法的最后一行添加以下代码：

```
abortBroadcast();
```

最后，单击一下发送，再次观察控制台的信息：

tag	Message
NormalBroadcast	FirstReceiver: hello receiver.
NormalBroadcast	SecondReceiver: hello receiver.
NormalBroadcast	ThirdReceiver: hello receiver.

控制台依然打印了三个接收器的日志，可以发现接收者并不能终止广播。

2）有序广播的特点。同级别接收顺序也是随机的；能截断广播的继续传播，高级别的接收器接收到广播后，可以控制该广播继续传播或者是将之截断；接收器能处理广播；同级别的动态注册高于静态注册。

对于有序广播来说，每次只发送给优先级高的接收器，然后再由优先级高的接收器选择传播到低优先级的接收器。

用实验的方法来理解这个过程。同样，先新建 3 个 BroadcastReceiver，分别为 FirstReceiver、SecondReceiver 和 ThirdReceiver。

① FirstReceiver 代码

```
package com.scott.receiver;

import android.content.BroadcastReceiver;
import android.content.Context;
```

```java
import android.content.Intent;
import android.os.Bundle;
import android.util.Log;

public class FirstReceiver extends BroadcastReceiver {

    private static final String TAG = "OrderedBroadcast";

    @Override
    public void onReceive(Context context, Intent intent) {
        String msg = intent.getStringExtra("msg");
        Log.i(TAG, "FirstReceiver: " + msg);

        Bundle bundle = new Bundle();
        bundle.putString("msg", msg + "@FirstReceiver");
        setResultExtras(bundle);
    }

}
```

② SecondReceiver 代码

```java
public class SecondReceiver extends BroadcastReceiver {

    private static final String TAG = "OrderedBroadcast";

    @Override
    public void onReceive(Context context, Intent intent) {
        String msg = getResultExtras(true).getString("msg");
        Log.i(TAG, "SecondReceiver: " + msg);

        Bundle bundle = new Bundle();
        bundle.putString("msg", msg + "@SecondReceiver");
        setResultExtras(bundle);
    }

}
```

③ ThirdReceiver 代码

```java
public class ThirdReceiver extends BroadcastReceiver {

    private static final String TAG = "OrderedBroadcast";
```

```
@Override
public void onReceive(Context context, Intent intent) {
    String msg = getResultExtras(true).getString("msg");
    Log.i(TAG, "ThirdReceiver: " + msg);
}
```

}

在 FirstReceiver 和 SecondReceiver 中最后都使用了 setResultExtras 方法，将一个 Bundle 对象设置为结果集对象，传递到下一个接收者，这样优先级低的接收者可以用 getResultExtras 获取到最新的经过处理的信息集合。

接着，需要为这 3 个接收器注册广播地址，修改 AndroidMainfest.xml 文件：

```
< receiver android:name = ". FirstReceiver" >
< intent - filter android:priority = "300" >
< action android:name = "android. intent. action. MY_BROADCAST"/ >
< category android:name = "android. intent. category. DEFAULT" / >
</ intent - filter >
</ receiver >
< receiver android:name = ". SecondReceiver" >
< intent - filter android:priority = "200" >
< action android:name = "android. intent. action. MY_BROADCAST"/ >
< category android:name = "android. intent. category. DEFAULT" / >
</ intent - filter >
</ receiver >
< receiver android:name = ". ThirdReceiver" >
< intent - filter android:priority = "100" >
< action android:name = "android. intent. action. MY_BROADCAST"/ >
< category android:name = "android. intent. category. DEFAULT" / >
</ intent - filter >
</ receiver >
```

通过 AndroidMainfest.xml 文件，可以发现 FirstReceiver 中的 android：priority 为 300，SecondReceiver 的为 200，ThirdReceiver 的为 100。这个 android：priority 属性的范围：-1000 到 1000，数值越大，表示优先级越高。所以不难发现 FirstReceiver 的优先级高于 SecondReceiver 高于 ThirdReceiver。

然后，还需要修改发送广播的代码：

```
public void send(View view) {
    Intent intent = new Intent("android. intent. action. MY_BROADCAST");
    intent. putExtra("msg", "hello receiver. ");
    sendOrderedBroadcast(intent,
"scott. permission. MY_BROADCAST_PERMISSION");
}
```

这段代码中使用了 sendOrderedBroadcast 方法发送有序广播时，需要一个权限参数。接收者若要接收此广播，需声明指定权限。

在 AndroidMainfest. xml 中定义一个权限：

```
<permission android:protectionLevel = "normal"
        android:name = "scott. permission. MY_BROADCAST_PERMISSION" />
```

然后声明使用了此权限：

```
<uses - permission android:name = "scott. permission. MY_BROADCAST_PERMIS-
SION" />
```

接着，我们单击发送按钮发送一条广播。控制台打印如下：

tag	Message
OrderedBroadcast	FirstReceiver: hello receiver.
OrderedBroadcast	SecondReceiver: hello receiver.@FirstReceiver
OrderedBroadcast	ThirdReceiver: hello receiver.@FirstReceiver@SecondReceiver

从控制台中，可以看到接收器接收是按顺序的，并且由高优先级向低优先级传递。通过实验再来看看高优先级能不能阻断广播的传播。打开 FirstReceiver 的代码，在 onReceive 的最后一行添加以下代码来试图阻止广播的传播：

```
abortBroadcast();
```

发送广播后，控制台打印如下：

tag	Message
OrderedBroadcast	FirstReceiver: hello receiver.

这时，发现只有 FirstReceiver 接收到广播，其他两个接收器都没有执行，因为广播被 FirstReceiver 终止了。

7.3.3　Service 组件

在前面章节已经学习了 Android 中最常见的组件 Activity，Activity 在一段程序里最多只可以被激活一次，而且激活之后所执行的时间也是有一定限制的。想象一下，如果想在听歌的时候还想继续和朋友聊天，这时多种工作同时进行的时候就需要用到 Android 中的另外一个组件——Service 组件。

相对于 Activity，Service 同属于 Android 中的四大组件之一。但是 Activity 具有用户界面程序，而 Service 则是生命周期较长，但不具备用户界面的程序，这是两者之间最大的区别。

1. 本地 Service

本地服务（Local service）是依附在主要进程的服务。使得节约了资源问题，此外，因为是位于同一个进程，所以不需要 IPC 和 AIDL，但是它的缺点也是十分明显：程序结束后服务直接终止。

无论如何，服务都不可自己运行，需要通过调用 startService（）或 bindService（）方法启动服务。这两个方法都可以启动 Service，但是它们也同样有所区别。

1）使用 startService（）方法启用服务，调用者与服务之间没有关连，即使调用者退出，服务仍然运行。

采用 startService（）方法启动服务，在服务未被创建时，系统会先调用服务的 onCreate（）方法，接着调用 onStart（）方法。

如果调用 startService（）方法前服务已经被创建，多次调用 startService（）方法并不会导致多次创建服务，但会导致多次调用 onStart（）方法。

采用 startService（）方法启动的服务，主要用于启动一个服务执行后台任务，不进行通信，停止服务使用 stopService。

2）使用 bindService（）方法启用服务，调用者与服务绑定在一起，调用者一旦退出，服务也就终止。

onBind（）只有采用 bindService（）方法启动服务时才会回调该方法。该方法在调用者与服务绑定时被调用，当调用者与服务已经绑定，多次调用 Context. bindService（）方法并不会导致该方法被多次调用。

采用 bindService（）方法，启动服务时只能调用 onUnbind（）方法解除调用者与服务解除，该方法启动的服务要进行通信，停止服务使用 unbindService。

2. Service 的生命周期

Service 和 Activity 的生命周期是类似的，都是从它们创建的时候开始到最终销毁。Service 相对于 Activity 整个过程则简单许多。Service 有着多种启动方式，但是无论是哪种启动方式，当 Service 第一次被创建都会调用 onCreate（）方法，然后当 Service 被启动时调用 onStart（），当停止 Service 时则执行 onDestroy（）方法，但是如果需要再一次启动 Service 时不需要再次执行 onCreate（）方法，而是直接执行 onStart（）方法。

当 Service 被 Activity 调用方法 Context. startService 启动后，该 Service 都在后台运行，不会自动关闭，不管对应程序的 Activity 是否在运行，直到被调用 stopService，或自身的 stopSelf 方法或者系统关闭。不过当 Service 被某个 Activity 调用 Context. bindService 方法绑定启动，onCreate 方法只会调用一次，onStart 方法不会被调用。当连接建立之后，Service 将会一直运行，除非调用 Context. unbindService 断开连接或者之前调用 bindService 的 Context 不存在（如 Activity 被 finish 的时候），系统将会自动停止 Service，对应 onDestroy 将被调用。当一个 Service 被终止（①调用 stopService；②调用 stopSelf；③不再有绑定。）的连接（没有被启动）时，onDestroy 方法将会被调用，这时应当做一些清除工作，如停止在 Service 中创建并运行的线程。

3. 进程中的 Service

Android 系统中的各应用程序都运行在各自的进程中，进程之间通常是无法进行内存共享，所以就需要用一些方法使不同数据之间进行数据交换，AIDL（android interface define language）Android 接口定义语言，提供了跨进程调用 Service 的功能。

AIDL 用于约束两个进程之间的通信规则，它使得两个进程之间形成了一种通信协议并通过这个协议使进程之间通信进行了规范，当两个进程之间进行通信时，它们之间的通信信息首先会被转化成 AIDL 的协议信息，然后发送给对方，接收到信息后，再将这种 AIDL 信息转化成相应的对象，并且这种交流还是双向的。

建立 AIDL 文件和 Java 接口定义类似，此处不再阐述，只需注意以下几点：①定义接口的源代码必须 . aidl，结尾接口名和文件名一样；②接口和方法前不可加修饰符；③AIDL 文件中所有非 Java 参数必须加标记；④使用 Java 的基本类型时不用加 IMPORT 声明。

7.3.4 ContentProvider 组件

人们的需求日益增多，手机的应用也就随之增多，那么各个应用之间也是需要数据共享，这时 Android 为大家提供了一种统一的方法来实现不同应用程序的数据共享——ContentProvider。

1. ContentResolver

ContentResolver 相当于一个客户端的存在，主要用于操作 ContentProvider 开放的数据。

它本属一个抽象类，主要提供了以下几个方法：

① Insert：向 URI 对应的 ContentProvider 中间插入 Values 对应的数据；

② Delete：删除 URI 对应的 ContentProvider 中符合条件的记录；

③ Update：更新 URI 对应的 ContentProvider 中符合条件的记录；

④ Query：查询 URI 对应的 ContentProvider 中符合条件的记录。

因为它是一个抽象类，所以在 Android 中用 getContentResolver 方法用于获取。

2. URI

当平台已经将数据公开的情况下，数据是以 URI 的形式向外公开。URI 是通用资源标识符，用来定位任何远程或者本地的可用资源。URI 可以表示 Android 系统中的图片、视频等资源，也可以表示 ContentProvider 中操作的数据。Content 中使用的 URI 由 4 个字段构成。即

content://→通用的 URI 前缀，用于 ContentProvider 定位资源，无须修改。

authority→主机名用于唯一标识 ContentProvider，外部调用者可以根据这个标识来找到它，用于确定具体由哪个 ContentProvider 提供资源。一般 authority 由包名和类名组成。

Path→路径（path）可以用来表示操作的数据，路径的构建应根据业务而定：①要操作 people 表中的 ID 为 2 的记录，就可以构建路径/people/2；②要操作 people 表中的所有记录，就可以构建路径：/people；③要操作 people 表中的 ID 为 2 的记录的 number 字段，就可以构建路径/people/2/number；④要操作###表中的记录，就可以构建路径：/###。

id→数据编号，用来唯一确定数据集中的一条记录，用来匹配数据集_ ID 字段的值。

3. ContentProvider

Android 提供了 ContentProvider，一个程序可以通过实现一个 ContentProvider 的抽象接口将自己的数据完全暴露出去，而且 ContentProviders 是以类似数据库中表的方式将数据暴露，也就是说 ContentProvider 就像一个"数据库"。那么外界获取其提供的数据，也就应该与从数据库中获取数据的操作基本一致，采用 URI 表示外界需要访问的"数据库"。

如果开发属于自己的 ContentProvider 主要经历有两步：

第一步：开发一个 ContentProvider 子类，该子类需要实现增删查改等方法；

第二步：在 AndroidManifest. xml 文件中配置该 ContentProvider。

7.4　本章小结

本章主要从 Android 基础知识开始介绍，使读者掌握 Android 开发环境的搭建（JDK 搭建、Eclipse 搭建、SDK 搭建、ADT 搭建），在此基础上，学习 Android UI 布局（线性布局、相对布局、框架布局、表单布局等）以及 Android 组件的学习（Activity、BroadcastReceiver、Service、ContentProvider），为实现电子系统上位机应用软件开发提供了理论知识铺垫。

第二部分 单片机与物联网基础案例实践篇

第8章 单个 LED 灯点亮项目

8.1 项目需求

单片机控制发光二极管（简称 LED）的亮和灭，是单片机中最简单的控制输出方式。通过单片机输出置高电平或置低电平，再配合简单的延时，使 LED 灯有节奏的闪动，从而显示系统的工作状态。

8.2 项目的工作原理分析

发光二极管（Light – Emitting Diode，LED）是一种能发光的半导体电子元器件。与普通二极管一样，发光二极管由一个 PN 结组成，具有单向导电性。当给发光二极管加上正向电压后，从 P 区注入 N 区的空穴和由 N 区注入 P 区的电子，在 PN 结附近分别与 N 区的电子和 P 区的空穴复合，产生自发辐射的荧光，从而达到点亮的效果。常使用的是发红光、绿光、黄光或者白光的二极管，如图 8-1 所示。

发光二极管极性说明：LED 两根引线中较长的一根为正极，较短一端为负极，电路符号如图 8-2 所示。有的发光二极管的两根引线一样长，但一般都有明确的正负极标示。当给 LED 通电时，它的正负极加上合适的电压，LED 会亮起来。一般发光二极管工作电压在 1.6 ~ 2.8V 之间，而工作电流一般在 2 ~ 30mA 之间。

使用单片机对 LED 进行点亮熄灭的控制，其电路结构主要由单片机控制器、晶振电路、复位电路和输出设备 LED 构成，其电路结构如图 8-3 所示。

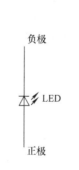

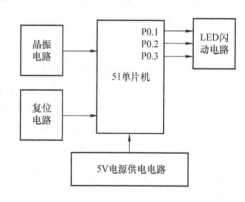

图 8-1 发光二极管实物图　　图 8-2 发光二极管电路图符号　　图 8-3 LED 闪动电路结构图

8.3 项目的硬件电路设计

LED 点亮电路原理如图 8-4 所示，通过 220V 转 5V 电源设备经过 5V 电源供电电路给 LED 闪动电路供电。单片机最小工作系统单元电路由晶振电路和复位电路构成，晶振电路采用内部振荡方式产生振荡时钟脉冲，通过单片机 18 引脚和 19 引脚外接晶体振荡器和微调电容相连，其中电容 C1 和 C2 电容容量为 30pF，晶振频率为 12MHz。复位电路采用手动复位，通过单片机 9 引脚 RST 外接复位电路完成单片机上电复位功能，通过对引脚上连续保持两个机器周期以上的高电平，单片机就可以实现复位操作。LED 闪动电路由 LED 和限流电阻构成，系统供电为 5V，若 LED 上电电压是 2V，亮度需要提高，一般电流控制在 10mA 左右，此时电阻选择（5V - 2V）/10mA = 300Ω，所以就近选择 330Ω，闪动电路通过单片机 P0.0、P0.1 和 P0.2 位输出低电平点亮 LED1、LED2 和 LED3 完成系统功能。

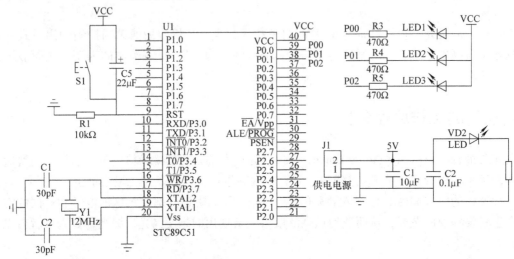

图 8-4　LED 闪动硬件电路原理

8.4　项目的软件程序设计

本项目的最终目的是使图 8-4 中的 LED1、LED2 和 LED3 处于闪动状态，即同时点亮 3 个 LED，一段时间后再使其熄灭，再点亮 3 个 LED，再熄灭，如此循环。

软件设计中，只要将单片机的其中 3 个引脚置成低电平，就可以实现点亮 LED 灯，这里把 P0.0、P0.1 和 P0.2 置成低电平。由于单片机在执行程序的时候，处理速度很快。若直接给单片机引脚置高电平熄灭，由于闪动频率太快，人眼无法看出灯的亮灭状态，所以在点亮和熄灭灯之间插入一个合适延迟时间，使 3 个 LED 亮一段时间灭一段时间，以便人眼能够清晰地看到亮、灭的状态，所以一般闪动的延迟大约 300ms 以上，程序设计流程图如图 8-5 所示。

依据图 8-5 程序设计思想实现 3 个 LED 的闪动状态，程序代码如下：

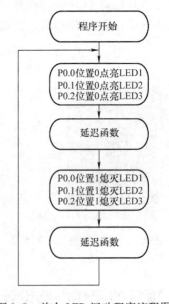

图 8-5　单个 LED 闪动程序流程图

```
#include < reg51.h >
sbit LED1 = P0^0;     /* P0.0 位定义 * /
```

```
    sbit LED2 = P0^1;      /* P0.1 位定义* /
    sbit LED3 = P0^2;      /* P0.2 位定义* /
    void delayms (unsigned char ms)      // 定义 LED 灯亮、灭延迟时间
    {
    unsigned char i;
    while (ms - -)
    {
    for (i = 0; i < 120; i + +);
    }
    }
void main ()
    {
    while (1) /* 实现反复循环完成 LED 灯的亮灭状态* /
    {
        LED1 = 0;   /* 点亮 LED1* /
        LED2 = 0;   /* 点亮 LED2* /
        LED3 = 0;   /* 点亮 LED3* /
        delayms (250);  //调用 LED 灯亮灭延迟时间函数
        LED1 = 1;    /* 熄灭 LED1* /
        LED2 = 1;    /* 熄灭 LED1* /
        LED3 = 1;    /* 熄灭 LED1* /
        delayms (250);  //调用 LED 灯亮灭延迟时间函数
    }
    }
```

通过单片机开发环境 Keil C51,建立工程 LED1 文件,并将上述代码在 Keil 环境下进行编译,程序成功编译结果如图 8-6 所示。同时在创建工程路径 LED1 文件夹下生成一个后缀名为.hex 文件,供下载软件将生成的.hex 文件下载到单片机中。

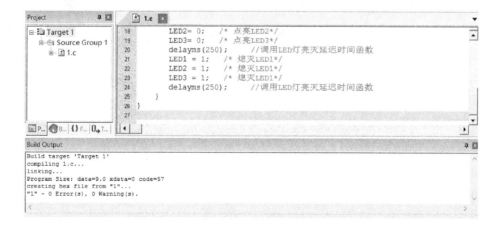

图 8-6　程序成功编译结果图

8.5 系统调试总结

针对上述对系统硬件电路和软件程序的设计，通过单片机开发板调试单个 LED 闪动电路，将 Keil 编译完成后产生的 . hex 文件烧写到 51 单片机中。对 LED 闪动电路通电可以看到单片机相连接的 3 个 LED 灯循环亮、灭变化如图 8-7 所示，实现系统要求。

图 8-7　3 个 LED 灯循环亮、灭实物图

第9章 单片机独立按键控制项目

9.1 项目需求

按键是一种经常使用的独立式输入电子元器件，采用按键设计电子系统项目一般有独立式按键和矩阵式按键两种方式。本章主要介绍独立式按键的使用方法。本章通过按动按键点亮 LED 灯，开关按下相应 LED 灯被点亮。设计要求为单片机 P1.4 ~P1.7 连接独立按键，P2 口接 8 盏 LED 灯，按下按键 1 点亮 8 盏 LED，按下按键 2 奇数灯亮，按下按键 3 偶数灯亮，按下按键 4 点亮 1 盏 LED。

9.2 项目的工作原理分析

按键实物图如图 9-1 所示，图中按键有 6 个引脚，用万能表测试 6 个引脚的导通情况：测试结果显示电能表一端接 3 脚的中间脚，另一个接其他引脚，一旦按下按键，则独立的两端之间的引脚导通；若按钮没有按下，则独立的两端之间不导通。

本项目中，一端引脚电平固定，另外一端引脚与单片机的 I/O 口相连，通过对按钮按下或者不按下，使得该引脚电平发生改变，单片机通过检测电平变化值完成对按键输入信息的获得，从而实现项目设计的各种需求。根据项目需求，采用单片机对按键控制，电路结构由单片机最小系统（包括晶振和复位电路）、电源电路、按键电路和 LED 显示电路构成，电路结构如图 9-2 所示。

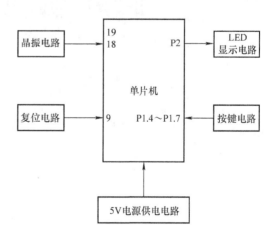

图 9-1　按键实物图　　　　　　图 9-2　独立按键控制电路结构图

9.3 项目的硬件电路设计

根据项目工作原理分析的独立按键控制电路结构图，说明整个按键控制电路由单片机最小系统、电源电路、按键电路和 LED 显示电路组成。其中电源 5V 供电，晶振电路设计时单片机 18 引脚和 19 引脚外接晶体振荡器和微调电容相连，电容 C1 和 C2 的电容值为 30pF，晶振频率为 11.0592MHz。复位电路采用手动复位，通过单片机 9 引脚 RST 外接复位电路完成单片机上电复位功能。P2 口与 4 只 LED 显示电路相连，其中 R2 ~R5，R10 ~R13 为限流电阻，防止电流过大烧坏 LED。独立按键 S1 ~S4 通过与单片机的 P1.4 ~P1.7 连接，单片机不断检测是否由 S1 ~S4 按键按下，一旦有按键按下，相应的 LED 点亮，其中 R6 ~R9 为上拉电阻。

1）独立按键检测流程如下：

查询是否有按键按下？

查询是哪个按键按下？

执行按下按键相应的按键处理功能。

2）本项目 4 个独立按键控制 4 只 LED 的点亮规则如下：

按下 S1 按键，点亮 8 盏 LED。

按下 S2 按键，控制奇数灯亮。

按下 S3 按键，控制偶数灯亮。

按下 S4 按键，控制点亮 1 盏 LED。

根据上述理论，结合图 9-2 独立按键系统设计方案，设计出来的独立按键电路原理图如图 9-3 所示。

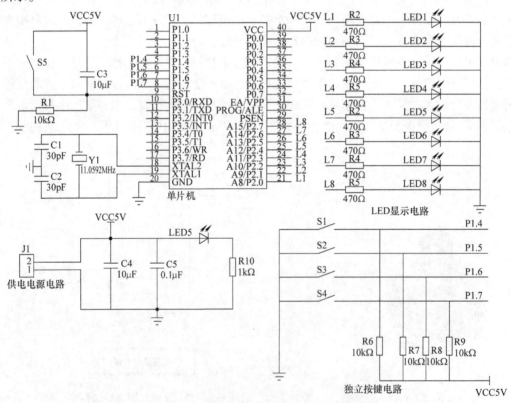

图 9-3　独立按键控制电路硬件的原理图

9.4　项目的软件程序设计

单片机的 P1.4 ~P1.7 外接上拉电阻，则 S1 ~S4 无按键按下时，P1.4 ~P1.7 端口始终保持高电平状态；当按键按下时，S1 ~S4 导通，此时 P1.0 为低电平，程序设计只要检测到 P1.0 为低电平，则相应的 LED 灯点亮。

需要注意的是，按键开关在闭合时不会马上稳定地接通，在断开时也不会马上断开，因而在闭合及断开的瞬间均伴随有一连串的抖动，由于单片机执行程序速度很快，在按下按键这个时间里就会产生按键抖动。键抖动会引起一次按键被误读多次，为确保单片机对按键的一次闭合仅作一次处理，必须去除键抖动。在按键闭合稳定时读取按键的状态，一直判断到按键释放稳定后再作处理其他语句。当按键数量操作比较多时，一般采用软件消抖的方法，不断检测按键值，直到按键值稳定，实现方法是：检测到按键输入为低电平后，延时一段时间（一般延时 5 ~ 10ms，恰好避开抖动期），再次检测，如果按键还是低电平，则认为有按键输入，可以执行其他功能语句。独立按键控制电路程序设计流程如图 9-4 所示。

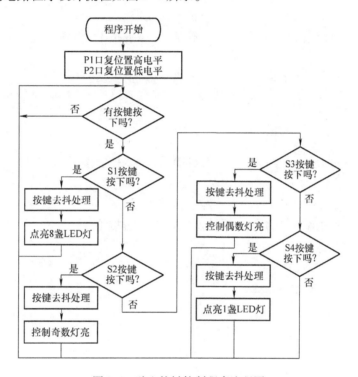

图 9-4 独立按键控制程序流程图

独立按键控制 LED 程序代码如下：

```
#include <reg51.h>              //51 单片机寄存器定义的头文件
    sbit S1 = P1^4;            //定义 S1 按键与单片机 P1.4 位相连
    sbit S2 = P1^5;            //定义 S2 按键与单片机 P1.5 位相连
    sbit S3 = P1^6;            //定义 S3 按键与单片机 P1.6 位相连
    sbit S4 = P1^7;            //定义 S4 按键与单片机 P1.7 位相连
    void delay(void)           //定义延时函数用于按键去抖动
    {
    unsigned char m,n;
    for(m=0;m<20;m++)
    for(n=0;n<250;n++);
    }
```

```
void main()
{
    unsigned char LED;
        P1 = 0xff;                  //对 S1 ~ S4 按键复位
        LED = 0x00;                 //对 8 个 LED 灯复位
        P2 = LED;
      while(1)                      //是否有按键按下循环监测
      {
          if(S1 = =0)               //判断是否 S1 按键按下
          {
            delay();                //去抖动处理
            if (S1 = =0)            //确认 S1 按键按下
              {
                LED = 0xff;         //点亮 8 盏 LED
                P2 = LED;
                     }
          }
          if(S2 = =0)               //判断是否 S2 按键按下
          {
          delay();                  //去抖动处理
          if(S2 = =0)               //确认 S2 按键按下
              {
                LED = 0xaa;         //奇数灯亮
                P2 = LED;
                     }
          }
          if(S3 = =0)               //判断是否 S3 按键按下
          {
                delay();            //去抖动处理
                if(S3 = =0)         //确认 S3 按键按下
                {
                LED = 0x55;         //偶数灯亮
                    P2 = LED;
                }
          }
              if(S4 = =0)           //判断是否 S4 按键按下
              {
              delay();              //去抖动处理
              if (S4 = =0)          //确认 S4 按键按下
              {
                  LED = 0x01;       //点亮一盏 LED
```

```
                    P2 = LED;
                }
            }
        }
    }
```

结合 2.1 节关于单片机开发环境 Keil C51 的学习，建立工程文件，并将上述代码在 Keil 环境下进行编译，程序编译成功如图 9-5 所示。同时在创建工程的文件夹下生成一个 .hex 文件，下载到单片机中。

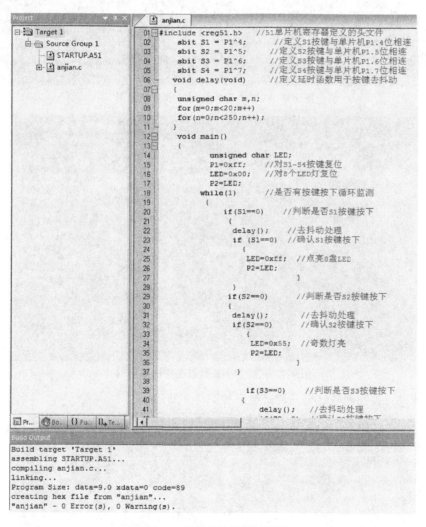

图 9-5　程序成功编译结果图

9.5　系统调试总结

针对上述对独立按键控制硬件电路的设计，将编译生成的 .hex 文件烧写到单片机中，通过按下 S1 按键点亮 8 盏 LED，调试结果如图 9-6 所示。

按下 S2 按键，控制奇数灯亮，调试结果如图 9-7 所示。

图 9-6　按键点亮 8 盏 LED 调试结果图

图 9-7　按键控制奇数灯亮调试结果图

按下 S3 按键，控制偶数灯亮，调试结果如图 9-8 所示。

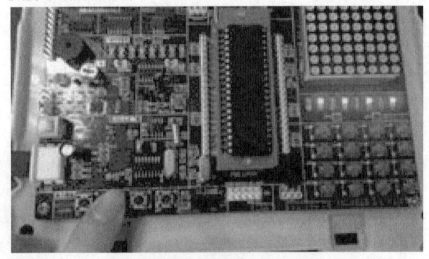

图 9-8　按键控制偶数灯亮调试结果图

按下 S4 按键，控制点亮 1 盏 LED，调试结果如图 9-9 所示。

图 9-9　按键点亮 1 盏 LED 调试结果

第 10 章　单片机外部中断控制项目

10.1　项目需求

关于 51 单片机中断概念已在第 3.2 节做了详细的讨论,读者在学习本章内容之前需要对第 3.2 节内容预先复习。单片机在运行的时候,由于系统的内部或外部的原因,必须终止正在运行的程序,转向中断服务子程序为其服务,待该程序处理完成之后,再跳转到原来终止的程序中继续执行。该过程称为中断控制过程,如图 10-1 所示。为了能够使初学者快速掌握单片机中断知识,给出单片机中断控制项目需求:利用外接独立按键 S1 控制 P0 口 8 只 LED,利用中断处理方式使 8 只灯实现流水效果。

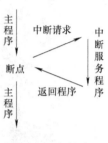

图 10-1　中断过程

10.2　项目的工作原理分析

单片机有两个外部中断源分别为 P3.2 引脚 INT0 和 P3.3 引脚 INT1,一般引脚外接按键,通过对按键进行操作来响应中断请求,使停止正在运行的程序跳转到中断服务程序,等待中断服务程序执行之后,再返回到刚才停止的程序中继续执行。本章通过 INT0(即 P3.2 引脚)对单片机外部中断处理做详细的介绍,而且 INT0 和 INT1 的工作原理相同。若掌握外部中断 INT0 的使用方法,那么使用 INT1 也是同样的操作。项目中单片机检测到有外部中断信号发生,依据第 3 章中断系统结构图响应过程如下:

① INT0 中断源请求中断。需要对 TCON 中的 IT0 进行设置。当 IT0 = 0 时,为电平触发,当 IT0 = 1 时,为边沿触发。关于 TCON 特殊功能寄存器的使用详见第 3.2 节。

② 对请求的中断进行允许的操作。需要对寄存器 IE 中 EX0 进行设置。EX0 = 1 允许外部中断 0 中断,EX0 = 0 禁止外部中断 0。

③ 最后再开启总中断的开关 EA,EA 是 IE 中的第七位中断总允许控制位。EA = 1 开启中断,EA = 0 禁止总中断。关于 IE 特殊功能寄存器的使用详见第 3 章第 3.2 节。

④ 若程序当中只有一个中断,则进行上面的三个步骤就可以使用外部中断 INT0 处理方式;若程序当中有若干个中断,还需要在以上的三个步骤完成后执行第 4 个步骤设置中断优先级。PX0 = 1 外部中断 0 为高优先级,PX0 = 0 外部中断 0 为低优先级。关于 IP 中断优先级寄存器的使用详见在第 3 章第 3.2 节。

对中断的处理原则是:不同级的中断源同时请求中断→先高后低;

处理低中断又收到高中断请求时→停低转高;

处理高中断又收到低中断请求时→高不理低;

同级中断源同时请求中断时→事先规定;

经过上面四个步骤,完成对中断 INT0 初始化操作。单片机不断对 INT0(即 P3.2 引脚)监测,一旦监测到中断发生,就会跳转到中断服务子程序执行。本项目是发生每次中断时都会驱动

8 只灯实现流水效果。如图 10-2 所示为外部中断 0 控制电路结构框图，由单片机最小系统（包括晶振电路和复位电路）、电源电路，按键电路和 LED 显示电路构成。

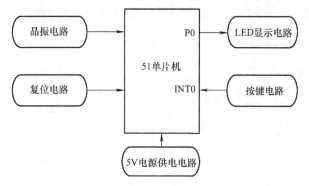

图 10-2　外部中断 0 控制电路结构框图

10.3　项目的硬件电路设计

依据图 10-2 所示，电路由单片机最小系统、电源电路、中断发生电路和 LED 显示电路组成。电源电路由 5V 供电，晶振电路是由晶振振荡器和微调电容组成，其中电容 C1 和 C2 的电容值为 30pF，晶振频率为 12MHz。复位电路采用按键触发，按键开关闭合时，高电平触发电路复位。外部中断由独立按键电路组成，按键按下之前 P3.2 引脚是高电平，按键按下之后变成低电平，触发外部中断 0，实现驱动 8 只 LED 变换闪烁。如图 10-3 所示是外部中断 0 控制电路原理图。

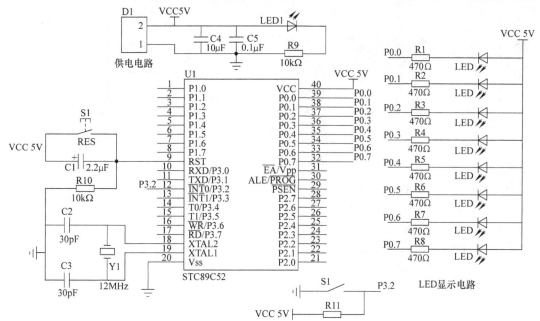

图 10-3　外部中断 0 控制电路原理图

10.4　项目的软件程序设计

单片机 P0 口连接 8 只 LED 灯，先是将 8 个 LED 灯复位，接着设置 TCON 中的 IT0 选择中断触发模式，在 IE 中开启总中断为 EA = 1 和开启 INT0 中断控制位 EX0 = 1，完成对 INT0 中断初始化。单片机 P3.2 通过按键电路不断检测 INT0 是否有中断发生。若发生中断，则跳转到中断服务子程序，执行 8 只灯实现流水效果。灯的变换闪烁程序可以循环语句实现。待中断程序执行完毕，程序就会回到主程序中断发生的地方，继续执行主程序后面的语句。如图 10-4 所示为项目外部中断 0 控制电路程序设计流程图。

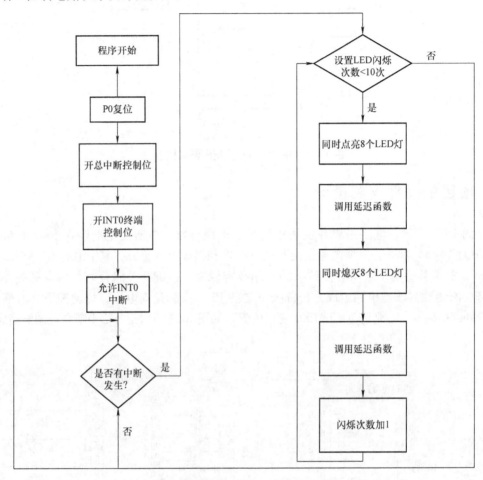

图 10-4　外部中断 0 控制电路程序设计流程图

在图 10-4 程序流程上书写外部中断 0 控制 8 只 LED 流水灯流水闪烁的程序代码如下：

```c
#include < reg51. h >
#include < intrins. h >
#define uchar unsigned char
  unsigned char LED;
void delay(unsigned int x)          //定义延迟函数
{
  uchar i;
    while(x - -)
    {
    for(i = 0;i < 125;i + +)
      {
      ;
      }
```

```
    }
  }
void intersvr0(void) interrupt 0 using 1        //INT0 中断服务程序
{
  delay(500);
  LED=_crol_(LED,1);                    //循环左移1位,点亮下一只灯
  P0=LED;


}
void main(void)
  {
    P0=0xff;                            //初始化 P0 保持 LED 熄灭
    LED=0Xfe;                           //点亮一只 LED
    P0=LED;
    EA=1;                               //开启中断总控制位
    IT0=1;                              //开启外部中断 0 控制位,采用边沿触发
    EX0=1;                              //允许中断 0 中断
    while(1);                           //判断是否有按键按下,若有按键按下执行中断服
务程序
  }
```

通过第 2.1 节 Keil 51 的开发学习，建立一个工程文件，文件名为 zhongduan，并将上面的代码进行编译，编译成功则是如图 10-5 所示的编译结果图。同时在创建工程路径 zhongduan 文件夹生成一个扩展名为 .hex 文件，软件生成的 .hex 文件下载到单片机中。

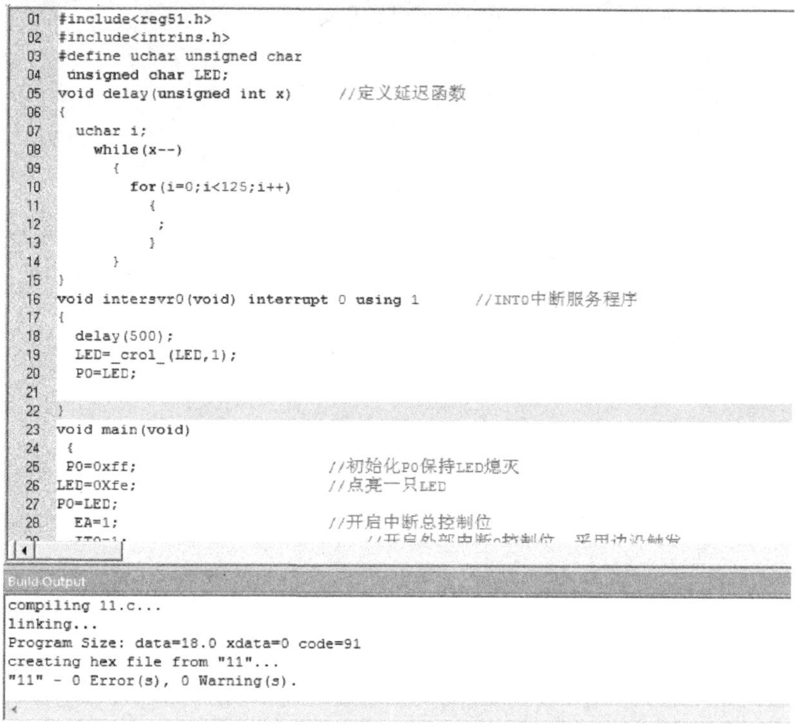

图 10-5　程序成功编译结果图

10.5 系统调试总结

　　针对上述对外部中断 0 驱动 LED 变换闪烁设计了硬件电路和软件程序，在 51 单片机开发板上调试电路，将 Keil 所生成产生的 .hex 文件结合 ISP 程序烧写知识，将 .hex 文件烧写到 51 单片机中。通过在开发板上通电，按动接在引脚为 P3.2 的开关来触发中断，单片机检测中断发生，执行中断服务程序，即驱动 8 个 LED 实现变换闪烁的功能，如图 10-6 所示为调试结果实物图。

图 10-6　调试结果实物图

第 11 章　单片机定时控制项目

11.1　项目需求

在第 3.3 节里,详细了解了单片机定时系统的理论知识,单片机中定时器和计数器其实是同一个物理电子元件,只不过计数器记录的是单片机外部发生的事情,而定时器则是单片机自身提供的一个非常稳定的计数器,也可以说是单片机机器周期的计数器,而这个稳定的计数器就是单片机连接外部晶振提供;1 个机器周期包含 12 个振荡周期。如果晶振频率为 12MHz,则一个机器周期为 $12/f_{ose} = 1\mu s$。若选择计数器工作方式时,计数脉冲来自 P3.4 和 P3.5 I/O 引脚,一旦检测到引脚电平跳变,则计数器加 1。定时计数器在 51 单片机里有着很多的使用:定时控制、延时计数等操作。本章案例需求:通过单片机控制蜂鸣器循环发出警报声,作为电路报警提示系统。

蜂鸣器是一种一体化结构的电子讯响器,采用直流电压供电,广泛应用于计算机、打印机、复印机、报警器、电子玩具、汽车电子设备、电话机和定时器等电子产品中作发声器件。在单片机的应用设计上,许多场合都需要用到蜂鸣器,一般使用蜂鸣器作为提醒和报警,例如按键按下,开始工作,工作结束或者遇见故障等问题。蜂鸣器形状如图 11-1 所示,蜂鸣器拥有固定频率,可以加不同频率方波编制一些简单的声音。为了方便初学者掌握蜂鸣器的使用方法,通过项目训练快速上手。

图 11-1　蜂鸣器实物图

11.2　项目的工作原理分析

51 单片机定时/计数器的内部结构和工作方式详见 3.3 节。内部设置有 T0/T1 两个定时/计数器,拥有两个工作方式和 4 种工作模式,将初始值放在 TH/TL 中控制定时/计数长度;通过对 TCON 的有关位置数和清零启动定时/计数器工作或者停止。一般遵循以下 4 个步骤:

1)设置 TMOD 确定工作方式;

2)设定并装载定时/计数初值到 TH, TL 中;

3)定时采用中断控制设置 IE 开启定时/计数中断;

4)启动定时/计数器采用软件启动设置 TCON 中的 TR1, TR0

开启定时/计数器时,按着程序中的指定工作方式和初值进行定时和计数。因为在 3.3 节描述当定时/计数器工作在工作方式 3 时,定时器 T1 只可以工作于串行通信波特率发生器模式,所以本章主要阐述工作方式 0、工作方式 1、工作方式 2。

1)工作方式 0,初值为 TH 高 8 位和 TL 低 5 位

$$计数工作时:计数值 = 2^{13} - 计数初值$$

$$定时工作时:定时时间 = (2^{13} - 定时初值) \times 机器周期$$

2)工作方式 1,初值为 TH 高 8 位和 TL 低 8 位

计数工作时：计数值 $=2^{16}-$ 计数初值

定时工作时：定时时间 $=\left(2^{16}-\right.$ 定时初值）$\times$ 机器周期

3）工作方式 2 初值为 TH 高 8 位和 TL 低 8 位

计数工作时：计数值 $=2^{8}-$ 计数初值

定时工作时：定时时间 $=\left(2^{8}-\right.$ 定时初值）$\times$ 机器周期

蜂鸣器是按照极性要求加上合适的直流电压，以便使它可以发出固有频率的声音，使用简单。因为蜂鸣器只需直流电压便可驱动，所以只需在单片机驱动口输出驱动电压并加上晶体管放大驱动电流就可以让蜂鸣器发出声音。本章项目采用单片机 P3.4 引脚通过定时器定时翻转电平以产生不同波形驱动蜂鸣器发声。蜂鸣器控制电路结构框图如图 11-2 所示，电路系统主要由三部分组成：单片机最小系统（包括晶振电路，复位电路）、电源电路和蜂鸣器报警电路构成。

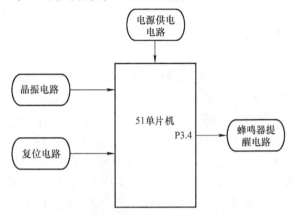

图 11-2　蜂鸣器发声电路结构框图

11.3　项目的硬件电路设计

本项目总体电路设计主要有单片机最小系统（晶振电路和复位电路）：晶振电路采用晶振和微调电容组成，其中两个电容的值都是 30pF，晶振频率为 12MHz；复位电路采用手动复位。电源电路：主要采用 5V 电源供电。蜂鸣器报警电路：用晶体管驱动电路和单片机 P3.4 引脚连接。蜂鸣器属于感性负载，用于直流电压驱动即可发出固定频率的声音。但是一般不会由单片机的 I/O 口直接输出，通常会在 I/O 和蜂鸣器之间加上一个驱动晶体管用于放大电流，当 P3.4 引脚输出低电平的时候，晶体管导通，以形成回路，蜂鸣器工作。电路设计原理图如图 11-3 所示。

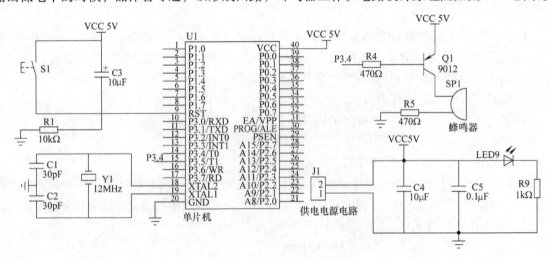

图 11-3　总体的电路原理图

11.4 项目的软件程序设计

由图 11-3 可以看出，P3.4 引脚通过晶体管驱动蜂鸣器发声，主要驱动引脚 P3.4 定时翻转电平。在软件程序设计方面，主要使用定时器 T0 定时工作方式 1，首先赋予定时初值，在 T0 开始允许计数后，T0 从初值开始加 1 计数，直到最高位产生溢出时 TF0 = 1，T0 定时请求中断，则定时器 T0 转入执行中断服务子程序，此时对 P3.4 引脚的电平进行一次翻转，蜂鸣器发声。终端子程序更新定时初值重新装载到 T0 定时器中，即将初值高八位低八位的数据写入 TH0 和 TL0 中等待下次计数置最高位溢出，如此反复循环实现蜂鸣器报警提示功能。蜂鸣器控制电路程序设计流程如图 11-4 所示。

根据图 11-4 程序流程图写出的驱动蜂鸣器发声的程序代码如下：

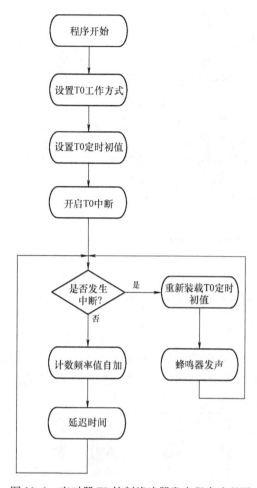

图 11-4 定时器 T0 控制蜂鸣器发声程序流程图

```
#include <reg51.h>              //定义单片机寄存器头文件
#include <intrins.h>           //定义函数头文件
sbit fengmingqi = P3^4;        //定义蜂鸣端口
unsigned char fmq;
void delay(unsigned char ms);  //定义延迟函数声明
main()
{
    TMOD = 0x01;               //定义 T0 定时器工作方式 1
    fmq = 0x00;
    TH0 = 0x00;                //给定初值
    TL0 = 0xff;
    TR0 = 1;                   //启动 T0 工作运行
    IE = 0x82;                 //允许 T0 中断
    EA = 1;                    //开启总中断
    while(1)
    {
        fmq + +;               // 延迟时间,累积频率值
```

```
        delay(10);
    }
}
void timer0() interrupt 1 using 1
{
    TH0 = 0xfe;                    //装载定时初值高八位
    TL0 = fmq;                     //低8位值在main()函数中不断累加
    fengmingqi = ~fengmingqi;      //蜂鸣器端口电平取反
}
void delay(unsigned char ms)       // 定义延迟函数
{
    unsigned char j;
    while(ms - -)
    {
        for(j = 0; j < 200; j + +);
    }
}
```

　　根据第 2 章所学的单片机开发环境 Keil，建立属于工程文件，并在此环境进行编译，编译过程如图 11-5 所示。同时在创建工程的路径下生成一个 .hex 文件，然后就可以下载到单片机中进行电路调试。

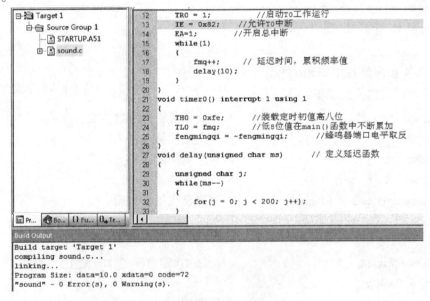

图 11-5　程序成功编译结果图

11.5　系统调试总结

　　对于单片机定时器的学习，使用定时器 T0 通过软件程序编写和硬件电路设计控制蜂鸣器定时发声，并在开发板上调试，实现电路功能。本节中采用中断方式控制定时器 T0 完成程序设计工作，并编译生成了供单片机烧写的 .hex 文件，结合第 2.1 节烧写知识，将 .hex 文件烧写到单片机中进行电路调试，最后实现的效果为 P3.4 引脚连接的蜂鸣器循环发声/实现系统要求。

第12章 单片机串口通信项目

12.1 项目需求

串行接口（Serial Interface）简称串口，是采用串行通信方式的扩展接口。串行通信是指数据一位一位地顺序传送，其特点是通信线路简单，只要一对传输线就可以实现双向数据通信，从而大大降低了制作成本，特别适用于远距离通信，但传送速度较慢。串行接口线实物图如图 12-1 所示。

单片机在进行串行通信的时候，是通过单片机串行数据接收端 P3.0 引脚 RXD 和串行数据发送端 P3.1 TXD 与外围电路进行通信。通信过程只需向发送缓冲器写入数据，从接收缓冲器读出数据即可。实现单片机与 PC 通信，可以在串行口的输入、输出引脚加上电平转换器（一般使用 MAX232），实现 TTL 电平与 RS232 电平转换完成通信功能。

现给出项目需求：PC 向单片机发送数据，单片机将接收到的数据传送到 P0 口驱动 LED；同时单片机将接收到的数据传回给 PC，PC 通过

图 12-1 串行接口线实物图

串口助手显示数据。本项目是一个结合 LED、电平转换电路和单片机控制应用相结合的项目，属于相对综合性的案例。

12.2 项目的工作原理分析

51 单片机有一个全双工的串行通信口，内部有两个缓冲器 SBUF（serial Buffer），一个作发送缓冲器，另一个作接收缓冲器，所以单片机和 PC 之间可以方便地进行串口通信。串行通信波特率时钟必须从内部定时器 T1 获得。串行口工作方式有 4 种，并具有不同的通信方式。因此，在使用 51 单片机串行口时要先对串行口初始化，包括设置产生波特率定时器 T1、串行口控制和中断控制。

本项目电路晶振选择 11.0592MHz，在与 PC 通信时，串口选用波特率根据具体情况而定。本项目选择串行口工作方式 1 波特率 1 200bit/s，其定时器 T1 的初值，E8H 装载到 TH1 和 TL1 中设置波特率。单片机与 PC 通信时，由于单片机输出 TTL 电平，而 PC 为 RS232 电平，则需要经过 MAX232 电平转换电

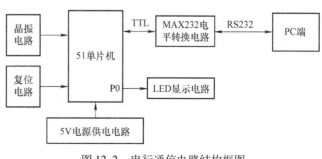

图 12-2 串行通信电路结构框图

路实现通信。项目实现串行通信电路结构框图如图 12-2 所示，由单片机最小系统（包括晶振电路和复位电路）、电源电路、LED 显示电路以及电平转换 MAX232 电路构成。

12.3　项目的硬件电路设计

系统电路主要由单片机最小系统、电源电路、LED 显示电路以及电平转换 MAX232 电路组成。其中电源电路 5V 供电、晶振电路采用晶体振荡器和微调电容组成，晶振频率为 11.0592MHz，复位电路采用手动复位。LED 显示电路与单片机的 P0 口相连，PC 端发送数据给单片机，单片机将接收到的数据传送给 P0 口驱动 LED 点亮。PC 与单片机通信时要满足一定的条件，PC 的串口是 RS232 电平的，单片机的串口是 TTL 电平的，两者之间必须有一个电平转换电路，采用专用芯片 MAX232 进行转换，MAX232 外部引脚如图 12-3 所示。

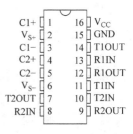

图 12-3　MAX232 引脚图

从图 12-3 中按照引脚使用功能可以分为以下三部分：

1）电荷泵电路：由 1、2、3、4、5、6 脚和 4 只 0.1μF 电容构成。功能是产生 +12V 和 −12V 两个电源，提供给 RS232 串口电平需要。

2）数据转换通道：由 7、8、9、10、11、12、13、14 脚构成两个数据通道。其中 13 脚（R1IN）、12 脚（R1OUT）、11 脚（T1IN）、14 脚（T1OUT）为第一数据通道。8 脚（R2IN）、9 脚（R2OUT）、10 脚（T2IN）、7 脚（T2OUT）为第二数据通道。TTL/CMOS 数据从 T1IN、T2IN 输入转换成 RS232 数据从 T1OUT、T2OUT 送到计算机 DP9 插头，DP9 插头的 RS232 数据从 R1IN、R2IN 输入转换成 TTL/CMOS 数据后从 R1OUT、R2OUT 输出。

3）芯片供电：15 脚接地、16 脚 VCC 接 +5V 电源。

其 MAX232 电平转换外接电路如图 12-4 所示。

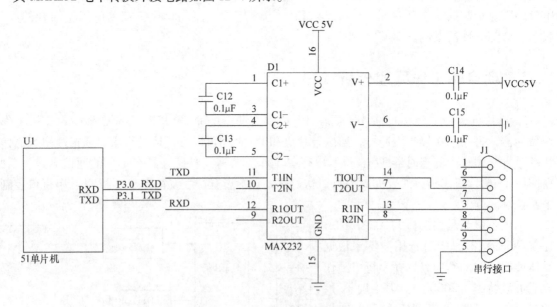

图 12-4　MAX232 电平转换电路

结合图 12-2 电路原理结构图，对串行通信电路原理图进行设计，则串行通信硬件电路原理图如图 12-5 所示。

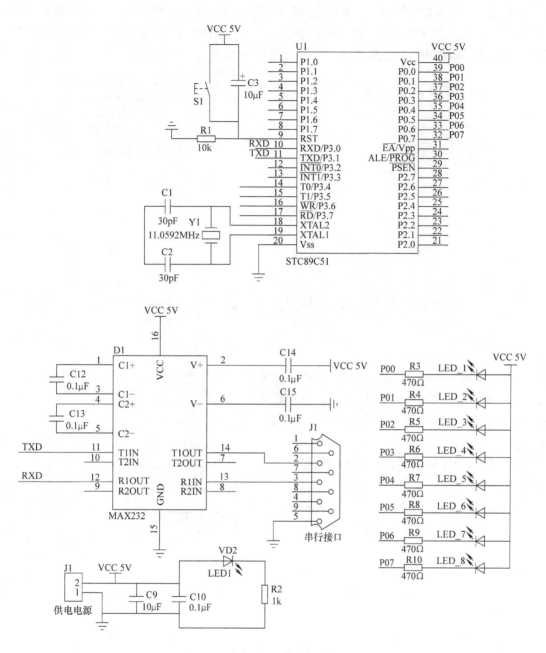

图 12-5 串行通信硬件电路原理图

12.4 项目的软件程序设计

由于晶振频率为 11.0592MHz，可以计算出机器周期：

机器周期 = 12/晶振频率 = 12/11.0592MHz = 1μs

采用定时器 T1 工作方式 1，通过设置 M1 M0 = 10，用于 8 位自动重载模式产生波特率，选定波特率为 1200Bd。设置串行口工作方式 SM0 SM1 = 01，启动 T1 工作。

对串行通信发送和接收时采用查询方式，串行接收数据时，单片机不断监测 RI 标志位是否接收到数据，一旦有数据接收，则将接收到的数据传送到 P0 口，驱动 LED 点亮和熄灭。串行发送数据时，单片机将接收到的数据回传到 PC 端。为了能够在 PC 端看到单片机发出的数据，借助串口调试助手软件进行数据观察与分析，如图 12-6 所示。

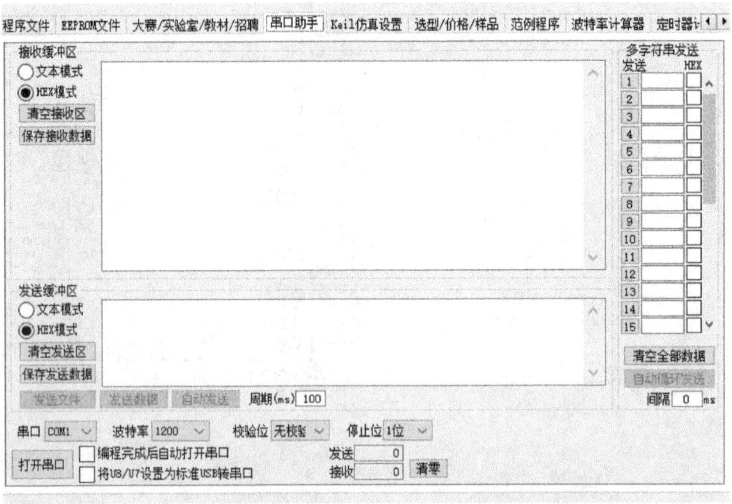

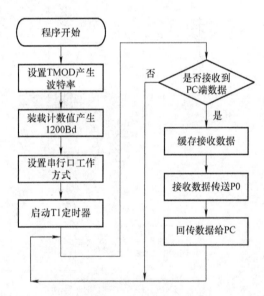

图 12-6　串口调试助手运行界面

在使用串口助手时，一定要保证 PC 设置与单片机参数统一，尤其是波特率参数设置，否则数据通信将会出错。项目串行通信程序流程如图 12-7 所示。

在图 12-7 程序流程图的基础上书写串行通信程序代码如下：

```
#include < reg51.h >        //定义头文件
#define uint unsigned int
unsigned char dat;
void send_char(unsigned char txd);

main()
{
    TMOD = 0x20;          // 定时器 1 工
作于 8 位自动重载模式，用于产生波特率
    TH1 = 0xE8;           // 波特率 1200
    TL1 = 0xE8;
    SCON = 0x50;          // 设定串行口工作方式
    PCON = 0X00;          //SMOD = 0
    TR1 = 1;              // 启动定时器 1
    IE = 0x0;             // 禁止任何中断
    while(1)
    {
```

图 12-7　串行通信程序流程图

```
    if(RI)                  // 是否有数据到来
    {
        RI = 0;
        dat = SBUF;     // 暂存接收到的数据
        P0 = dat;       // 数据传送到 P0 口驱动 LED 点亮和熄灭
        send_char(dat);// 回传接收到的数据
    }
}
}
void send_char(unsigned char txd)    // 传送一个字符
{
    SBUF = txd;
    while(! TI);            // 等待数据传送
    TI = 0;                 // 清除数据传送标志
}
```

通过单片机开发环境 Keil C51，建立工程 sericom 文件，并将上述代码在 Keil 环境下进行编译，程序成功编译结果如图 12-8 所示。同时在创建工程路径 sericom 文件夹下生成一个后缀名为 .hex 文件，供下载软件将生成的 .hex 文件下载到单片机中。

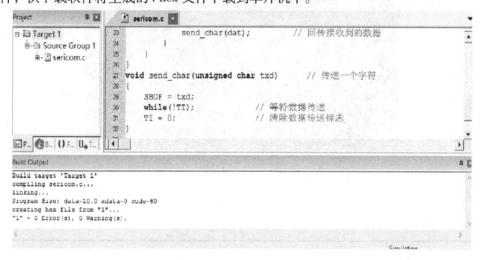

图 12-8　程序成功编译结果图

12.5　系统调试总结

针对串行通信硬件电路和软件程序的设计，在单片机开发板上调试电路，将本节中采用查询方式控制定时器 T1 进行串行通信编译生成的 .hex 文件，成功烧写到 51 单片机中。通过对开发板通电，用串口线连接好单片机与 PC，打开串行调试助手并配置好波特率 1200 波特，选择可用的串行口，在串行调试助手发送区输入如 "0x01"，选择按照 HEX 模式发送，单击发送如图 12-9 所示，则单片机 P0 口驱动 LED 亮灭如图 12-10 所示。PC 将数据发送到串行调试助手界面的接收区如图 12-11 所示，实现串行通信系统要求。

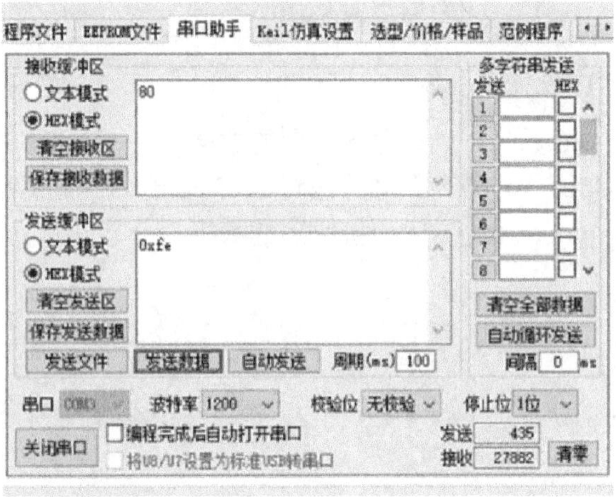

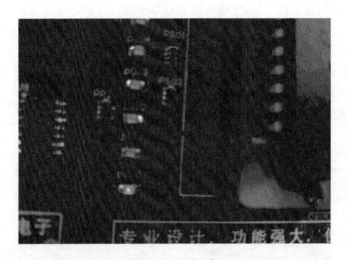

图 12-9 PC 端发送数据

图 12-10 LED 亮

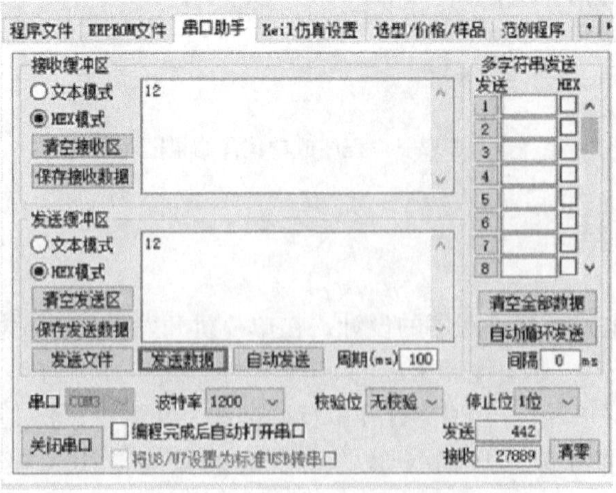

图 12-11 PC 端接收数据

第 13 章　单片机控制继电器项目

13.1　项目需求

继电器是一种电控制器件，当输入量的变化达到规定要求时，在电气输出电路中使被控量发生预定的阶跃变化的一种电子元器件。它具有输入回路和输出回路之间的互动关系。主要应用在自动化的控制电路中，实际上它是用小电流去控制大电流运作的一种"自动开关"。在电路中起着自动调节、安全保护、转化电路的作用。继电器有很多种，如电磁继电器、固态继电器、光继电器、中间继电器、时间继电器等。本项目主要介绍电磁继电器工作原理和电磁继电器的使用方法。电磁继电器的实物图如图 13-1 所示。为了能够使初学者快速掌握单片机控制继电器的项目知识，给出单片机控制继电器的项目需求：通过单片机控制继电器，实现 LED 的循环闪烁。

图 13-1　继电器实物图

13.2　项目的工作原理分析

电磁继电器是利用电磁铁控制工作电路通、断的开关，当电磁铁通电时，把衔铁吸下来，电路闭合；当电磁衔铁断电时，衔铁失去磁性，电路断开。本项目是采用单片机 P0.0 引脚给出的高、低电平来实现继电器的工作和不工作两种状态，从而控制 LED 灯的循环闪烁。如图 13-2 所示是继电器控制电路的结构框图。由单片机最小系统（包括晶振电路和复位电路）、电源电路、继电器、晶体管和 LED 灯构成。

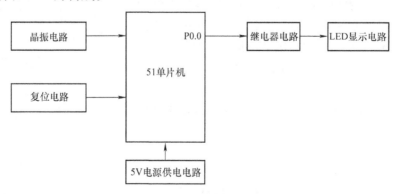

图 13-2　继电器控制电路的结构框图

13.3　项目的硬件电路设计

依据第 13.2 节进行项目的硬件电路设计，电源电路由 5V 供电，晶振电路是由晶振振荡器和微调电容组成，其中电容 C1、C2 的电容值为 30pF，晶振频率为 11.0592MHz。复位电路采用按键触发，按键开关闭合时，高电平触发电路复位。继电器通过一个晶体管和单片机 P0.0 相连。不建议用单片机 I/O 口直接对继电器操作，一般在单片机 I/O 与继电器之间加驱动晶体管，如PNP 型晶体管，主要用来放大电流。当 P0.0 输出低电平时，晶体管导通，电磁铁通电时有磁性吸引衔铁从而实现 LED 灯亮；当 P0.0 输出高电平时，继电器开关一直在常断状态，LED 灯熄灭，如图 13-3 所示为继电器控制电路硬件电路原理图。

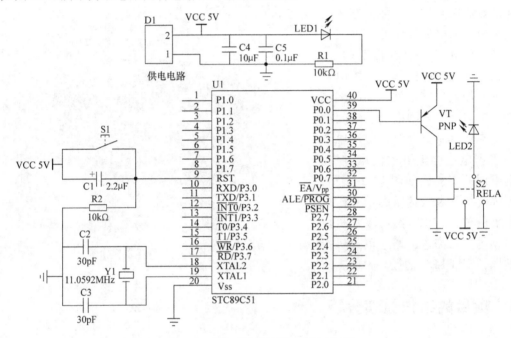

图 13-3　继电器控制硬件电路原理图

13.4　项目的软件程序设计

从图 13-3 中可以看出，P0.0 引脚通过晶体管 VT 驱动继电器工作。在程序设计上只需在 P0.0 引脚给出低电平，给出一定时间的延迟。在 P0.0 引脚输出高电平，延迟。如此循环，可以看到 LED 灯循环亮灭。继电器控制电路程序流程图如图 13-4 所示。

在图 13-4 程序流程图的基础上书写继电器控制电路程序代码如下：

```
#include < reg51.h >
sbit led = P0^0;
void delay()            //设置延迟时间
```

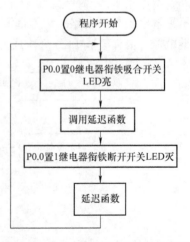

图 13-4　继电器控制电路程序流程图

```
{
  unsigned char m,n;
      for(m=0;m<250;m++)
  for(n=0;n<250;n++)
    {
      ;
    }
}
void main()
{
  while(1)
    {
  led=0;                // LED 亮
  delay();
  led=1;                //LED 灭
  delay();
}
}
```

通过第 2.1 节 Keil 51 的开发环境学习，建立一个工程文件，文件名为 jidianqi，并将代码进行编译，编译结果图如图 13-5 所示。同时，在创建工程路径 jidianqi 文件夹生成一个扩展名为 .hex 文件，将 .hex 文件烧写到单片机中。

图 13-5　程序成功编译结果图

13.5　系统调试总结

针对上述继电器实现 LED 灯循环闪烁的硬件电路和软件程序的设计，在 51 单片机开发板上调试电路，将 Keil 所编译生成的 .hex 文件，通过 ISP 烧写软件烧写到 51 单片机中。通过在开发板上通电，显示 LED 灯循环闪烁。电路调试结果实物图如图 13-6 所示。

图 13-6　系统调试结果实物图

第 14 章 基于 APP 的串行通信控制项目

14.1 项目需求

串行接口（Serial Interface）简称串口，是采用串行通信方式的扩展接口。串行通信是指数据一位一位地顺序传送，其特点是通信线路简单，只要一对传输线就可以实现双向通信，从而大大降低了成本，特别适用于远距离通信，但传送速度较慢。串行接口线实物图如图 14-1 所示。

本章结合物联技术开发安卓手机客户端 APP 实现手机对硬件电路的控制，通过在安卓手机端开发 APP 依托 WiFi 信号发送给单片机，单片机将接收到的数据传回给 PC，PC 通过串口助手显示数据。将物联网技术融入智能生活，给人们操作带来极大便捷。为了能够使初学者快速掌握基于 APP 技术的单片机串行通信控制项目的知识，给出项目需求：要求在安卓手机上端开发 APP 控制界面，手机发送控制信号给单片机，依托 WiFi 通信，单片机接收手机端发送的控制信号，并回传给 PC。

图 14-1 串行接口线实物图

14.2 项目的工作原理分析

第 12.2 节里详细地介绍了串口通信的工作原理，本章不再详述。这里主要介绍前端 APP 如何实现在手机上发送字符，依托 WiFi 信号，回传给单片机并通过 PC 实时显示。首先利用安卓开发平台设计 APP 控制串口的界面。根据第 7.2 节安卓 UI 布局，利用安卓 sochet 数据编程实现 TCP/IP 数据通信，将开发正确的智能串口 APP 下载到安卓手机端。打开 APP 中的输入框发送一个字符，就会通过 WiFi 的形式发送到 WiFi 模块 ESP8266 上。单片机与 WiFi 模块通过串口通信方式接收到这个信号，最后单片机回传到 PC，PC 通过串口助手显示接收到的数据。如图 14-2 所示为 APP 控制串口工作结构原理框图，整个系统由前端安卓手机操作界面和底层驱动电路两部分构成，在安卓手机端开发 APP，通过 WiFi 与底层驱动电路实现数据通信，最后发送到 PC 显示。底层驱动电路由 51 单片机最小系统（包括晶振电路和复位电路）、电源电路、WiFi 模块 ESP8266、电平转换 MAX232 电路构成。

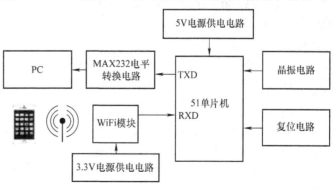

图 14-2 基于 APP 的串行通信控制系统结构原理框图

14.3 底层硬件电路的设计

依据图 14-2 进行项目的硬件电路设计，电源电路由 5V 供电和 3.3V 供电两部分构成，其中 5V 给单片机供电，3.3V 给 WiFi 模块 ESP8266 供电，5V 电源经过 LM1117 分压芯片实现 3.3V 输出。51 单片机最小系统由晶振电路与复位电路构成，晶振电路是由晶振振荡器和微调电容组成，其中电容 C1 和 C2 的电容值为 30pF，晶振频率为 11.0592MHz。复位电路采用按键触发，按键开关闭合时，高电平触发电路复位。

在安卓手机开发的 APP 控制串口界面，输入并发送一个字符，比如"A"，单片机会收到字符"A"，最后单片机通过串口将该字符发送到 PC 上。在第 12.3 节中已详细地介绍了 MAX232 的原理图，这里不再详述。基于 APP 的串行通信控制系统电路原理图如图 14-3 所示。

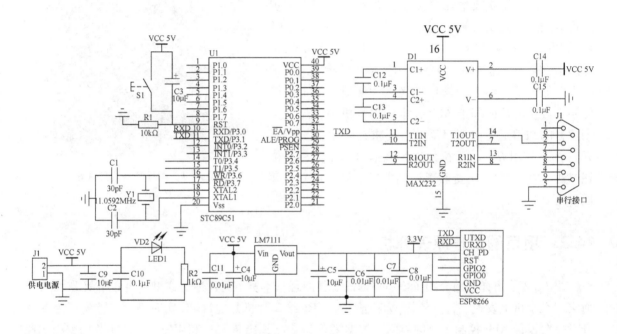

图 14-3 基于 APP 的串行通信控制电路原理图

其中，WiFi 模块 ESP8266 拥有高性能无线 SOC，具有 station/AP/station + AP 三种 WiFi 工作模式，无线标准为 802.11B/G/N，载波频率为 2.4GHz，通信距离为 100m，工作电压为 3.0 ~ 3.6V，支持 cloud server development/和 SDK，用于快速片上编程。支持网络协议 IPV4、TCP/UDP/THHP/FTP，安全机制采用 WAP/WAP2，可以加密，加密类型为 WEP/TKIP/AES。WiFi 模块为 ESP8266，可以用于智能电源设计、家庭自动化、可穿戴电子产品、婴儿监控器等，轻松地实现设备联网，上传云数据，智能监控设备。用户在外面可以控制家里电器，监测设备的使用情况。ESP8266 组网功能很强大的三种工作模式：①Station，②AP，③Station + AP。

其中，Station 模式为手机/计算机可以实时监测设备数据，适用于终端采集设备；AP 模式为模块内组网，一个模块建立 AP 模式，其他 3 个建立 Sation 模式，模块内部数据可以交互；Station + AP 模式为设备可以通过 WiFi 模块实现上网，交互数据。

ESP8266 WiFi 模块一共有 8 个引脚，ESP8266 WiFi 模块的引脚说明见表 14-1。

表 14-1　ESP8266 WiFi 模块的引脚说明

名称	功能
VCC	电源 3.3V，模块供电
GND	接地
GPIO0	GPIO2，I/O 引脚
GPIO2	GPIO0，I/O 引脚
URXD	UART_RXD，串口接收引脚；GPIO3
UTXD	UART_TXD，串口发送引脚；GPIO1
CH_PD	芯片使能端，高电平有效，芯片正常工作；低电平，芯片不工作
RST	复位引脚，可做外部硬件复位使用

14.4　安卓手机端 APP 的软件开发

APP 软件开发包括界面 UI 设计和数据处理两部分内容，关于设计本项目 APP 的 UI 布局可以用 .java 代码来设计，也可以用 XML 定义，常用的是在 XML 中定义。关于 Android 的 UI 布局在第 7.2 节中已详细介绍。

下面是关于串行通信控制界面在安卓手机端用 .XML 设计的 UI 布局代码：

```
< LinearLayoutxmlns: android = "http://schemas. android. com/apk/res/an-
droid"
android:layout_width = "fill_parent"
android:layout_height = "fill_parent"
android:orientation = "vertical">
<TextView
android:layout_width = "wrap_content"
android:layout_height = "wrap_content"
android:layout_marginTop = "20dp"
android:text = "@ string/WIFI"
android:textColor = "@ android:color/black"
android:textSize = "20sp"/>

<EditText
android:id = "@ +id/a"
android:layout_width = "match_parent"
android:layout_height = "30dp"
android:layout_marginTop = "20dp"
android:padding = "5dp"

android:layout_marginLeft = "40dp"
android:layout_marginRight = "40dp"
android:hint = "@ string/IP"/>
```

```
<EditText
android:id = "@ +id/b"
android:layout_width = "match_parent"
android:layout_height = "30dp"
android:layout_marginTop = "20dp"
android:padding = "5dp"

android:layout_marginLeft = "40dp"
android:layout_marginRight = "40dp"
android:hint = "@ string/duankou"/ >

<Button
android:id = "@ +id/btn_lj"
android:layout_width = "match_parent"
android:layout_height = "40dp"
android:layout_marginTop = "20dp"
android:layout_marginLeft = "40dp"
android:layout_marginRight = "40dp"

android:text = "@ string/fuwu"
android:textColor = "@ android:color/white"/ >

<LinearLayout
android:layout_width = "match_parent"
android:layout_height = "wrap_content"
android:layout_marginLeft = "40dp"
android:layout_marginRight = "40dp"
android:layout_marginTop = "10dp"
android:orientation = "horizontal">

<Button
android:id = "@ +id/btn_kai"
style = "? android:attr/buttonBarButtonStyle"
android:layout_width = "wrap_content"
android:layout_height = "wrap_content"
android:text = "@ string/kai"
android:layout_weight = "1"/ >

<Button
android:id = "@ +id/btn_guan"
```

```
style = "? android:attr/buttonBarButtonStyle"
android:layout_width = "wrap_content"
android:layout_height = "wrap_content"
android:text = "@ string/guan"
android:layout_weight = "1"/ >
</LinearLayout >


</LinearLayout >
```

解释上述代码：该布局即含有水平布局方式，又含有
垂直布局方式。前面部分是按照垂直方式进行布局。最后
两个"Q 字符""Z 字符"按钮是按照水平方式布局。前
面三行代码表示：宽度布满整个屏幕，高度布满整个屏
幕，并采用垂直方式布局。

android：layout_marginTop = "20dp"：表示上面的外边距
是 20dp；

android：layout_marginLeft = "40dp"：表示左边的外边距
是 40dp；

android：layout_marginRight = "40dp"：表示右边的外边
距是 40dp；

android：padding = "5dp"：表示上、右、下、左的内边距
是 5dp；

图 14-4　APP 串行通信控制界面布局图

android：layout_weight = "1"：表示权重等于 1；如图 14-4 所示是关于 APP 串行通信控制界面布
局的界面图。

UI 布局完成之后，需要在 .java 中书写相关的数据通信功能。因为上面的代码只是展现界
面，其本身没有相关数据处理功能。所以需要书写实现相关的数据处理功能。下面是实现 WiFi
传输功能的代码。

```java
package com.example.wifi;
import android.app.Activity;
import android.view.Menu;
import android.content.Context;
import android.os.Bundle;
import android.text.TextUtils;
import android.view.View;
import android.widget.Button;
import android.widget.EditText;
import android.widget.Toast;
import java.io.IOException;
import java.io.InputStream;
import java.io.OutputStream;
import java.net.Socket;
publicclass Main Activity extends Activity implements View.OnClickLis-
```

```
tener
{
    Button btn_lj, btn_kai, btn_guan;
    EditText et_1, et_2;
private String url;
privateint dk;
private Socket socket = null;
private String str;
private Context context;

@ Override
    protectedvoid onCreate(Bundle savedInstanceState)
    {
super.onCreate(savedInstanceState);
        setContentView(R.layout.activity_main);
context = this;
        init();
    }

    privatevoid init()
    {
et_1 = (EditText) findViewById(R.id.a);
et_2 = (EditText) findViewById(R.id.b);
btn_lj = (Button) findViewById(R.id.btn_lj);
btn_kai = (Button) findViewById(R.id.btn_kai);
btn_guan = (Button) findViewById(R.id.btn_guan);
btn_lj.setOnClickListener(this);
btn_kai.setOnClickListener(this);
btn_guan.setOnClickListener(this);
    }

@ Override
    publicvoid onClick(View v)
    {
switch (v.getId())
        {
case R.id.btn_lj:
url = et_1.getText().toString().trim();
        String text = et_2.getText().toString().trim();
if (TextUtils.isEmpty(url))
        {
```

```
                    Toast.makeText(context, "ip 地址不能为空",
                    Toast.LENGTH_SHORT).show();
return;
}
if (TextUtils.isEmpty(text))
                    {
                    Toast.makeText(context, "端口不能为空",
Toast.LENGTH_SHORT).show();
return;
}
dk = Integer.parseInt(text);
str = "";
new ServerThreadTCP().start();
break;

case R.id.btn_kai:
if (socket ! = null)
                    {
str = "q";
new ServerThreadTCP().start();
}else
                    {
                    Toast.makeText(context, "请先建立 socket 连接",
Toast.LENGTH_SHORT).show();
}
break;

case R.id.btn_guan:
if (socket ! = null)
                    {
str = "z";
new ServerThreadTCP().start();
}else
                    {
                    Toast.makeText(context, "请先建立 socket 连接",
Toast.LENGTH_SHORT).show();
}
break;
        }
    }
```

```
    class ServerThreadTCP extends Thread
        {
publicvoid run()
            {
OutputStream outputStream = null;
InputStream inputStream = null;
Try
{
if (socket = = null){
socket = new Socket(url, dk);
}
            outputStream = socket.getOutputStream();
            inputStream = socket.getInputStream();
byte data[] = str.getBytes();
            outputStream.write(data, 0, data.length);
            outputStream.flush();
byte buffer[] = newbyte[1024 * 4];
int temp = 0;
while ((temp = inputStream.read(buffer)) ! = -1)
                {
            System.out.println(new String(buffer, 0, temp));
}
} catch (Exception e)
            {
        System.out.println(e);
} finally
                {

try {
inputStream.close();
outputStream.close();
socket.close();
} catch (IOException e)
            {

e.printStackTrace();
}
        }
        }
    }


    publicboolean onCreateOptionsMenu(Menu menu)
        {
```

```
// Inflate the menu; this adds items to the action bar if it is present.
        getMenuInflater().inflate(R.menu.main, menu);
returntrue;
    }
}
```

上面的代码主要功能：连接 WiFi 的 IP 地址和端口号成功后，单击"Q 字符"按钮发送字符"Q"，单击"Z 字符"按钮发送字符"Z"。单片机通过 WiFi 模块 ESP8266 接收 APP 控制界面端发送过来的字符，单片机再通过串口通信回传到 PC 进行数据显示。

14.5 底层驱动电路的软件设计

14.5.1 WiFi 模块的网络配置

第 14.4 节介绍了前端软件 APP 的设计，通过前端软件设计的 APP 下载到安卓手机客户端，在手机上连接 WiFi，发送一个字符，在底层 51 单片机中接收 APP 端发送过来的字符。其中发送字符是通过 ESP8266 模块发送到单片机，而在发送之前需要对 ESP8266 WiFi 模块进行通信配置。

1）ESP8266 WiFi 支持 AP 模式、station 模式和 AP + station 模式。利用 ESP8266 可以实现灵活的组网方式和网络拓扑。

AP 模式称为无线接入点，是一个无线网络的中心节点，如通常使用的无线路由器就是一个无线接入点。Station 称为无线终端，是一个无线网络的终端。

2）AT 指令的设置。

步骤一：发送 AT + CWMODE = 2 设置为 AP 模式。表示 ESP8266 作为路由器。其他手机、计算机可以作为 station 连入到 ESP8266。而 AT + CWMODE = 1 为 station 模式，AT + CWMODE = 3 为 station + AP 模式。

步骤二：发送 AT + RST 表示重启模块 AT + CWMODE = 2 的模式生效。

步骤三：发送 AT + CIPMUX = 1 启动多连接。多连接模式可以有多个客户端连接，ESP8266 最多可以连接 5 个客户。（每一个客户都有对应的 ID 号，0 ~ 4）。而 AT + CIPMUX = 0 为单路连接。

步骤四：发送 AT + CIPSERVER = 1，8080 启动服务器模式，端口号 8080。而 AT + CIPSERVER = 0 是关闭服务器模式。

步骤五： AT + UART = 9600，8，1，0，0 设置波特率为 9600。波特率的设置必须和串口通信的波特率一致。第一次设置 ESP8266 WiFi 模块波特率默认为 115200。如果已经设置好，忽略这一步骤。

注意：当 ESP8266 断电的时候，需要重新设置前面的 4 个步骤。更多了解关于 ESP8266 WiFi 模块，可以下载 ESP8266 用户手册。表 14-2 为关于 ESP8266 使用时关键 AT 指令介绍。

表 14-2　关键 AT 指令介绍

命令	解释
AT + RST	重启模块
AT + GMR	查看版本信息
AT + CWMODE	设置模式

（续）

命令	解释
AT + CIFSR	获取本地 IP 地址
AT + CIPMODE	设置模块传输模式
AT + CIPMUX	启动多连接
AT + CIPSERVER	配置为服务器
AT + UART	设置波特率

通过串口调试助手，进行 5 个步骤
AT + 指令设置，也可以通过对单片机编程
进行 ESP8266 通信连接设置（推荐采用单
片机上电编程设置）。按照上述步骤对
ESP8266 WiFi 进行通信配置，配置的结果
如图 14-5 所示。单片机通电时，看到
WiFi 中蓝色的灯闪烁 4 次。说明单片机发
送 4 次字符串，即上面的 4 个步骤，实现
通信连接。

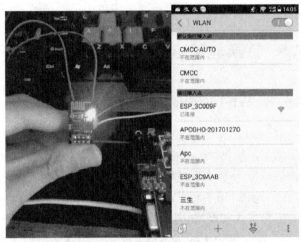

14.5.2　底层硬件电路的软件设计

在程序设计过程中，在安卓手机开发
串行通信控制界面 APP，底层硬件电路配

图 14-5　ESP8266 WiFi 模块通信配置成功图

置 ESP8266 WiFi 通信模块，依托 WiFi 通信模块手机端发送的控制信号字符"Q"，单片机 P3.0
引脚接收到字符"Q"，再通过 P3.1 引脚发送到 PC 上，通过串口调试助手显示字符"Q"。同
理，手机控制端发送字符"Z"，通过 WiFi 通信单片机的 P3.0 引脚接收到手机端发送的控制量
字符"Z"，单片机再通过 P3.1 引脚发送到 PC 上，通过串口调试助手显示字符"Z"，如图 14-6
所示为基于 APP 的串行通信工作的软件程序流程图。

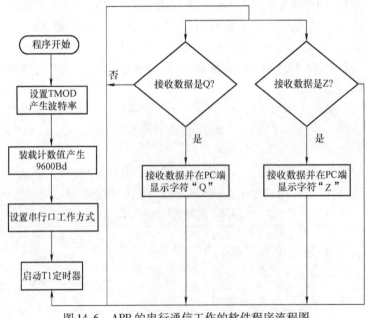

图 14-6　APP 的串行通信工作的软件程序流程图

在图 14-6 程序流程序图的基础上书写基于 APP 的串行通信系统的程序代码如下:

```c
#include <reg51.h>
#define uchar unsigned char
#define uint unsigned int
sbit led1 = P1^0;
void SerialInti()//初始化程序(必须使用,否则无法收发)
{
    TMOD = 0x20;      //定时器1操作模式2,8位自动重载定时器
    TH1 = 0xf3;          //装入初值,波特率为2400
    TL1 = 0xf3;
    TR1 = 1;      //打开定时器
    SM0 = 0;      //设置串行通信工作模式
    SM1 = 1;
    REN = 1;      //串行接收允许位)
    EA = 1;      //开总中断
    ES = 1;      //开串行口中断
}


void Uart1Sends(uchar * str)
{
    while(* str! = '\0')
    {
        SBUF = * str;
        while(! TI);              //等待发送完成信号(TI=1)出现
        TI = 0;
        str + +;
    }
}


void delay(uint ttt)          //延时函数
{
while(ttt - -);
}


void esp8266_init()          //ESP8266上电初始化
{   delay(50000);
    Uart1Sends("AT + CWMODE = 2 \n");
    delay(50000);
    Uart1Sends("AT + RST \n");
```

```
    delay(50000);
    Uart1Sends("AT + CIPMUX = 1 \r \n");
    delay(50000);
    Uart1Sends("AT + CIPSERVER = 1,8080 \r \n");
    delay(50000);
}


void main()
{
    SerialInti();
    esp8266_init();
    while(1)
    {
    }
}


void Serial_interrupt() interrupt 4        //串行通信中断服务子程序
{
if(RI)

    {
      RI = 0;          //接收中断信号清零，表示将继续接收
      switch(SBUF)
      {
        case 'Q':Uart1Sends("Q \n");break;    //单片机接收到字符"Q",回传给 PC
          case 'Z':Uart1Sends("Z \n");break; //单片机接收到字符"Z",回传给 PC
      }
    }
}
```

14.6　项目调试

　　针对第 14.3 ~ 14.5 节的详细阐述，完成了系统底层硬件电路的设计、底层软件程序的设计以及安卓手机前端 APP 控制界面的开发与数据通信，将整个系统联合调试。

　　1）在后缀名 . xml 设计的界面布局如图 14-7 所示，在后缀名 . java 中设置对应实现的功能。

　　2）在底层软件程序的设计中，需要对 WiFi 进行配置。①设置 AP 模式，即路由模式；②进行重启模块设置；③设置启动多连接方式；④设置服务器和定义端口号；⑤设置串口通信参数。将采用 C 语言编写的底层硬件电路驱动程序编译成功后烧写到 51 单片机中，编译成功的结果如图 14-8 所示。

图 14-7　界面布局图

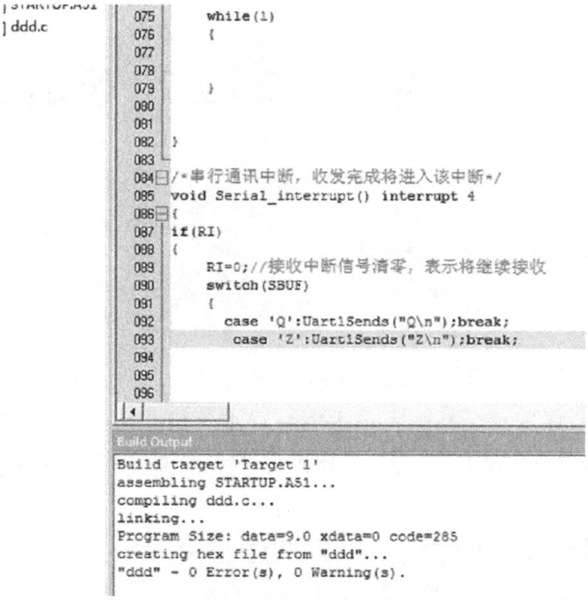

图 14-8　底层电路软件编译成功结果图

3）根据底层硬件电路原理图，完成单片机最小系统、WiFi 模块、电源电路连接、电平转换 MAX232 硬件电路的系统搭建。

4）底层硬件电路通电，打开安卓手机连接 ESP8266 WiFi。如图 14-9 所示手机连接 WiFi 的 IP 地址与端口号，并在 APP 控制串口界面中输入 IP 地址 192.168.4.1 和端口号 8080。实现 WiFi 连接。

5）按下按钮"Q 字符"在 PC 的串口助手上显示"Q"字符，按下按钮"Z 字符"在 PC 的串口调试助手上显示"Z"字符，项目最终调试成功的实物图如图 14-10 所示。

图 14-9　WiFi 连接设置界面

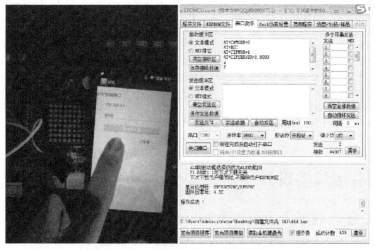

图 14-10　项目最终调试成功实物图

第 15 章　APP 控制 LED 灯点亮的项目

15.1　项目需求

本章主要介绍如何通过安卓手机开发 APP 与单片机之间建立通信，依托 WiFi 信号发送数据信息给单片机，控制 LED 灯的亮与灭，从而实现远程控制。为了方便读者掌握 APP 控制 LED 灯点亮项目的知识，给出项目需求：要求在安卓手机端开发 APP LED 灯控制界面，实现手机与单片机的 WiFi 通信，单片机接收手机端发送的数据信号控制 P0 口连接的 LED 灯工作。

15.2　项目的工作原理分析

在第 8 章详细介绍了单片机控制 LED 灯点亮的项目，本章结合物联网技术，通过开发手机端 APP 实现单片机 P0.0 引脚连接的 LED 灯的点亮状态。并利用安卓开发平台设计控制 LED 灯的 APP 控制界面，用安卓 sochet 数据编程实现 TCP/IP 数据通信，将开发的智能 LED 灯的 APP 下载到安卓手机端。通过打开 APP 中一个 "点亮" 按钮，手机连接好 WiFi 将控制量发送到 WiFi 模块 ESP8266，单片机与 WiFi 模块通过串口通信方式接收信号，单片机 P0 口输出低电平使 LED 灯点亮；反之单击 APP 一个 "熄灭" 按钮，手机连接好 WiFi 将控制量发送到 WiFi 模块 ESP8266，单片机与 WiFi 模块通过串口通信方式接收到信号，单片机 P0 口输出高电平使 LED 灯熄灭。APP 控制 LED 灯的原理框图如图 15-1 所示，整个系统由前端安卓手机客户端和底层驱动电路两部分构成，在安卓手机端开发 APP，通过 WiFi 通信与底层驱动电路实现数据通信。底层驱动电路由 51 单片机最小系统（包括晶振电路和复位电路）、电源电路（5V 电源部分给 51 单片机供电，3.3V 对 WiFi 模块供电）、WiFi 模块 ESP8266、LED 灯电路构成。

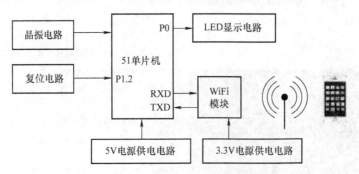

图 15-1　APP 控制 LED 灯的原理框图

15.3　底层硬件电路的设计

依据图 15-1，晶振电路是由晶振振荡器和微调电容组成，其中电容 C1 和 C2 的电容值为 30pF，晶振频率为 11.0592MHz。复位电路采用按键触发，按键开关闭合时，高电平触发电路复位。电源电路由 5V 供电和 3.3V 供电两部分构成，其中 5V 给单片机供电，3.3V 给 ESP8266 WiFi 模块供电，5V 电源经过 LM1117 分压芯片实现 3.3V 输出。

LED 灯与单片机的 P0 口相连。当单击安卓手机开发的 APP 界面中的"开"按钮，数据会通过 WiFi 模块 ESP8266 传给单片机处理，单片机给出命令实现 P0 口的引脚输出低电平，驱动 LED 点亮。反之，在安卓手机 APP 界面控制端单击"关"按钮，单片机处理接收到的数据后在 P0 口的引脚输出高电平使 LED 灯灭。APP 控制 LED 灯的电路原理图如图 15-2 所示。

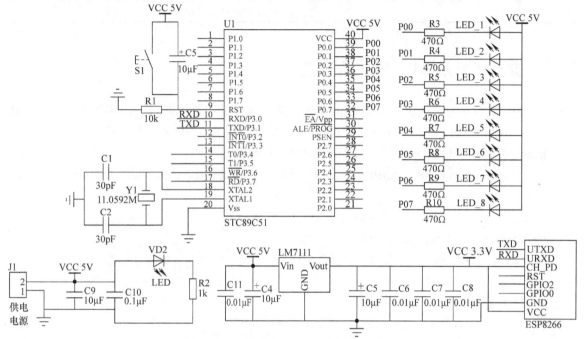

图 15-2　APP 控制 LED 灯工作电路原理图

其中，WiFi 模块 ESP 8266 拥有高性能无线 SOC，具有 station/AP/station + AP 三种 WiFi 工作模式，无线标准为 802.11B/G/N，载波频率为 2.4GHz，通信距离为 100m，工作电压为 3.0 ~ 3.6V，支持 cloud server development/和 SDK，用于快速片上编程。支持网络协议 IPV4、TCP/UDP/THHP/FTP，安全机制采用 WAP/WAP2，可以加密，加密类型 WEP/TKIP/AES。WiFi 模块 ESP 8266 可以用于智能电源设计、家庭自动化、可穿戴电子产品和婴儿监控器等，轻松地实现设备联网，上传云数据，智能监控设备。用户在外面可以控制家里电器，监测到设备的使用情况。ESP8266 组网功能很强大的三种工作模式：①Station；②AP；③Station + AP。

其中 Station 模式：手机/计算机可以实时监测设备数据，适用于终端采集设备

AP 模式：模块内组网，一个模块建立 AP 模式，其他 3 个建立 Sation 模式，模块内部数据可以交互。

Station + AP 模式：设备可以通过 WiFi 模块实现上网，交互数据。

ESP8266 WiFi 模块一共有 8 个引脚，ESP8266 WiFi 模块的引脚说明见表 15-1。

表 15-1　ESP8266 WiFi 模块的引脚说明

名称	功能
VCC	电源 3.3V，模块供电
GND	接地
GPIO0	GPIO2，I/O 引脚

（续）

名称	功能
GPIO2	GPIO0，I/O 引脚
URXD	UART_RXD，串口接收引脚；GPIO3
UTXD	UART_TXD，串口发送引脚；GPIO1
CH_PD	芯片使能端，高电平，有效，芯片正常工作；低电平，芯片不工作
RST	复位引脚，可做外部硬件复位使用

15.4 安卓手机端 APP 软件的开发

本节将结合第 7 章的有关 APP 开发的知识，介绍如何设计控制灯点亮的手机端 APP，包括 APP 的 UI 布局和数据处理。本次项目设计 APP 的 UI 布局是在 XML 文件中定义。

下面是关于 APP 控制 LED 灯在 .XML 设计的 UI 布局：

```
< LinearLayout  xmlns: android = " http://schemas. android. com/apk/res/an-
droid"
    android:layout_width = "fill_parent"
    android:layout_height = "fill_parent"
    android:orientation = "vertical" >

    < TextView
        android:layout_width = "wrap_content"
      android:layout_height = "wrap_content"
      android:layout_marginTop = "20dp"
      android:text = "@ string/WIFI"
      android:textColor = "@ android:color/black"
      android:textSize = "20sp"/ >

< EditText
      android:id = "@  + id/a"
      android:layout_width = "match_parent"
      android:layout_height = "30dp"
      android:layout_marginTop = "20dp"
      android:padding = "5dp"

      android:layout_marginLeft = "40dp"
      android:layout_marginRight = "40dp"
      android:hint = "@ string/IP"/ >

< EditText
      android:id = "@  + id/b"
```

```
        android:layout_width = "match_parent"
        android:layout_height = "30dp"
        android:layout_marginTop = "20dp"
        android:padding = "5dp"

        android:layout_marginLeft = "40dp"
        android:layout_marginRight = "40dp"
        android:hint = "@ string/duankou"/ >

< Button
        android:id = "@ + id/btn_lj"
        android:layout_width = "match_parent"
        android:layout_height = "40dp"
        android:layout_marginTop = "20dp"
        android:layout_marginLeft = "40dp"
        android:layout_marginRight = "40dp"

        android:text = "@ string/fuwu"
        android:textColor = "@ android:color/white"/ >

< LinearLayout
        android:layout_width = "match_parent"
        android:layout_height = "wrap_content"
        android:layout_marginLeft = "40dp"
        android:layout_marginRight = "40dp"
        android:layout_marginTop = "10dp"
        android:orientation = "horizontal" >

< Button
            android:id = "@ + id/btn_kai"
            style = "? android:attr/buttonBarButtonStyle"
            android:layout_width = "wrap_content"
            android:layout_height = "wrap_content"
            android:text = "@ string/kai"
            android:layout_weight = "1"/ >

< Button
            android:id = "@ + id/btn_guan"
            style = "? android:attr/buttonBarButtonStyle"
            android:layout_width = "wrap_content"
            android:layout_height = "wrap_content"
```

```
        android:text = "@ string/guan"
        android:layout_weight = "1"/ >
</LinearLayout >
```

　　这段代码主要进行 UI 布局的设计，设计两个可输入框（IP 地址和端口号）和三个可供单击的按钮（连接服务器、开和关）。如图 15-3 所示是关于布局的界面图。

　　在完成 UI 布局后，还需要书写关于数据处理的功能。下面是实现 WiFi 传输功能的代码。

图 15-3　APP UI 布局图

```
package com.example.wifi;
import android.app.Activity;
import android.view.Menu;
import android.content.Context;
import android.os.Bundle;
import android.text.TextUtils;
import android.view.View;
import android.widget.Button;
import android.widget.EditText;
import android.widget.Toast;
import java.io.IOException;
import java.io.InputStream;
import java.io.OutputStream;
import java.net.Socket;
publicclass MainActivity extends Activity implements View.OnClickLis-
tener
{
    Button btn_lj, btn_kai, btn_guan;
    EditText et_1, et_2;
private String url;
privateintdk;
private Socket socket = null;
private String str;
private Context context;

@ Override
    protectedvoid onCreate(Bundle savedInstanceState)
    {
super.onCreate(savedInstanceState);
        setContentView(R.layout.activity_main);
context = this;
        init();
    }
```

```
    privatevoid init()
    {
et_1 = (EditText) findViewById(R.id.a);
et_2 = (EditText) findViewById(R.id.b);
btn_lj = (Button) findViewById(R.id.btn_lj);
btn_kai = (Button) findViewById(R.id.btn_kai);
btn_guan = (Button) findViewById(R.id.btn_guan);
btn_lj.setOnClickListener(this);
btn_kai.setOnClickListener(this);
btn_guan.setOnClickListener(this);
    }

@ Override
    publicvoid onClick(View v)
    {
switch (v.getId())
            {
case R.id.btn_lj:
url = et_1.getText().toString().trim();
            String text = et_2.getText().toString().trim();
if (TextUtils.isEmpty(url))
            {
                Toast.makeText(context, "ip 地址不能为空",
                Toast.LENGTH_SHORT).show();
return;
}
if (TextUtils.isEmpty(text))
                {
                Toast.makeText(context, "端口不能为空",
Toast.LENGTH_SHORT).show();
return;
}
dk = Integer.parseInt(text);
str = "";
new ServerThreadTCP().start();
break;

case R.id.btn_kai:
if (socket ! = null)
                {
```

```java
str = "K";
new ServerThreadTCP().start();
}else
                    {
                        Toast.makeText(context, "请先建立 socket 连接",
Toast.LENGTH_SHORT).show();
}
break;

case R.id.btn_guan:
if (socket ! = null)
                    {
str = "G";
new ServerThreadTCP().start();
}else
                    {
                        Toast.makeText(context, "请先建立 socket 连接",
Toast.LENGTH_SHORT).show();
}
break;
        }
    }

    class ServerThreadTCP extends Thread
        {
publicvoid run()
                {
OutputStream outputStream = null;
 InputStream inputStream = null;
Try
{
if (socket = = null){
socket = new Socket(url, dk);
}
                outputStream = socket.getOutputStream();
                inputStream = socket.getInputStream();
byte data[] = str.getBytes();
                outputStream.write(data, 0, data.length);
                outputStream.flush();
byte buffer[] = newbyte[1024 * 4];
int temp = 0;
```

```
while ((temp = inputStream.read(buffer)) ! = -1)
                    {
              System.out.println(new String(buffer, 0, temp));
}
} catch (Exception e)
                    {
          System.out.println(e);
} finally
                        {
try {
inputStream.close();
outputStream.close();
socket.close();
} catch (IOException e)
                        {
e.printStackTrace();
}
          }
        }
    }

    publicboolean onCreateOptionsMenu(Menu menu)
        {
// Inflate the menu; this adds items to the action bar if it is present.
      getMenuInflater().inflate(R.menu.main, menu);
returntrue;
}
}
```

上面代码主要功能是：连接 WiFi 的 IP 地址和端口号成功后，单击"开"按钮发送字符"K"，单击"关"按钮发送字符"G"。单片机通过 WiFi 模块 ESP8266 接收 APP 端传送过来的数据，从而实现手机端 APP 对底层 LED 灯的驱动。

15.5　底层驱动电路的软件设计

15.5.1　WiFi 模块的网络配置

第 15.4 节介绍了基于 APP 控制的 LED 灯前端软件 APP 设计，通过前端软件设计出来的 APP 下载到安卓手机客户端，在手机上连接 WiFi，发送一个字符，最后在底层 51 单片机驱动电路中接收 APP 端发送过来的字符。发送字符是通过 ESP8266 模块发送到单片机，而在发送之前需要对 ESP8266 WiFi 模块进行通信配置，而 ESP8266 WiFi 模块的网络配置在第 14.5.1 节中详细地做了介绍，在此不在阐述。

15.5.2　底层硬件电路的软件设计

从第 15.3 节系统硬件电路设计图中可以看到单片机 P0 口驱动 LED 灯工作。在程序设计上，设置 ESP8266 WiFi 通信配置。通过 WiFi 通信在单片机的 P3.0 引脚接收到字符"K"时，驱动 P0 口为低电平，LED 灯变亮。在 P3.0 引脚接收到字符"G"时，单片机驱动 P0 口输出高电平，LED 灯熄灭。APP 控制 LED 灯工作的软件程序流程图如图 15-4 所示。

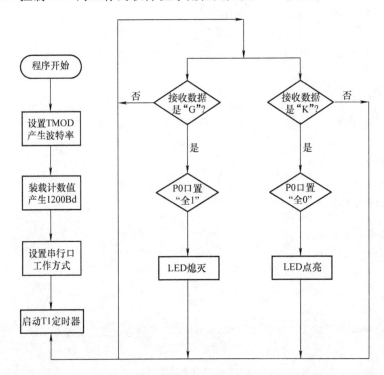

图 15-4　APP 控制 LED 灯工作的软件程序流程图

在图 15-4 程序流程序图的基础上书写单片机控制 LED 灯工作的程序代码如下：

```
#include <reg51.h>
#define uchar unsigned char
#define uint unsigned int
void SerialInti()              //初始化程序（必须使用，否则无法收发）
{
    TMOD = 0x20;               //定时器 1 操作模式 2；8 位自动重载定时器
    TH1 = 0xfd;                //装入初值，波特率为 9600
    TL1 = 0xfd;
    TR1 = 1;                   //打开定时器
    SM0 = 0;                   //设置串行通信工作模式
    SM1 = 1;
    REN = 1;                   //串行接收允许位（要先设置 sm0 sm1 再开串行允许）
    EA = 1;                    //开总中断
    ES = 1;                    //开串行口中断
}
```

```c
void Uart1Sends(uchar * str)    //串行口连续发送 char 型数组
{
    while(* str! = '\0')
    {
        SBUF = * str;
        while(! TI);                //等待发送完成信号(TI =1)出现
        TI = 0;
        str + +;
    }
}


void delay(uint ttt)            //延时函数
{
while(ttt - -);
}

void esp8266_init()            //ESP8266 上电初始化, 必须初始化, 否则 WiFi 不工作
{    delay(50000);
    Uart1Sends("AT + CWMODE = 2 \n");
    delay(50000);
    Uart1Sends("AT + RST \n");
    delay(50000);
    Uart1Sends("AT + CIPMUX = 1\r \n");
    delay(50000);
    Uart1Sends("AT + CIPSERVER = 1,8080 \r \n");
    delay(50000);
}

void main()
{
    SerialInti();
    esp8266_init();
    led1 = 1;
    while(1){};


}

void Serial_interrupt() interrupt 4      /* 串行通信中断, 收发完成将进入该中断* /
{
```

```
if(RI)

  {
      RI=0;          //接收中断信号清零，表示将继续接收
      if(SBUF=='K')

      {

              P0=0x00;   //P0口置低电平驱动灯亮

      }

    if(SBUF=='G')

      {

      P0=0XFF;      //P0口置高电平，驱动灯亮

      }

  }

}
```

15.6　项目调试

图 15-5　APP UI 布局

　　针对第 15.3 ~ 15.5 节关于对安卓手机 APP 控制 LED 灯点亮与熄灭的硬件电路和底层软件程序的设计以及 APP 控制 LED 灯的前端设计，进行项目联合调试。

　　1）在后缀名 . xml 设计的界面布局如图 15-5 所示，在后缀名 . java 中设置对应实现数据功能。

　　2）在底层软件程序设计中，需要对 WiFi 进行配置。首先需要设置 AP 模式，即路由模式，再进行重启模块设置，然后设置启动多连接方式，设置服务器和定义端口号，最后需要设置串口通信参数。将采用 C 语言编写的底层硬件电路驱动程序编译成功后烧写到51 单片机中。

　　3）根据底层硬件电路原理图，完成单片机最小系统、LED 灯显示电路、WiFi 通信电路、电源电路的硬件连接。

　　4）底层硬件电路通电，打开安卓手机连接 ESP8266 WiFi。如图 15-6 所示手机连接 WiFi 的 IP 地址与端口号。在 APP 控制 LED 灯界面中输入 IP 地址 192.168.4.1 和端口号 8080。实现 WiFi 连接。

5）按下手机 APP 控制界面，按下按钮"开"，在底层硬件电路上控制 LED 灯亮；按下按钮"关"，在底层硬件电路上控制 LED 灯熄灭，项目最终调试成功的实物图如图 15-7 所示。

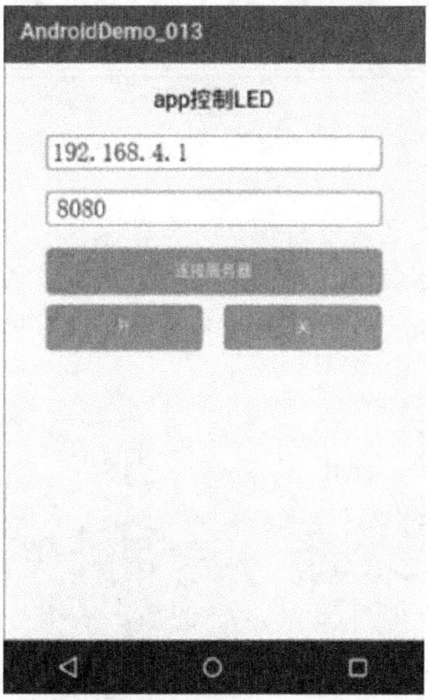

图 15-6　WiFi 连接设置界面

图 15-7　项目最终调试成功的实物图

第 16 章　安卓手机 APP 控制继电器工作项目

16.1　项目需求

继电器是一种电控制器件，当输入量的变化达到规定要求时，在电气输出电路中使被控量发生预定的阶跃变化的一种电器。它具有输入回路和输出回路之间的互动关系。主要应用在自动化的控制电路中，它实际上是用小电流去控制大电流运作的一种"自动开关"。在电路中起着自动调节、安全保护、转化电路的作用。继电器种类繁多，比如：电磁继电器、固态继电器、光继电器、中间继电器、时间继电器等。本项目主要介绍电磁继电器，并且了解它的使用方法。如图 16-1 所示是电磁继电器的实物图。通过在安卓手机端开发 APP 依托 WiFi 信号发送给单片机，从而控制继电器工作，实现远程对继电器智能控制，将物联网技术融入智能生活，给人们操作带来极大便捷。为了使初学者能够快

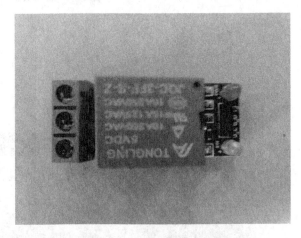

图 16-1　电磁继电器实物图

速掌握 APP 控制继电器开关项目知识，给出 APP 控制继电器开关项目的需求：通过在安卓手机上开发 APP 发送控制继电器开关吸合和断开的信号，依托 WiFi 通信，单片机接收信号，控制继电器工作。

16.2　项目的工作原理分析

前面第 13.2 节详细地介绍了电磁继电器的工作原理，本章不再对电磁继电器的工作原理进行详细阐述。这里主要介绍前端 APP 如何设计实现远程控制继电器的吸合和断开。首先利用安卓开发平台设计控制继电器的 APP 控制界面，第 7.2 节安卓 UI 布局做了详细的介绍，读者在学习本章内容之前需将第 7.2 节的内容预先复习。利用安卓 sochet 数据编程实现 TCP/IP 数据通信，将开发正确的智能继电器 APP 下载到安卓手机端。打开 APP 一个"吸合"按钮，就会通过 WiFi 的形式发送到 WiFi 模块 ESP8266 上。单片机与 WiFi 模块通过串口通信方式接收到信号，单片机 P0.0 引脚输出低电平晶体管导通继电器线圈通电，继电器开关由常闭开关切换到常开开关，触发 LED 灯点亮；反之，单击 APP 一个"断开"按钮，就会通过 WiFi 的形式发送到 WiFi 模块 ESP8266 上。单片机与 WiFi 模块通过串口通信方式接收到该信号，单片机 P0.0 引脚输出高电平晶体管截止继电器线圈无电流，继电器开关保持在常闭开关状态，LED 灯熄灭。APP 控制继电器工作结构原理框图如图 16-2 所示，整个系统由前端安卓手机客户端和底层驱动电路两部分构成，在安卓手机端开发 APP，通过 WiFi 通信与底层驱动电路实现数据通信。底层驱动电路由 51

单片机最小系统（包括晶振电路和复位电路）、电源电路（5V 电源部分给 51 单片机供电，3.3V 对 WiFi 模块供电）、WiFi 模块 ESP8266、继电器、LED 灯电路构成。

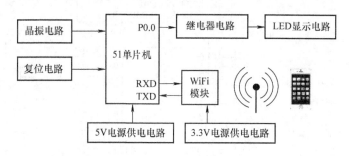

图 16-2　APP 控制继电器工作结构原理框图

16.3　底层硬件电路的设计

依据第 16.2 节进行项目的硬件电路设计，电路由单片机最小系统、电源电路、继电器、晶体管、LED 灯、WiFi 模块组成。电源电路由 5V 供电和 3.3V 供电两部分构成，其中 5V 给单片机供电，3.3V 给 ESP8266WiFi 模块供电，5V 电源经过 LM1117 分压芯片实现 3.3V 输出。

51 单片机最小系统由晶振电路与复位电路构成，晶振电路是由晶振振荡器和微调电容组成，其中电容 C1 和 C2 的电容值为 30pF，晶振频率为 11.0592MHz。复位电路采用按键触发，按键开关闭合时，高电平触发电路复位。

继电器通过一个晶体管和单片机 P0.0 引脚相连。不建议用单片机 I/O 口直接对继电器操作，一般在单片机 I/O 与继电器之间加个驱动晶体管如（PNP 型晶体管），主要用来放大电流。当在安卓手机开发的继电器控制 APP 界面单击"吸合"按钮，实际上会发送字符"X"，通过 WiFi 模块 ESP8266，单片机会收到字符"X"，最后单片机给出命令实现 P0.0 引脚输出低电平，驱动 LED 点亮。反之，在安卓手机 APP 界面控制端单击"断开"按钮，实际上会发送字符"D"，通过 WiFi 模块 ESP8266，单片机会收到字符"D"。最后单片机给出命令实现 P0.0 引脚输出高电平，LED 灯灭。如图 16-3 所示为 APP 控制继电器开关的电路原理图。

其中，WiFi 模块 ESP 8266 拥有高性能无线 SOC，具有 station/AP/station + AP 3 种 WiFi 工作模式，无线标准 802.11B/G/N，载波频率为 2.4GHz，通信距离为 100m，工作电压为 3.0 ～ 3.6V，支持 cloud server development/和 SDK，用于快速片上编程。支持网络协议 IPV4、TCP/UDP/THHP/FTP，安全机制采用 WAP/WAP2，可以加密，加密类型 WEP/TKIP/AES。WiFi 模块 8266 可以用于智能电源设计、家庭自动化、可穿戴电子产品、婴儿监控器等，轻松实现设备联网，上传云数据，智能监控设备。用户在外面可以控制家里电器，监测到设备的使用情况。WESP8266 组网功能很强大①Station；②AP；③Station + AP。

其中，Station 模式：手机/计算机可以实时监测设备数据，适用于终端采集设备。

AP 模式：模块内组网，一个模块建立 AP 模式，其他 3 个建立 Sation 模式，模块内部数据可以交互。

Station + AP 模式：设备可以通过 WiFi 模块实现上网，交互数据。

ESP8266 WiFi 模块一共有 8 个引脚，ESP8266 WiFi 模块的引脚说明见表 16-1。

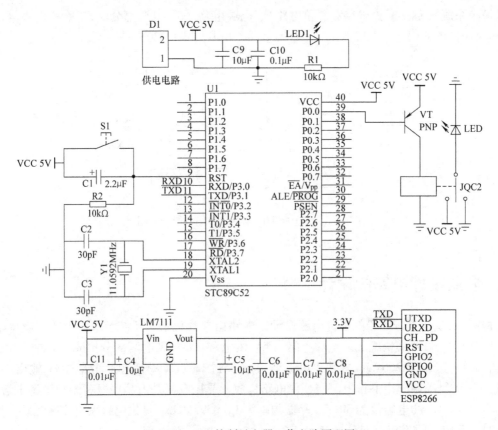

图 16-3　APP 控制继电器工作电路原理图

表 16-1　ESP8266 WiFi 模块的引脚说明

名称	功能
VCC	电源 3.3V，模块供电
GND	接地
GPIO0	GPIO2，I/O 引脚
GPIO2	GPIO0，I/O 引脚
URXD	UART_RXD，串口接收引脚；GPIO3
UTXD	UART_TXD，串口发送引脚；GPIO1
CH_PD	芯片使能端，高电平，有效，芯片正常工作；低电平，芯片不工作
RST	复位引脚，可做外部硬件复位使用

16.4　安卓手机端 APP 的软件开发

APP 软件开发包括界面 UI 设计和数据处理，关于设计本项目 APP 的 UI 布局可以用 .java 代码来设计，也可以用 XML 定义，常用的是在 XML 中定义。关于 Android 的 UI 布局在第 7.2 节中已详细地介绍。

下面是关于继电器在 .XML 设计的 UI 布局：

< LinearLayoutxmlns: android = " *http://schemas. android. com/apk/res/an-*

```
droid"
    android:layout_width = "fill_parent"
    android:layout_height = "fill_parent"
    android:orientation = "vertical">
    <TextView
    android:layout_width = "wrap_content"
    android:layout_height = "wrap_content"
    android:layout_marginTop = "20dp"
    android:text = "@string/WIFI"
    android:textColor = "@android:color/black"
    android:textSize = "20sp"/>

    <EditText
    android:id = "@+id/a"
    android:layout_width = "match_parent"
    android:layout_height = "30dp"
    android:layout_marginTop = "20dp"
    android:padding = "5dp"

    android:layout_marginLeft = "40dp"
    android:layout_marginRight = "40dp"
    android:hint = "@string/IP"/>

    <EditText
    android:id = "@+id/b"
    android:layout_width = "match_parent"
    android:layout_height = "30dp"
    android:layout_marginTop = "20dp"
    android:padding = "5dp"

    android:layout_marginLeft = "40dp"
    android:layout_marginRight = "40dp"
    android:hint = "@string/duankou"/>

    <Button
    android:id = "@+id/btn_lj"
    android:layout_width = "match_parent"
    android:layout_height = "40dp"
    android:layout_marginTop = "20dp"
    android:layout_marginLeft = "40dp"
    android:layout_marginRight = "40dp"
```

```
android:text = "@string/fuwu"
android:textColor = "@android:color/white"/ >
< LinearLayout
android:layout_width = "match_parent"
android:layout_height = "wrap_content"
android:layout_marginLeft = "40dp"
android:layout_marginRight = "40dp"
android:layout_marginTop = "10dp"
android:orientation = "horizontal" >

< Button
android:id = "@ + id/btn_kai"
style = "? android:attr/buttonBarButtonStyle"
android:layout_width = "wrap_content"
android:layout_height = "wrap_content"
android:text = "@string/kai"
android:layout_weight = "1"/ >

< Button
android:id = "@ + id/btn_guan"
style = "? android:attr/buttonBarButtonStyle"
android:layout_width = "wrap_content"
android:layout_height = "wrap_content"
android:text = "@string/guan"
android:layout_weight = "1"/ >
< /LinearLayout >
    < /LinearLayout >
```

解释上述代码:

该布局即含有水平布局方式，又含有垂直布局方式。前面的
部分是按照垂直方式进行布局。最后两个"吸合""断开"按钮
是按照水平方式布局。前面三行代码表示:宽度布满整个屏幕，
高度布满整个屏幕，并采用垂直方式布局。android: layout_
marginTop = "20dp":表示上面的外边距是20dp; android: layout
_ marginLeft = "40dp":表示左边的外边距是40dp; android:
layout_ marginRight = "40dp":表示右边的外边距是40dp; an-
droid: padding = "5dp":表示上、右、下、左的内边距是5dp;
android: layout_ weight = "1":表示权重等于1;如图16-4所示
是关于继电器布局的界面图。

图16-4　继电器布局的界面图

UI 布局完成之后，还需要在 . java 中书写相关的功能。因为
上面的代码只是展现画面，其本身没有相关数据处理功能。所以
需要书写实现相关的功能。下面是实现 WiFi 传输功能的代码。

```java
package com.example.wifi;
import android.app.Activity;
import android.view.Menu;
import android.content.Context;
import android.os.Bundle;
import android.text.TextUtils;
import android.view.View;
import android.widget.Button;
import android.widget.EditText;
import android.widget.Toast;
import java.io.IOException;
import java.io.InputStream;
import java.io.OutputStream;
import java.net.Socket;
publicclass MainActivity extends Activity implements View.OnClickListener
{
    Button btn_lj, btn_kai, btn_guan;
    EditText et_1, et_2;
private String url;
privateintdk;
private Socket socket = null;
private String str;
private Context context;

@ Override
    protectedvoid onCreate(Bundle savedInstanceState)
    {
super.onCreate(savedInstanceState);
        setContentView(R.layout. activity_main );
context = this;
        init();
    }

    privatevoid init()
    {
et_1 = (EditText) findViewById(R.id. a );
et_2 = (EditText) findViewById(R.id. b );
btn_lj = (Button) findViewById(R.id. btn_lj );
btn_kai = (Button) findViewById(R.id. btn_kai );
btn_guan = (Button) findViewById(R.id. btn_guan );
```

```
btn_lj.setOnClickListener(this);
btn_kai.setOnClickListener(this);
btn_guan.setOnClickListener(this);
    }


@ Override
    publicvoid onClick(View v)
    {
switch (v.getId())
        {
case R.id. btn_lj :
url = et_1.getText().toString().trim();
                String text = et_2.getText().toString().trim();
if (TextUtils. isEmpty (url))
                    {
                    Toast. makeText (context,"ip 地址不能为空",
                    Toast. LENGTH_SHORT ).show();
return;
}
if (TextUtils. isEmpty (text))
                    {
                    Toast. makeText (context,"端口不能为空",
Toast. LENGTH_SHORT ).show();
return;
}
dk = Integer. parseInt (text);
str = "";
new ServerThreadTCP().start();
break;


case R.id. btn_kai :
if (socket ! = null)
                    {
str = "X";
new ServerThreadTCP().start();
}else
                    {
                    Toast. makeText (context,"请先建立 socket 连接",
Toast. LENGTH_SHORT ).show();
}
break;
```

```
case R.id. btn_guan :
if (socket ! = null)
                {
str = "D";
new ServerThreadTCP().start();
}else
                {
                Toast. makeText (context, "请先建立 socket 连接",
Toast. LENGTH_SHORT ).show();
}
break;
        }
    }


    class ServerThreadTCP extends Thread
        {
publicvoid run()
            {
OutputStream outputStream = null;
InputStream inputStream = null;
Try
{
if (socket = = null){
socket = new Socket(url, dk);
}
                outputStream = socket.getOutputStream();
                inputStream = socket.getInputStream();
byte data[] = str.getBytes();
                outputStream.write(data, 0, data.length);
                outputStream.flush();
byte buffer[] = newbyte[1024 * 4];
int temp = 0;
while ((temp = inputStream.read(buffer)) ! = -1)
                    {
                System. out .println(new String(buffer, 0, temp));
}
} catch (Exception e)
                {
                System. out .println(e);
} finally
```

```
                            {
try {
inputStream.close();
outputStream.close();
socket.close();
} catch (IOException e)
                    {

e.printStackTrace();
}
            }
        }
    }


    publicboolean onCreateOptionsMenu(Menu menu)
        {
// Inflate the menu; this adds items to the action bar if it is present.
        getMenuInflater().inflate(R.menu.main, menu);
returntrue;
 }
}
```

　　上面的代码主要功能是：连接 WiFi 的 IP 地址和端口号成功后，单击"吸合"按钮发送字符"X"，单击"断开"按钮发送字符"D"。单片机通过 WiFi 模块 ESP8266 接收 APP 控制界面端发送的字符，从而实现手机端 APP 对底层继电器设备的驱动。

16.5　底层驱动电路的软件设计

16.5.1　WiFi 模块的网络配置

　　关于 ESP8266 WiFi 模块的网络配置在第 14.5.1 节中详细地介绍了，本章不在阐述。

16.5.2　底层硬件电路的软件设计

　　从第 16.3 节系统硬件电路设计图中可以看到 P0.0 引脚通过晶体管 PNP 驱动继电器工作。在程序设计上，设置 ESP8266 WiFi 通信配置。通过 WiFi 通信在单片机的 P3.0 引脚接收到字符"X"时，驱动 P0.0 引脚为低电平，晶体管导通，继电器吸合，LED 灯变亮。在 P3.0 接收到字符"D"时，单片机驱动 P0.0 引脚输出高电平，晶体管截止，继电器断开，LED 灯熄灭。APP控制继电器工作的软件程序流程图如图 16-5 所示。

　　在图 16-5 程序流程序图的基础上书写单片机控制继电器工作的程序代码如下：

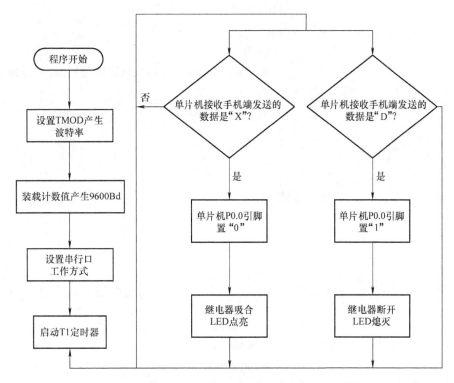

图 16-5　APP 控制继电器工作的软件程序流程图

```
#include < reg51. h >
#define uchar unsigned char
#define uint unsigned int
sbit led1 = P1^0;
void SerialInti()        //初始化程序
{

                      TMOD = 0x20;   //定时器 1 操作模式 2,8 位自动重载定时器
                  TH1 = 0xfd;//装入初值,波特率为 9600
                  TL1 = 0xfd;
                  TR1 = 1;     //打开定时器 T1
                  SM0 = 0;     //设置串行通信工作模式
                  SM1 = 1;     //定时器溢出一次就发送一位的数据
                  REN = 1;     //串行接收允许位
                  EA = 1;      //开总中断
                  ES = 1;      //开串行口中断

}



void Uart1Sends(uchar * str)      //串行口连续发送 char 型数组,遇到终止号/0 将停止
{
```

```
                                        while(* str! = '\0')
                                        {
                                          SBUF = * str;
                                          while(! TI);//等待发送完成信号(TI =1)出现
                                          TI =0;
                                          str + +;
                                        }
}

void delay(uint ttt)        //延时函数
{

    while(ttt - -);

}

void esp8266_init()        //ESP8266 上电初始化
{                                       delay(50000);
 Uart1Sends("AT + CWMODE = 2 \n");
 delay(50000);
 Uart1Sends("AT + RST \n");
                            delay(50000);
                            Uart1Sends("AT + CIPMUX = 1 \r \n");
                            delay(50000);
                            Uart1Sends("AT + CIPSERVER = 1,8080 \r \n");
                            delay(50000);
}

void main()
{
                            SerialInti();
                            esp8266_init();
                            while(1)
                            {
                            }
}

void Serial_interrupt() interrupt 4/* 串行通信中断,收发完成将进入该中断* /
{

      if(RI)
```

```
        {
                                RI = 0; //接收中断信号清零,表示将继续接收
                                switch(SBUF)
                                {
                                    case 'X':led1 = 0;break;   //继电器吸合,LED 灯亮
                                    case 'D':led1 = 1;break;   //继电器断开,LED 熄灭
                                }
        }

}
```

16.6　项目调试

针对第 16.3 ~ 16.5 节关于对安卓手机 APP 控制继电器实现 LED 灯点亮与熄灭的硬件电路和底层软件程序设计以及 APP 控制继电器开关的前端设计,进行项目联合调试。

1)在后缀名 . xml 设计的界面布局如图 16-6 所示,在后缀名 . java 中设置对应实现的功能。

2)在底层软件程序设计中,需要对 WiFi 进行配置。设置 AP 模式,重启模块设置,设置启动多连接方式,设置服务器和定义端口号,设置串口通信。将第 16.5 节采用 C 语言编写的底层硬件电路驱动程序编译成功后烧写到 51 单片机中,如图 16-7 所示编译成功的结果图。

图 16-6　界面布局图

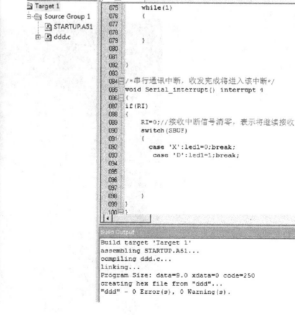

图 16-7　底层电路软件编译成功结果图

3)根据底层硬件电路原理图,完成单片机最小系统、继电器模块、WiFi 模块和电源电路的连接。

4)底层硬件电路通电,打开安卓手机连接 ESP8266 WiFi,手机连接 WiFi 的 IP 地址与端口号如图 16-8 所示。在 APP 继电器控制界面中输入 IP 地址 192.168.4.1 和端口号 8080,实现

WiFi 连接，WiFi 连接设置界面如图 16-8 所示。

　　5）按下按钮"吸合"，在底层硬件电路上继电器控制 LED 灯亮；按下按钮"断开"，在底层硬件电路上继电器控制的 LED 灯熄灭，项目最终调试成功的实物图如图 16-9 所示。

图 16-8　WiFi 连接设置界面

图 16-9　项目最终调试成功实物图

第17章 安卓手机 APP 控制步进电动机项目

17.1 项目需求

主流电动机类型一般有三种类型：交流电动机、直流电动机和步进电动机。在这三种电动机中，步进电动机最适合于数字控制，精度要求高。一般电动机都是连续旋转，而步进电动机是一步一步地转动，每当步进电动机驱动器收到一个驱动脉冲信号，步进电动机将会按照设定的方向转动一个固定的角度，因此步进电动机是一种将电脉冲转化为角位移的电动机。对于角位移步进电动机，用户可以通过控制脉冲的个数来控制角位移量，从而达到准确定位的目的；另外，也可以通过控制脉冲频率控制电动机转动的速度和加速度，达到调速的目的。如图 17-1 所示是步进电动机的实物图，通过在安卓手机端开发 APP 依托 WiFi 信号发送给单片机，从而控制步进电动机工作，实现远程对步进电动机的智能控制。为了使初学者能够快速掌握安卓手机 APP 控制步进电动机项目的知识，给出 APP 控制步进电动机项目需求：通过在安卓手机上开发 APP 发送控制步进电动机正转、反转、停止的三种运动模式，依托 WiFi 通信，单片机接收信号，控制步进电动机工作。

图 17-1 步进电动机实物图

17.2 项目的工作原理分析

步进电动机是将电脉冲信号转变为角位移或线位移的开环控制元件。在非超载的情况下，电动机的转速、停止的位置只取决于脉冲信号的频率和脉冲数，而不受负载变化的影响，当步进驱动器接收到一个脉冲信号，它就驱动步进电动机按设定的方向转动一个固定的角度（称为"步距角"），它的旋转是以固定的角度一步一步运行的。可以通过控制脉冲个数来控制角位移量，从而达到准确定位的目的；同时，可以通过控制脉冲频率来控制电动机转动的速度和加速度，从而达到调速的目的。

现在比较常用的步进电动机分为三种：反应式步进电动机（VR）、永磁式步进电动机（PM）、混合式步进电动机（HB）。本章以反应式步进电动机为例介绍其基本原理，并如何用安卓手机 APP 远程控制步进电动机的应用方法。反应式步进电动机可实现大转矩输出，步进角一般为 1.5°。反应式步进电动机的转子磁路由软磁材料制成，定子上有多相励磁绕组，利用磁导的变化产生转矩。

在应用选型时，可以根据电动机的不同参数来决定应用范围，一般步进电动机主要由以下几个参数决定：转矩、步矩角、相数、保持转矩、静转矩和拍数。

1. 转矩

电动机一旦通电，在定子和转子间将产生磁场（磁通量 Φ）。当转子与定子错开一定角度 θ，产生力 F 与（$d\Phi/d\theta$）成正比。即

$$\Phi = B_r S$$

式中，B_r——磁通密度；

　　　S——导磁面积。

　　F 与 LDB_r 成正比

式中，L——铁心有效长度；

　　　D——转子直径。

$$B_r = NI/R$$

式中，NI——励磁绕组安匝数（电流乘匝数）；

　　　R——磁阻。

　　因转矩 = 力×半径，转矩与电动机有效体积、安匝数、磁通密度成正比。因此，电动机有效体积越大，励磁安匝数越大，定子和转子间气隙越小，电动机力矩越大。

2. 步距角

　　电动机固有步距角表示控制系统每发一个步进脉冲信号，电动机所转动的角度。一般电动机出厂时都给出了一个步距角的值，如 86BYG250A 型电动机给出的值为 $0.9°/1.8°$（表示半步工作时为 $0.9°$、整步工作时为 $1.8°$），这个步距角可以称为电动机固有步距角，它不一定是电动机实际工作时的真正步距角，真正的步距角还和驱动器有关。电动机转子转过的角位移用 θ 表示。$\theta = 360°/$（转子齿数 J×运行拍数），以常规二、四相，转子齿为 50 齿电动机为例。四拍运行时步距角为 $\theta = 360°/(50 \times 4) = 1.8°$（俗称整步），八拍运行时步距角为 $\theta = 360°/(50 \times 8) = 0.9°$（俗称半步）。

3. 相数

　　步进电动机的相数是指电动机内部产生不同对极 N、S 磁场的励磁线圈对数，常用 m 表示。目前，常用的有二相、三相、四相、五相步进电动机。电动机相数不同，其步距角也不同，一般二相电动机的步距角为 $0.9°/1.8°$、三相电动机的步距角为 $0.75°/1.5°$、五相电动机的步距角为 $0.36°/0.72°$。在没有细分驱动器时，用户主要靠选择不同相数的步进电动机来满足对步距角的要求。

4. 保持转矩

　　保持转矩是指步进电动机通电但没有转动时，定子锁住转子的力矩。它是步进电动机最重要的参数之一，通常步进电动机在低速时的力矩接近保持转矩。由于步进电动机的输出力矩随速度的增大而不断衰减，输出功率也随速度的增大而变化，所以保持转矩就成为衡量步进电动机最重要的参数之一。比如，当人们说 2N·m 的步进电动机，在没有特殊说明的情况下是指保持转矩为 2N·m 的步进电动机。

5. 静转矩

　　静转矩表示电动机在额定静态电作用下，电动机不作旋转运动时，电动机转轴的锁定力矩。此力矩是衡量电动机体积（几何尺寸）的标准，与驱动电压及驱动电源等无关。

6. 拍数

　　步进电动机拍数是指完成一个磁场周期性变化所需脉冲数或导电状态，用 n 表示，或指电动机转过一个齿距角所需脉冲数，以四相电动机为例，有四相四拍运行方式即 AB – BC – CD – DA – AB，四相八拍运行方式即 A – AB – B – BC – C – CD – D – DA – A。

　　步进电动机的励磁方式一般分为 1 相励磁、2 相励磁、1~2 相励磁。其中 1 相励磁最为简单，转矩最小；2 相励磁有较大的转矩；1~2 相励磁是属于半步的方式，也就是说旋转角度为前两种方式的一半。下面对三种励磁方式归类如下：

　　1）1 相励磁法　每一瞬间只有一个线圈导通，其他线圈截止。其特点是励磁方法简单，耗电低，精确度良好。但是力矩小，振动大，每次励磁信号走的角度是标称角度，见表 17-1。

2）2 相励磁法　每一瞬间有两个线圈同时导通，特点是力矩大，振动小，每次励磁转动角度是标称角度，见表 17-2。

表 17-1　1 相励磁

步数	A	B	/A	/B
1	1	0	0	0
2	0	1	0	0
3	0	0	1	0
4	0	0	0	1
5	1	0	0	0
6	0	1	0	0
7	0	0	1	0
8	0	0	0	1

表 17-2　2 相励磁

步数	A	B	/A	/B
1	1	1	0	0
2	0	1	1	0
3	0	0	1	1
4	1	0	0	1
5	1	1	0	0
6	0	1	1	0
7	0	0	1	1
8	1	0	0	1

3）1~2 相励磁法　1 相和 2 相轮流交替导通，精度较高，且运作平滑。每送一个励磁信号转动二分之一标称角度，又称为半步驱动，见表 17-3。

本设计中，通过在安卓手机上开发 APP 发送控制步进电动机正转、反转、停止的信号，依托 WiFi 通信，单片机接收信号，步进电动机的驱动电路依据控制信号驱动步进电动机正转、反转、停止工作。首先利用安卓开发平台设计控制步进电动机的 APP 控制界面，第 7.2 节安卓 UI 布局做了详细的介绍，读者在学习本章内

表 17-3　1~2 相励磁

步数	A	B	/A	/B
1	1	0	0	0
2	1	1	0	0
3	0	1	0	0
4	0	1	1	0
5	0	0	1	0
6	0	0	1	1
7	0	0	0	1
8	1	0	0	1

容之前需要把第七章第 2 节的内容预先复习。利用安卓 sochet 数据编程实现 TCP/IP 数据通信，将开发正确的智能步进电动机 APP 下载到安卓手机端。打开 APP 一个"正转"的按钮，通过 WiFi 通信发送到 WiFi 模块 ESP8266 上，单片机与 WiFi 模块通过串口通信方式接收到这个信号，单片机 P2 口输出电动机正向转动表，经过 ULN2003 驱动步进电动机正转；打开 APP 一个"反转"按钮，通过 WiFi 信号发送到 WiFi 模块 ESP8266 上，单片机与 WiFi 模块通过串口通信方式接收到这个信号，单片机 P2 口输出电动机反向转动表，经过 ULN2003 驱动步进电动机反转；打开 APP 一个"停止"的按钮，通过 WiFi 通信发送到 WiFi 模块 ESP8266 上，单片机与 WiFi 模块通过串口通信方式接收到这个信号，单片机 P2 口输出信号驱动电动机停止转动。如图 17-2 所示

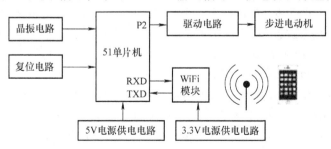

图 17-2　APP 控制步进电动机工作原理结构框图

为 APP 控制步进电动机工作结构原理框图，整个系统由前端安卓手机客户端和底层驱动电路两部分构成，在安卓手机端开发 APP，通过 WiFi 通信与底层驱动电路实现数据通信。底层驱动电路由 51 单片机最小系统（包括晶振电路和复位电路）、电源电路（5V 电源部分给 51 单片机供电，3.3V 对 WiFi 模块供电）、WiFi 模块 ESP8266、电动机驱动电路、步进电动机构成。

17.3　底层硬件电路的设计

依据 17-2 进行项目硬件电路的设计，电路由单片机最小系统、电源电路、电动机驱动电路、步进电动机、WiFi 模块组成。电源电路由 5V 供电和 3.3V 供电两部分构成，其中 5V 给单片机供电，3.3V 给 ESP8266WiFi 模块供电，5V 电源经过 LM1117 分压芯片实现 3.3V 输出。

51 单片机最小系统由晶振电路与复位电路构成，晶振电路是由晶振振荡器和微调电容组成，其中电容 C1 和 C2 的电容值为 30pF，晶振频率为 11.0592MHz。复位电路采用按键触发，按键开关闭合时，高电平触发电路复位。

单片机控制电动机正、反转电路采用 ULN2003 芯片驱动步进电动机，ULN2003 驱动芯片主要作用是驱动电流放大，ULN2003 内部结构及等效电路如图 17-3 所示。

其中单片机的 P2.0 ~ P2.3 引脚与 ULN2003 相连，ULN2003 输出引脚 16、15、14、13 连接到步进电动机端，驱动电动机转动。

电动机正、反转的环形脉冲分配表见表 17-4 和表 17-5。

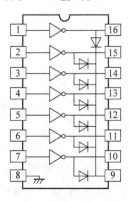

图 17-3　ULN2003 引脚图

表 17-4　电动机正转环形脉冲分配表

步数	P20	P21	P22	P23
	A	B	/A	/B
1	1	1	0	0
2	0	1	1	0
3	0	0	1	1
4	1	0	0	1

表 17-5　电动机反转环形脉冲分配表

步数	P20	P21	P22	P23
	A	B	/A	/B
1	1	1	0	0
2	1	0	0	1
3	0	0	1	1
4	0	1	1	0

当在安卓手机上开发的继电器控制 APP 界面单击"正转"按钮，实际上会发送字符"Z"，通过 WiFi 模块 ESP8266，单片机会收到字符"Z"，最后单片机给出命令实现 P2 口输出电动机正转表，驱动电动机正转；在安卓手机 APP 界面控制端单击"反转"按钮，实际上会发送字符"F"，通过 WiFi 模块 ESP8266，单片机会收到字符"F"，最后单片机给出命令实现 P2 口输出电动机反转表，驱动电动机反转；在安卓手机 APP 界面控制端单击"停止"按钮，实际上会发送字符"T"，通过 WiFi 模块 ESP8266，单片机会收到字符"T"，最后单片机驱动电动机停止运行。如图 17-4 所示为 APP 控制步进电动机的电路原理图。

其中，WiFi 模块 8266 拥有高性能无线 SOC，具有 station/AP/station + AP 三种 WiFi 工作模式，无线标准 802.11B/G/N，载波频率为 2.4GHz，通信距离为 100m，工作电压为 3.0 ~ 3.6V，支持 cloud server development/和 SDK，用于快速片上编程。支持网络协议 IPV4、TCP/UDP/TH-HP/FTP，安全机制采用 WAP/WAP2，可以加密，加密类型 WEP/TKIP/AES。WiFi 模块 8266 可以用于智能电源设计、家庭自动化、可穿戴电子产品、婴儿监控器等，轻松实现设备联网，上传云数据，智能监控设备。用户在外面可以控制家里电器，监测到设备的使用情况。ESP8266 组网功能很强大①Station；②AP；③Station + AP。

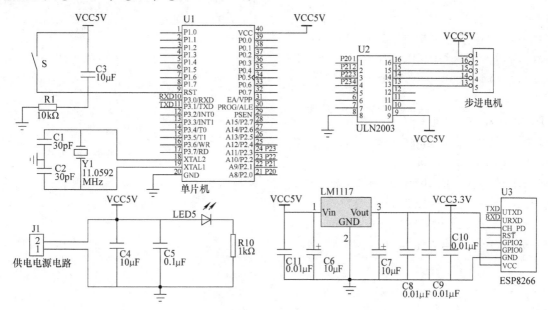

图 17-4　APP 控制步进电动机工作电路原理图

其中 Station 模式：手机/计算机可以实时监测设备数据，适用于终端采集设备。

AP 模式：模块内组网，一个模块建立 AP 模式，其他 3 个建立 Sation 模式，模块内部数据可以交互。

Station + AP 模式：设备可以通过 WiFi 模块实现上网，交互数据。

ESP8266 WiFi 模块一共有 8 个引脚，ESP8266 WiFi 模块的引脚说明见表 17-6。

表 17-6　ESP8266 WiFi 模块的引脚说明

名称	功能
VCC	电源 3.3V，模块供电
GND	接地
GPIO0	GPIO2，I/O 引脚
GPIO2	GPIO0，I/O 引脚
URXD	UART_RXD，串口接收引脚；GPIO3
UTXD	UART_TXD，串口发送引脚；GPIO1
CH_PD	芯片使能端、高电平，有效，芯片正常工作；低电平，芯片不工作
RST	复位引脚，可做外部硬件复位使用

17.4　安卓手机端 APP 的软件开发

APP 软件开发包括界面 UI 设计和数据处理两部分内容，关于设计本项目 APP 的 UI 布局可以用 .java 代码来设计也可以用 XML 定义，常用的是在 XML 中定义。关于 Android 的 UI 布局在第 7.2 节中已详细地介绍了。

　　下面是关于步进电动机在.XML设计的UI布局:

```
< LinearLayoutxmlns: android = "http://schemas. android. com/apk/res/an-
droid"
android:layout_width = "fill_parent"
android:layout_height = "fill_parent"
android:orientation = "vertical" >


< TextView
android:layout_width = "wrap_content"
android:layout_height = "wrap_content"
android:layout_marginTop = "20dp"
android:text = "@ string/WIFI"
android:textColor = "@ android:color/black"
android:textSize = "20sp"/ >


< EditText
android:id = "@ + id/a"
android:layout_width = "match_parent"
android:layout_height = "30dp"
android:layout_marginTop = "20dp"
android:padding = "5dp"


android:layout_marginLeft = "40dp"
android:layout_marginRight = "40dp"
android:hint = "@ string/IP"/ >


< EditText
android:id = "@ + id/b"
android:layout_width = "match_parent"
android:layout_height = "30dp"
android:layout_marginTop = "20dp"
android:padding = "5dp"


android:layout_marginLeft = "40dp"
android:layout_marginRight = "40dp"
android:hint = "@ string/duankou"/ >


< Button
android:id = "@ + id/btn_lj"
android:layout_width = "match_parent"
android:layout_height = "40dp"
```

```
android:layout_marginTop = "20dp"
android:layout_marginLeft = "40dp"
android:layout_marginRight = "40dp"
android:text = "@string/fuwu"
android:textColor = "@android:color/white"/ >

< LinearLayout
android:layout_width = "match_parent"
android:layout_height = "wrap_content"
android:layout_marginLeft = "40dp"
android:layout_marginRight = "40dp"
android:layout_marginTop = "10dp"
android:orientation = "horizontal" >

< Button
android:id = "@ + id/btn_zhengzhuan"
style = "? android:attr/buttonBarButtonStyle"
android:layout_width = "wrap_content"
android:layout_height = "wrap_content"
android:text = "@ string/zhengzhuan"
            android:layout_weight = "1"/ >

< Button
android:id = "@ + id/btn_fanzhuan"
style = "? android:attr/buttonBarButtonStyle"
android:layout_width = "wrap_content"
android:layout_height = "wrap_content"
android:text = "@string/fanzhuan"
android:layout_weight = "1"/ >

< Button
android:id = "@ + id/btn_tingzhi"
style = "? android:attr/buttonBarButtonStyle"
android:layout_width = "wrap_content"
android:layout_height = "wrap_content"
android:text = "@string/tingzhi"
android:layout_weight = "1"/ >
    </LinearLayout >
</LinearLayout >
```

解释下上面的代码：

该布局既含有水平布局方式，又含有垂直布局方式。前面的部分是按照垂直方式进行布局。

最后三个"正转""反转""停止"的按钮是按照水平方式布局。前面三行代码表示：宽度布满整个屏幕，高度布满整个屏幕，并采用垂直方式布局。

android：layout _ marginTop = "$20\,dp$"：表示上面的外边距是 20dp；

android：layout _ marginLeft = "$40\,dp$"：表示左边的外边距是 40dp；

android：layout _ marginRight = "$40\,dp$"：表示右边的外边距是 40dp；

android：padding = "$5\,dp$"：表示上、右、下、左的内边距是 5dp；

android：layout _ weight = "1"：表示权重等于 1；如图 17-5 所示是关于 APP 控制电动机布局的界面图。

UI 布局完成之后，还需要在 . java 中书写相关的功能。因为上面的代码只是展现画面，其本身没有相关的功能。所以需要书写实现相关的功能。下面是实现 WiFi 传输功能的代码。

图 17-5　APP 控制电动机布局的界面图

```java
package com. example. wifi;
import android. app. Activity;
import android. view. Menu;
import android. content. Context;
import android. os. Bundle;
import android. text. TextUtils;
import android. view. View;
import android. widget. Button;
import android. widget. EditText;
import android. widget. Toast;
import java. io. IOException;
import java. io. InputStream;
import java. io. OutputStream;
import java. net. Socket;
public class MainActivity extends Activity implements View. OnClickListener
{
    Button btn_lj, btn_zhengzhuan, btn_fanzhuan,btn_tingzhi;
    EditText et_1, et_2;
    private String url;
    private int dk;
    private Socket socket = null;
    private String str;
    private Context context;

    @Override
    protected void onCreate(Bundle savedInstanceState) {
        super. onCreate(savedInstanceState);
        setContentView(R. layout. activity_main);
        context = this;
```

```
        init();
    }


    private void init(){
        et_1 = (EditText) findViewById(R.id.a);
        et_2 = (EditText) findViewById(R.id.b);
        btn_lj = (Button) findViewById(R.id.btn_lj);
        btn_zhengzhuan = (Button) findViewById(R.id.btn_zhengzhuan);
        btn_fanzhuan = (Button) findViewById(R.id.btn_fanzhuan);
        btn_tingzhi = (Button) findViewById(R.id.btn_tingzhi);
        btn_lj.setOnClickListener(this);
        btn_zhengzhuan.setOnClickListener(this);
        btn_fanzhuan.setOnClickListener(this);
        btn_tingzhi.setOnClickListener(this);
    }


    @Override
    public void onClick(View v) {
        switch (v.getId()){
            case R.id.btn_lj:
                url = et_1.getText().toString().trim();
                String text = et_2.getText().toString().trim();
                if (TextUtils.isEmpty(url)){
                    Toast.makeText(context, "ip 地址不能为空",
Toast.LENGTH_SHORT).show();
                    return;
                }
                if (TextUtils.isEmpty(text)){
                    Toast.makeText(context, "端口不能为空",
Toast.LENGTH_SHORT).show();
                    return;
                }
                dk = Integer.parseInt(text);
                str = "";
                new ServerThreadTCP().start();
                break;

            case R.id.btn_zhengzhuan:
                if (socket != null){
                    str = "Z";
                    new ServerThreadTCP().start();
```

```
            }else{
                Toast. makeText(context, "请先建立 socket 连接",
Toast. LENGTH_SHORT). show();
            }
                break;

        case R. id. btn_fanzhuan:
            if (socket ! = null){
                str = "F";
                new ServerThreadTCP(). start();
            }else{
                Toast. makeText(context, "请先建立 socket 连接",
Toast. LENGTH_SHORT). show();
            }
                break;
        case R. id. btn_tingzhi:
            if (socket ! = null){
                str = "T";
                new ServerThreadTCP(). start();
            }else{
                Toast. makeText (context, "请先建立 socket 连接",
Toast. LENGTH_SHORT). show();
            }
                break;
        }
    }

    class ServerThreadTCP extends Thread
{
    public void run()
    {
        OutputStream outputStream = null;
        InputStream inputStream = null;
        Try
        {
            if (socket = = null){
                socket = new Socket(url, dk);
            }
            outputStream = socket. getOutputStream();
            inputStream = socket. getInputStream();
            byte data[] = str. getBytes();
```

```
                outputStream. write(data, 0, data. length);
                outputStream. flush();
                byte buffer[] = new byte[1024 * 4];
                int temp = 0;
                while ((temp = inputStream. read(buffer)) ! = -1) {
                    System. out. println(new String(buffer, 0, temp));
                }
            } catch (Exception e) {
                System. out. println(e);
            } finally {
                try {
                    inputStream. close();
                    outputStream. close();
                    socket. close();
                } catch (IOException e) {
                    e. printStackTrace();
                }
            }
        }
    }
    public boolean onCreateOptionsMenu(Menu menu) {
        getMenuInflater(). inflate(R. menu. main, menu);
        return true;
    }
}
```

　　上面代码的主要功能是：连接 WiFi 的 IP 地址和端口号之后，单击"正转"按钮发送字符"Z"，单击"反转"按钮发送字符"F"，单击"停止"按钮发送字符"T"。单片机通过 WiFi 模块 ESP8266 接收 APP 控制界面端发送过来的字符，从而实现手机端 APP 对底层步进电动机设备的驱动。

17.5　底层驱动电路的软件设计

17.5.1　WiFi 模块的网络配置

　　第 17.4 节介绍了前端软件 APP 的设计，通过前端软件设计出来的 APP 下载到安卓手机客户端，在手机上连接 WiFi，手机 APP 控制界面，按动相应的控件按钮，通过 WiFi 通信，实现手机与单片机之间的连接，单片机接收手机 APP 端发送过来的字符。发送字符是通过 ESP8266 模块发送到单片机，而在发送之前需要对 ESP8266 WiFi 模块进行通信配置，而 ESP8266 WiFi 模块网络配置在第 14.5.1 节中已详细的作了介绍，这里不在阐述。

17.5.2　底层硬件电路的软件设计

从第 17.3 节系统硬件电路的设计图中可以看到 P2 口通过 ULN2003 驱动芯片驱动步进电动机工作。在程序设计上，设置 ESP8266 WiFi 通信配置，通过 WiFi 通信在单片机的 P3.0 引脚接收到字符"Z"时，P2 口输出电动机正转表，驱动电动机正转。在 P3.0 接收到字符"F"时，P2 口输出电动机反转表，驱动电动机反转。在 P3.0 接收到字符"T"时，P2 口控制电动机停止转动。

对于步进电动机的转动，考虑到步进电动机系统中有脉冲分配电路和驱动电路两个重要电路，脉冲分配电路有步进脉冲和转向控制两个输入信号，脉冲分配电路在步进脉冲信号和转向控制信号的共同作用下产生正确转向的四相激励信号，此激励信号经过驱动电路送至步进电动机，从而控制步进电动机按照指定方向转动，激励信号的频率决定了步进电动机的转速。单片机控制步进电动机转动的程序流程图如图 17-6 所示。

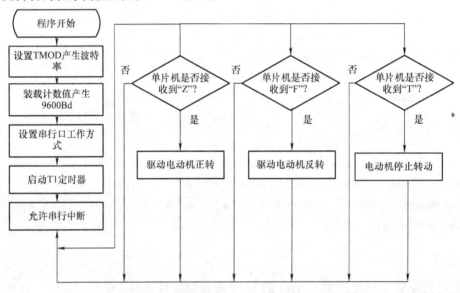

图 17-6　单片机控制步进电动机转动程序流程图

在图 17-6 程序流程序图的基础上书写单片机控制步进电动机的程序代码如下：

```
#include < reg51. h >
unsigned char sign; //定义正转、反转、停止标志位
unsigned char i;
unsigned char code etable[4] = {0xf8,0xf4,0xf2,0xf1};          //正转表
unsigned char code ctable[4] = {0xf1,0xf2,0xf4,0xf8};          //反转表
void delay(unsigned int G)//延时
{
while( - -G);}

void Uart1Sends( unsigned char * str)          //串行口连续发送 char 型数组,遇到终止号/0
将停止
{
```

```
    while(* str!  = '\0')
    {
        SBUF = * str;
        while(! TI);      //等待发送完成信号(TI =1)出现
        TI =0;
        str + +;
    }
}
void ESP 8266_init()    //ESP8266 上电初始化
{    delay(50000);
    Uart1Sends("AT + CWMODE =2 \n");
    delay(50000);
    Uart1Sends("AT + RST \n");
    delay(50000);
    Uart1Sends("AT + CIPMUX =1 \r \n");
    delay(50000);
    Uart1Sends("AT + CIPSERVER =1,8080 \r \n");
    delay(50000);
}


void main()
{
    TMOD =0x20;          //定时器 1 工作于 8 位自动重载模式,用于产生波特率
    TH1 =0xfd;           //波特率为 9600
    TL0 =0xfd;
    SCON =0x50;          //设定串行工作方式
    PCON =0x00;          //SMOD =0
    TR1 =1;              //启动定时器 1
    ES =1;               //允许串行中断
    EA =1;               //开总中断
ESP8266_init();      //ESP8266 初始化
while(1)
{
    switch(sign)
{
case 0:
    {
      for(i =0;i <4;i + +) // 4 相
      {
      P2 =etable[i];       //输出电动机正转表
      delay(500);          //可以修改这个参数来改变电动机转速,数字越小,转速越大
```

```
            }
        break;
      }
case 1:
    {
        for(i = 0;i < 4;i + +)
        {
        P2 = ctable[i];      //输出电动机反转表
        delay(500);
        }
      break;
      }
  case 2:
      break;                //电动机停止转动
      }
    }
}

void server() interrupt 4 using 1      //串行通信中断,收发完成将进入该中断
{
  if(RI)
  RI = 0;
  if(SBUF = = 'Z')  sign = 0;
  if(SBUF = = 'F')  sign = 1;
  if(SBUF = = 'T')  sign = 2;
}
```

17.6　项目调试

　　针对第 17.3 ~ 17.5 节关于对安卓手机 APP 控制步进电动机实现步进电动机正转、反转、停止的硬件电路和底层软件程序设计以及 APP 控制步进电动机的前端设计,进行项目联合调试。

　　1) 在后缀名 . xml 设计的界面布局如图 17-7 所示,在后缀名 . java 中设置对应实现的功能。

　　2) 在底层软件程序设计中,需要对 WiFi 进行配置。设置 AP 模式,即路由模式,进行重启愉设置,设置启动多连接方式,设置服务器和定义端口号,设置串口通信。将 C 语言编写的底层硬件电路驱动程序编译成功后烧写到 51 单片机中,如图 17-8 所示编译成功的结果图。

图 17-7　界面布局图

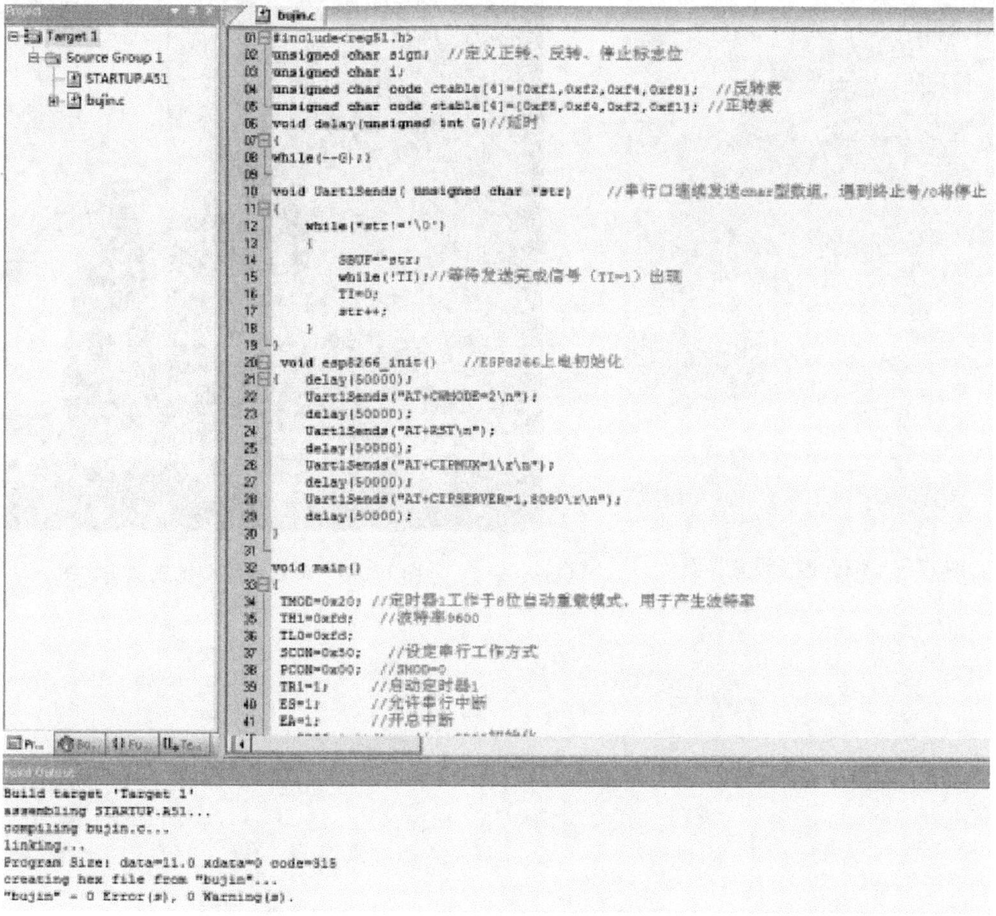

图 17-8　底层电路软件编译成功结果图

3）根据底层硬件电路原理图，完成单片机最小系统、步进电动机、驱动电路、WiFi 模块、电源电路连接。

4）底层硬件电路通电，打开安卓手机连接 ESP8266 WiFi。如图 17-9 所示手机连接 WiFi 的 IP 地址与端口号。在 APP 控制电动机界面中输入 IP 地址 192.168.4.1 和端口号 8080。实现 WiFi 连接，图 17-9 为 WiFi 连接设置界面。

5）按下按钮"正转"，在单片机驱动电动机转动电路板上驱动步进电动机正转；按下按钮"反转"，在单片机驱动电动机转动电路板上驱动步进电动机反转，按下按钮"停止"，在单片机驱动步进电动机停止转动。如图 17-10 所示为项目最终调试成功的实物图。

图 17-9　WiFi 连接设置界面　　　　　　　图 17-10　项目最终调试成功实物图

第 18 章　APP 控制蜂鸣器报警项目

18.1　项目需求

本章主要讲述如何利用安卓手机开发蜂鸣器控制 APP，利用 WiFi 网络远程对蜂鸣器报警功能实施。为了使初学者能够快速掌握 APP 控制蜂鸣器使用相关方面知识，给出项目需求：通过在安卓手机上开发蜂鸣器 APP 控制界面，发送控制蜂鸣器响停的信号，依托 WiFi 通信，单片机接收信号，驱动蜂鸣器工作。

18.2　项目的工作原理分析

蜂鸣器根据极性要求并加上合适的直流电压，就可以发出固有频率的声音。由于蜂鸣器是直流电压驱动，不需要利用交流信号，只需驱动口输出驱动电平并通过晶体管放大驱动电流使蜂鸣器发出声音，第 11.2 节已经讲解，这里不在阐述。本章主要讲解前端 APP 如何实现控制蜂鸣器的响和停。若利用手机中的 APP 控制蜂鸣器发声，则需要利用在第 7 章学习的关于安卓的 UI 布局，设计关于控制蜂鸣器工作的 APP，前端 APP 开发好后将其下载到安卓手机端，开启 APP 进行 WiFi 连接通信，按下设计的"响"按钮，通过 WiFi 信号发送到 WiFi 模块 ESP8266，单片机和 WiFi 模块通过串口通信方式接收到手机端发送的数据信号，单片机 I/O 口输出低电平驱动蜂鸣器发出鸣叫；按下设计的"停"按钮，通过 WiFi 信号发送到 WiFi 模块 ESP8266，单片机和 WiFi 模块通过串口通信方式接收到手机端发送的数据信号，单片机 I/O 口输出高电平驱动蜂鸣器停止鸣叫。如图 18-1 所示为手机 APP 控制蜂鸣器的工作原理框图，整个系统由前端安卓手机客户端和底层驱动电路两部分构成，在安卓手机端开发 APP，通过 WiFi 通信与底层驱动电路实现数据通信。底层驱动电路由 51 单片机最小系统（包括晶振电路和复位电路）、电源电路（5V 电源部分给 51 单片机供电，3.3V 对 WiFi 模块供电）、WiFi 模块 ESP8266、蜂鸣器、晶体管驱动电路构成。

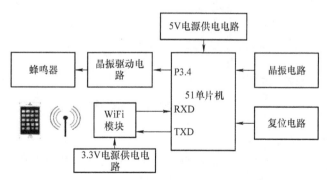

图 18-1　手机 APP 控制蜂鸣器工作原理结构框图

18.3 底层硬件电路的设计

依据第 18.2 节进行项目硬件电路的设计，电路由单片机最小系统、电源电路、蜂鸣器、晶体管驱动电路、WiFi 模块组成。电源电路由 5V 供电和 3.3V 供电两部分构成，其中 5V 给单片机供电，3.3V 给 ESP8266WiFi 模块供电，5V 电源经过 LM1117 分压芯片实现 3.3V 输出。

51 单片机最小系统由晶振电路与复位电路构成，晶振电路是由晶振振荡器和微调电容组成，其中电容 C1 和 C2 的电容值为 30pF，晶振频率为 11.0592MHz。复位电路采用按键触发，按键开关闭合时，高电平触发电路复位。

蜂鸣器属于感性负载，用于直流电压驱动即可发出固定频率的声音。但是一般不会用单片机的 I/O 口直接输出，通常会在 I/O 和蜂鸣器之间加上一个驱动晶体管用于放大电流，当 P3.4 引脚输出低电平的时候，晶体管导通形成回路，蜂鸣器蜂鸣。在安卓手机端开发的蜂鸣器控制 APP 界面单击"响"按钮，实际上会发送字符"X"，通过 WiFi 模块 ESP8266，单片机会收到字符"X"，单片机 P3.4 引脚输出低电平，驱动蜂鸣器鸣叫。反之，在安卓手机 APP 界面控制端单击"停"按钮，实际上会发送字符"T"，通过 WiFi 模块 ESP8266，单片机会收到字符"T"，最后单片机 P3.4 引脚输出高电平，蜂鸣器停止鸣叫。如图 18-2 所示为 APP 控制蜂鸣器工作的电路原理图。

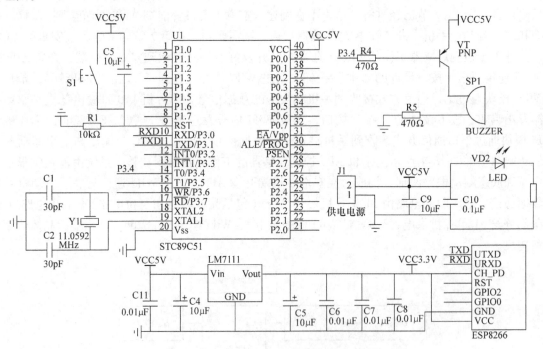

图 18-2 APP 控制蜂鸣器工作电路原理图

WiFi 模块 ESP8266 拥有高性能无线 SOC，主要具有三种 WiFi 工作模式：station；AP；station + AP。无线标准 802.11B/G/N，载波频率 2.4GHz，通信距离 100m，工作电压 3.0 ~ 3.6 伏，支持 cloud server development/ 和 SDK，用于快速片上编程。支持网络协议 IPV4/TCP/UDP/THHP/FTP，安全机制采用 WAP/WAP2，可以加密，加密类型 WEP/TKIP/AES。WiFi 模块 ESP8266 可轻松实现设备联网，上传云数据，智能监控设备。主要在可以用于智能电源设计、家庭自动化、可穿戴电子产品、婴儿监控器等。实现在外面可以控制家里电器，监测到设备的使用情况。ESP8266 组网功能很强大①Station；②AP；③Station + AP。

其中 Station 模式：手机/计算机可以实时监测设备数据，适用于终端采集设备。

AP 模式：模块内组网，一个模块建立 AP 模式，其他 3 个建立 Sation 模式，模块内部数据可以交互。

Station + AP 模式：设备可以通过 WiFi 模块实现上网，交互数据。

ESP8266 WiFi 模块一共有 8 个引脚，ESP8266 WiFi 模块的引脚说明见表 18-1。

表 18-1　ESP8266 WiFi 模块的引脚说明

名　称	功　　能
VCC	电源 3.3V，模块供电
GND	接地
GPIO0	GPIO2，I/O 引脚
GPIO2	GPIO0，I/O 引脚
URXD	UART_RXD，串口接收引脚；GPIO3
UTXD	UART_TXD，串口发送引脚；GPIO1
CH_PD	芯片使能端、高电平、有效、芯片正常工作；低电平、芯片不工作
RST	复位引脚，可做外部硬件复位使用

18.4　安卓手机端 APP 的软件开发

APP 软件开发包括界面 UI 设计和数据处理，关于设计本项目 APP 的 UI 布局可以用 .java 代码来设计也可以用 XML 定义，常用的是在 XML 中定义。关于 Android 的 UI 布局在第 7.2 节中详细的介绍了。

下面是关于蜂鸣器在 .XML 设计的 UI 布局：

```
< LinearLayoutxmlns: android = "http://schemas.android.com/apk/res/android"
android:layout_width = "fill_parent"
android:layout_height = "fill_parent"
android:orientation = "vertical" >
<TextView
android:layout_width = "wrap_content"
android:layout_height = "wrap_content"
android:layout_marginTop = "20dp"
android:text = "@string/WIFI"
android:textColor = "@android:color/black"
android:textSize = "20sp"/ >

<EditText
android:id = "@ +id/a"
android:layout_width = "match_parent"
android:layout_height = "30dp"
android:layout_marginTop = "20dp"
android:padding = "5dp"
```

```
android:layout_marginLeft = "40dp"
android:layout_marginRight = "40dp"
android:hint = "@string/IP"/ >

< EditText
android:id = "@ + id/b"
android:layout_width = "match_parent"
android:layout_height = "30dp"
android:layout_marginTop = "20dp"
android:padding = "5dp"

android:layout_marginLeft = "40dp"
android:layout_marginRight = "40dp"
android:hint = "@string/duankou"/ >

< Button
android:id = "@ + id/btn_lj"
android:layout_width = "match_parent"
android:layout_height = "40dp"
android:layout_marginTop = "20dp"
android:layout_marginLeft = "40dp"
android:layout_marginRight = "40dp"
android:text = "@string/fuwu"
android:textColor = "@android:color/white"/ >
< LinearLayout
android:layout_width = "match_parent"
android:layout_height = "wrap_content"
android:layout_marginLeft = "40dp"
android:layout_marginRight = "40dp"
android:layout_marginTop = "10dp"
android:orientation = "horizontal" >

< Button
android:id = "@ + id/btn_kai"
style = "? android:attr/buttonBarButtonStyle"
android:layout_width = "wrap_content"
android:layout_height = "wrap_content"
android:text = "@string/kai"
android:layout_weight = "1"/ >

< Button
```

```
android:id = "@ +id/btn_guan"
style = "? android:attr/buttonBarButtonStyle"
android:layout_width = "wrap_content"
android:layout_height = "wrap_content"
android:text = "@string/guan"
android:layout_weight = "1"/ >
</LinearLayout >
    </LinearLayout >
```

解释上述代码：

该布局既含有水平布局方式，又含有垂直布局方式。前面的部分是按照垂直方式进行布局。最后两个"响"和"停"按钮是按照水平方式布局。前面三行代码表示：宽度布满整个屏幕，高度布满整个屏幕，并采用垂直方式布局。android：layout _ marginTop = "20dp"：表示上面的外边距是 20dp；android：layout _ marginLeft = "40dp"：表示左边的外边距是 40dp；android：layout _ marginRight = "40dp"：表示右边的外边距是 40dp；android：padding = "5dp"：表示上、右、下、左的内边距是 5dp；android：layout _ weight = "1"：表示权重等于 1；如图 18-3 所示是关于蜂鸣器布局的界面图。

UI 布局完成之后，需要在 . java 中书写相关的数据通信功能。因为上面的代码只是展现

图 18-3　蜂鸣器 UI 布局图

界面，其本身没有相关数据处理功能。所以需要书写实现相关的数据处理功能。下面是实现 WiFi 传输功能的代码。

```
package com. example. wifi;
import android. app. Activity;
import android. view. Menu;
import android. content. Context;
import android. os. Bundle;
import android. text. TextUtils;
import android. view. View;
import android. widget. Button;
import android. widget. EditText;
import android. widget. Toast;
import java. io. IOException;
import java. io. InputStream;
import java. io. OutputStream;
import java. net. Socket;
```

```java
publicclass MainActivity extends Activity implements View. OnClickListener
{
    Button btn_lj, btn_kai, btn_guan;
    EditText et_1, et_2;
private String url;
privateint dk;
private Socket socket = null;
private String str;
private Context context;

@ Override
    protectedvoid onCreate(Bundle savedInstanceState)
    {
super. onCreate(savedInstanceState);
        setContentView(R. layout. activity_main);
context = this;
        init();
    }

    privatevoid init()
    {
et_1 = (EditText) findViewById(R. id. a);
et_2 = (EditText) findViewById(R. id. b);
btn_lj = (Button) findViewById(R. id. btn_lj);
btn_kai = (Button) findViewById(R. id. btn_kai);
btn_guan = (Button) findViewById(R. id. btn_guan);
btn_lj. setOnClickListener(this);
btn_kai. setOnClickListener(this);
btn_guan. setOnClickListener(this);
    }

@ Override
    publicvoid onClick(View v)
    {
switch(v. getId())
        {
case R. id. btn_lj:
url = et_1. getText(). toString(). trim();
            String text = et_2. getText(). toString(). trim();
if (TextUtils. isEmpty(url))
            {
```

```
                Toast.makeText(context, "ip地址不能为空",
                Toast.LENGTH_SHORT).show();
return;
}
if (TextUtils.isEmpty(text))
                {
                Toast.makeText(context, "端口不能为空",
Toast.LENGTH_SHORT).show();
return;
}
dk = Integer.parseInt(text);
str = "";
new ServerThreadTCP().start();
break;


case R.id.btn_kai:
if (socket ! = null)
            {
str = "X";
new ServerThreadTCP().start();
}else
            {
            Toast.makeText(context, "请先建立socket连接",
Toast.LENGTH_SHORT).show();
}
break;


case R.id.btn_guan:
if (socket ! = null)
                {
str = "T";
new ServerThreadTCP().start();
}else
                {
                Toast.makeText(context, "请先建立socket连接",
Toast.LENGTH_SHORT).show();
}
break;
        }
    }
```

```java
class ServerThreadTCP extends Thread
    {
publicvoid run()
        {
OutputStream outputStream = null;
InputStream inputStream = null;
Try
{
if (socket = = null){
socket = new Socket(url, dk);
}
            outputStream = socket.getOutputStream();
            inputStream = socket.getInputStream();
byte data[] = str.getBytes();
            outputStream.write(data, 0, data.length);
            outputStream.flush();
byte buffer[] = newbyte[1024 * 4];
int temp = 0;
while ((temp = inputStream.read(buffer)) ! = -1)
            {
                System.out.println(new String(buffer, 0, temp));
}
} catch (Exception e)
            {
                System.out.println(e);
} finally
            {
try {
inputStream.close();
outputStream.close();
socket.close();
} catch (IOException e)
            {
e.printStackTrace();
}
        }
      }
    }


publicboolean onCreateOptionsMenu(Menu menu)
    {
```

```
// Inflate the menu; this adds items to the action bar if it is present.
        getMenuInflater(). inflate(R. menu. main, menu);
returntrue;
    }
}
```

上面的代码主要功能是连接 WiFi 的 IP 地址和端口号成功后，单击"响"按钮发送字符"X"，单击"停"按钮发送字符"T"。单片机通过 WiFi 模块 ESP8266 接收 APP 控制界面端发送过来的字符，从而实现手机端 APP 对底层蜂鸣器设备的驱动。

18.5　底层驱动电路的软件设计

18.5.1　WiFi 模块的网络配置

第 18.4 节介绍了前端软件 APP 设计，通过前端软件设计出来的 APP 下载到安卓手机客户端，在手机上连接 WiFi，按动 APP 控件按钮，发送字符，51 单片机控制电路接收 APP 端发送过来的字符，发送字符是通过 ESP8266 模块发送到单片机，而在发送之前需要对 ESP8266 WiFi 模块进行通信配置，而 ESP8266 WiFi 模块网络配置在第 14.5.1 节中已经详细介绍了，在这里不在阐述。

18.5.2　底层硬件电路的软件设计

从第 18.3 节系统硬件电路设计的图中可以看到 P3.4 引脚通过晶体管 PNP 驱动蜂鸣器工作。在程序设计上，设置 ESP8266 WiFi 通信配置。通过 WiFi 通信在单片机的 P3.0 引脚接收到字符"X"时，驱动 P3.4 引脚为低电平，晶体管导通，蜂鸣器鸣叫。在 P3.0 接收到字符"T"时，单片机驱动 P3.4 引脚输出高电平，晶体管截止，蜂鸣器停止。如图 18-4 所示为 APP 控制蜂鸣器工作的软件程序流程图。

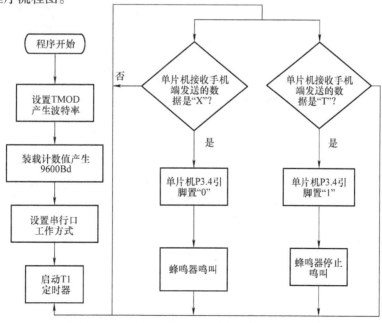

图 18-4　APP 控制蜂鸣器工作的软件程序流程图

在图 18-4 程序流程序图的基础上书写单片机控制蜂鸣器工作的程序代码如下：

```
#include <reg51.h>
#define uchar unsigned char
#define uint unsigned int
sbit fmq = P3.4;
void SerialInti()        //初始化程序
{
                    TMOD = 0x20;      //定时器 1 操作模式 2，8 位自动重载定时器
                    TH1 = 0xfd;       //装入初值，波特率为 9600
                    TL1 = 0xfd;
                    TR1 = 1;       //打开定时器 T1
                    SM0 = 0;      //设置串行通信工作模式
                    SM1 = 1;      //定时器溢出一次就发送一位的数据
                    REN = 1;      //串行接收允许位
                    EA = 1;      //开总中断
                    ES = 1;      //开串行口中断
}


void Uart1Sends(uchar * str)    //串行口连续发送 char 型数组，遇到终止号/0 将停止
{
                    while (* str! = '\0')
                    {
                    SBUF = * str;
                    while (! TI);//等待发送完成信号（TI = 1）出现
                    TI = 0;
                    str + +;
                    }
}


void delay(uint a)     //延时函数
{
    while (a - -);
}


void esp8266_init ()    //ESP8266 上电初始化
{                              delay(50000);
Uart1Sends("AT + CWMODE = 2 \n");
delay(50000);
Uart1Sends("AT + RST \n");
                delay(50000);
                Uart1Sends("AT + CIPMUX = 1 \r \n");
```

```
                              delay(50000);
                              Uart1Sends("AT + CIPSERVER =1,8080 \r \n");
                              delay(50000);
  }


void main()
{
                              SerialInti();
                              esp8266_init();
                              while(1)
                              {
                              }
  }


void Serial_interrupt() interrupt 4 /* 串行通信中断, 收发完成将进入该中断* /
{
    if(RI)
    {
                              RI = 0;//接收中断信号清零, 表示将继续接收
                              switch(SBUF)
                              {
                                case 'X':fmq = 0; delay(1000);break;   //蜂鸣器鸣叫
                                case 'T':fmq = 1; delay(1000);break;   //蜂鸣器停止
                              }
                }
        }
```

18.6　系统调试总结

　　针对第 18.3、第 18.4、第 18.5 节关于对安卓手机 APP 控制蜂鸣器实现鸣叫的硬件电路和底层软件程序的设计以及 APP 控制蜂鸣器开关的前端设计, 进行项目联合调试。

　　1) 在后缀名 .xml 设计的界面布局如图 18-5 所示, 在后缀名 .java 中设置对应实现的功能。

　　2) 在底层软件程序设计中, 需要对 WiFi 进行配置。设置 AP 模式, 即路由模式, 重启模块设置, 设置启动多连接方式, 设置服务器和定义端口号, 设置串口通信。将第 18.6 节采用 C 语言编写的底层硬件电路驱动程序编译成功后烧写到 51 单片机中, 如图 18-6 所示编译成功的结果图。

图 18-5　界面布局图

```
075          while(1)
076          {
077
078
079          }
080
081
082      }
083
084  /*串行通讯中断，收发完成将进入该中断*/
085  void Serial_interrupt() interrupt 4
086  {
087  if(RI)
088      {
089          RI=0;//接收中断信号清零，表示将继续接收
090      switch(SBUF)
091          {
092          case 'X':led1=0;break;
093          case 'D':led1=1;break;
094
095
096
097
098          }
099      }
100  }
```

```
Build Output
Build target 'Target 1'
assembling STARTUP.A51...
compiling ddd.c...
linking...
Program Size: data=9.0 xdata=0 code=250
creating hex file from "ddd"...
"ddd" - 0 Error(s), 0 Warning(s).
```

图 18-6　底层电路软件编译成功结果图

3）根据底层硬件电路的原理图，完成单片机最小系统、蜂鸣器及其驱动电路、WiFi 模块和电源电路的连接。

4）底层硬件电路通电，打开安卓手机连接 ESP8266 WiFi。如图 18-7 所示手机连接 WiFi 的 IP 地址与端口号。在 APP 蜂鸣器控制界面中输入 IP 地址 192.168.4.1 和端口号 8080。实现 WiFi 连接，如图 18-7 所示为 WiFi 连接设置界面。

5）按下按钮"响"，底层硬件电路上蜂鸣器鸣叫；按下按钮"停"，底层硬件电路上蜂鸣器停止鸣叫，如图 18-8 所示为项目的最终调试成功的实物图。

图 18-7　WiFi 连接设置界面　　　　　　　　图 18-8　项目最终调试成功实物图

第三部分　单片机与物联网综合案例实践篇

第19章 基于压力传感器的硬币鉴伪识别系统设计

19.1 硬币鉴伪识别系统项目说明

随着我国社会经济的发展，硬币的使用在经济活动中充当着相当重要的角色，人们在生活中常常和硬币打交道，特别是乘公交车、游戏场所以及自动售货机等活动中硬币的使用更是普遍。随着经济的发展，在货币流通中的自动服务已逐渐成为经济发展的主流，以往通过人与人之间的直接货币交流将逐渐减少。但是在硬币流通使用的发展过程中也存在着大量急需解决的问题，例如每个城市公交系统中无人售票车的使用，除了在管理上存在缺陷外，对如何准确地计算收取费用并对硬币的真假鉴别有一定难度。这些问题如果不能及时、有效地解决将会影响所有涉及硬币的使用，间接或直接地给社会经济带来一定的损失。据相关统计数据可知，像上海、广州杭州等大城市的公交车收到钱币中有大量假币、破损的残币、游戏机的游戏币等，给公交公司带来了很大的经济损失，这样的问题也给自动售卖机、投币电话、投币游戏机等硬币的使用带来很大的影响。

于是，在投币箱中配备了硬币识别检测装置，解决了冒用假币的问题，但是硬币识别系统在硬件结构和软件程序设计上的技术缺陷，存在成本高且辨别准确率不高的现象，当前传统的识别装置主要有以下几种：

1）机械式检测识别，这是早期硬币识别的主要手段。

2）通过图像分析处理的识别系统，这是目前比较新的方法，使用过程中还有缺陷，受环境因素影响较大，缺乏系统性识别，效果不理想。

3）基于电涡流传感器的硬币鉴伪识别系统，此方法相对比较准确，能够在不同环境下进行鉴伪识别，但由于传感器的特殊性，其价格相对较高，寿命也相对较短，维护起来不方便。为了解决上述问题，介绍一种通过压力检测技术识别硬币币值系统。不同材质和不同币值的硬币其质量也不相同，当被测硬币置于压力传感器上时，能够得到不同的压力信号。这些压力信号可以转变成电压、电流信号，能够更好地分析处理。由于结构原理简单、灵敏度高、频率响应范围宽、适用范围广，因此压力传感器被广泛应用于各个领域。

目前，压力传感器根据精度的不同，大体分两种：一种是普通压力传感器，其受压值大但精度不高；另一种是高精度压力传感器，其精度很高，属于紧密仪器，应用于众多领域。本系统采用的就是高精度压力传感器，这种高精度压力传感器在设计上采用了精密形变材料作为检测器件。在使用过程中，由于被测物体自身重力导致形变材料发生物理形变，根据相应电阻测量计算方法可以推算出此时被测物体的物理重力，利于匹配的重力检测芯片将采集到的模拟量转换成便于处理的数字信号，以待进一步分析处理。

19.2 硬币鉴伪识别系统的原理概述

19.2.1 压力传感器的工作原理

本系统的设计采用电阻应变式传感器，它是通过电阻的应变效应原理制作而成。应变式传感器是很常见的一种压力传感器，应用领域很广，其核心器件是电阻应变片。应变式传感器的结构简单、重量轻、性能稳定、灵敏度高、价格便宜，使用起来非常方便。

电阻应变式传感器的工作原理是在外力作用下形变金属片发生机械形变的情况下，由于形变金属丝的横截面积变小，根据电阻阻值计算公式，此时的电阻发生了变化，这种效应称为电阻应变效应。电阻值的计算如下：

一条长度为 L，横截面积为 S，电阻率为 ρ 的形变金属丝导体电阻为 $R = \rho(L/S)$。在形变金属丝受到外力 F 作用时，金属丝的长度伸长 ΔL，横截面积减少 ΔS，金属丝导体的电阻率因材料发生形变等因素的影响也发生了相应的变化，从而使金属丝的电阻发生变化。

通常情况下导体的灵敏系数定义为一个单位的外力所引起的电阻值变化，在物理层次的意义是一个单位外力所引起的电阻相对变化量。灵敏系数受材料受力后引起的机械形变程度和电阻率变化程度的影响，如图 19-1 所示。

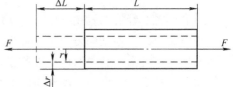

图 19-1　材料形变原理

19.2.2　压力传感器补偿等效电路的分析

由于压力传感器受工作环境因素的影响，在使用过程中会给测量值带来附加误差值。例如，当压力传感器受到环境温度变化的影响而产生的误差称为温度误差，解决方法有温度补偿法和桥路补偿法。这两种方法都能有效地解决因环境温度改变而引起的误差。

如图 19-2 所示，为了解决环境因素引起的测量误差，设计了桥路补偿电路，即 $U_0 = A(R_1 R_4 - R_B R_3)$，式中，$A$ 为由桥臂电阻和电源电压决定的常数。当 R_3 和 R_4 为常数时，R_1 和 R_B 对电桥输出电压 U 的作用方向相反，根据公式和原理关系的计算可以基本实现对环境温度的测量误差补偿。当被测试的物件不承受应变作用发生时，R_1 和 R_B 又同处于相同的温度场中时，调整相应的电桥参数使其达到平衡状态，此时有输出 $U_0 = A(R_1 R_4 - R_B R_3) = 0$。在实际应用中，通常按 $R_1 = R_3 = R_4 = R_B$ 的比值选择桥臂电阻。

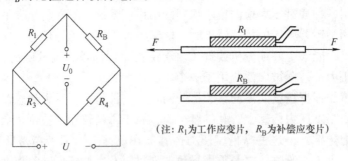

(注：R_1 为工作应变片，R_B 为补偿应变片)

图 19-2　桥路补偿原理图

19.2.3　硬币鉴伪识别系统的功能分析

本硬币鉴伪识别系统是基于 STC89C52 单片机设计而成，系统主要由压力传感模块、电源模块、A－D 模块、显示模块和报警提示模块组成。系统通过压力传感器实时检测被识别的硬币重力大小，从而判断出此时的币值大小即完成对硬币的识别。其中，压力传感器采用高精度电阻应变式传感器，它将非数字信号的压力大小转变成电信号后传到 A－D 模块。A－D 模块将传感器采集到的电信号转变成数字信号输入到控制芯片，以待进一步分析处理。电源模块则为系统提供稳定的 5V 直流电压，保证单片机、显示屏等模块正常工作。LCD 液晶显示屏实时显示被识别的硬币币值大小，并完成计数功能。报警模块在系统识别到假币（如游戏币）时，发出假币报警提示，如图 19-3 所示。

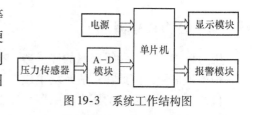

图 19-3　系统工作结构图

19.3　硬币鉴伪识别系统的硬件电路设计

硬币识别系统硬件电路主要由压力传感器数据采集端、单片机数据分析处理、LCD 液晶显示和报警提示等电路模块组成。采集端通过高精度压力传感器检测识别重力大小，将重力变化信号经 A－D 模块转换后输入单片机处理，单片机根据处理结果将信息通过 LCD 液晶显示屏和报警提示电路反馈。

硬币识别系统的物理结构主要集中在重力传感器上，重力传感器的工作原理在物理上的体现是根据重力使传感器感应材料发生形变。材料的形变，根据电阻计算原理和公式，材料的电阻值大小将发生相应的改变。由于硬币的重量相对较小，特别是真假币之间的重力区别更是很微小。因此，在传感器设计时应考虑精度和灵敏度问题，本系统采用的重力传感器基于单点式信号采集方式。此方式能够清晰地将所采集的重力信号精确地传输到芯片控制系统中，相比其他多点式采集方式，有数据易收集、处理，信号更明确等优势；外观上也充分适应硬币的体积大小。在系统设计选材上趋向于选择集成型模块部件，例如 LCD12864 显示模块、STC89C52 单片机控制芯片、HX711 重力感应 A－D 转换芯片等。通过现有模块的应用，有利于系统功能的开发实现，在很大程度上增加了系统的外观整齐性，同时也降低了系统的开发难度。

19.3.1　单片机最小系统

本设计的硬币识别系统控制电路的核心器件是 STC89C52 单片机，其附加核心电路包括单片机控制芯片、复位电路、时钟电路。如图 19-4 所示为单片机最小系统电路原理图。

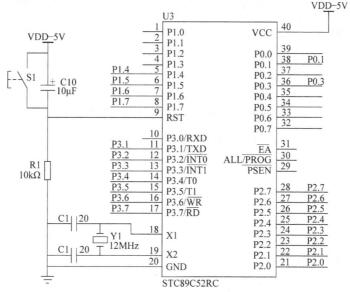

图 19-4　STC89C52 单片机最小系统

19.3.2 压力传感器

压力传感器是一种很普遍的传感器，在工业生产和人们的日常生活中使用很常见，它的输出是一种模拟信号，因此在一般系统集成应用中还需要外加电路将模拟信号转变成易于处理的电信号。目前，市面上使用的压力传感器大体上可分为两类，一类是普通压力传感器，它的测量范围比较广，从几千克到上百吨不等，这类压力传感器一般使用在大型商品销售店、汽车载货量测量以及许多工业生产的机器中；另一类是高精度压力传感器，这类传感器体积相对小很多，实用的场合也不尽相同，最为常见的是在一些电子秤、电子天平上的使用。

如图 19-5 所示，是本硬币识别系统采用高精度压力传感器 XJC – D02 – 105，是一种利用电阻应变效应设计而成的电阻应变片式压力传感器，具有结构简单、尺寸小、重量轻、易于使用、工作性能相对稳定、灵敏度和分辨率高等特点；本系统使用的是单点式传感器，其在压力感应上能够很好地采集相应的压力信号，信号清晰易于收集处理。同时，由于是单个信号的输出，降低了总体电路的设计难度，使电路设计趋于简单明了。

图 19-5 传感器 XJC – D02 – 105

19.3.3 压力信号的采集电路

压力传感器 XJC – D02 – 105 信号采集电路设计如图 19-6 所示。HX711 芯片通过 5V 直流电源供电工作，输入口 A 和输入口 E 接收传感器采集到的压力信号；将压力信号进行处理后转换成数字信号通过数据输出口 DT 和时钟脉冲口 SCK 将数据信号传到控制单片机中。由于压力传感器的灵敏度极高，在放硬币时硬币的不稳定将影响信号的采集；因此在项目制作程序设计的过程中一般都采用均值法，通过多次检测提取平均值以提高准确度。

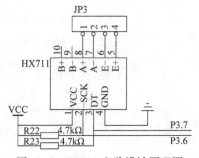

图 19-6 HX711 电路设计原理图

19.3.4 显示电路

为了更好地完成人机交互，该硬币识别系统采用 LCD12864 液晶显示屏实现相关数据信息的显示。上电工作后可完成图形显示和汉字显示，显示器与外部控制单元的接口可采用串行或并行方式完成控制。主要的技术参数和相应的性能指标如下：

1）供电电源：VDD +5V。

2）显示内容：128 × 64 点。

3）点阵覆盖整个显示屏幕。

4）提供 8192 个汉字存储量的 ROM。

5）CGROM 总共提供 128 个字符。

6）工作温度范围：−20 ~ +70℃。

7）数据存储温度：−30 ~ +80℃。

外形尺寸见表 19-1。

表 19-1　LCD12864 液晶显示器的外形尺寸

项目	尺寸
阵点大小/mm	0.48 × 0.48
屏幕视域/mm	70 × 38.8
阵点距离/mm	0.52 × 0.52
显示屏体积/mm³	93.0 × 70.0 × 13.5
行和列的阵点数/DOTS	128 × 64

图 19-7 和图 19-8 为 LCD 液晶显示器的原理图和实物图，系统上电后液晶显示屏分 4 行显示数据信息。第 1 行显示中文"一角"和硬币数量；第 2 行显示中文"五角"和硬币数量；第 3 行显示中文"一元"和硬币数量，第四行显示的是所有被检测和计数的硬币的总金额。系统初始化后，屏幕显示对应的"一元"、"五角"、"一角"硬币的数量都为 0 个，数值表示到万位，因此显示屏中看到的数量值结果是 0000 个，检测到一个硬币后数值结果变成 0001。当"一角"和"五角"的硬币通过红外传感器时，系统将会记录硬币的通过个数，每通过一个硬币，计数值加一，相应的液晶显示区域数字加一，依次类推完成"一角"和"五角"的计数。"一元"硬币在计数上与"一角"和"五角"不同，由于"一元"硬币是通过重力传感器识别检测真伪的，所以在每一次识别检测到真的"一元"硬币后系统会在计数程序中将硬币个数加一，硬币数量同样也显示在液晶显示屏的相应位置上，单检测结束后被检测的硬币的总值大小将显示在液晶显示屏的第四行。

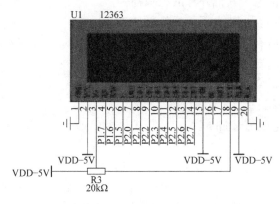

图 19-7　12864LCD 电路图

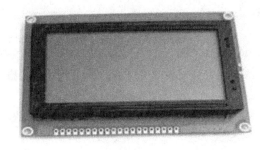

图 19-8　LCD12864 实物图

19.3.5　A – D 转换电路

硬币识别系统采用的 A – D 转换模块的 HX711 是一款精度很高的传感器，内部含有 24 位转换数据，专门应用于高精度领域，此芯片的设计与同类型的其他 A – D 芯片相比有很多的优势。其中最大的优势是该芯片在设计过程中将稳压电源、时钟振荡器等外围电路集成到芯片内部，这在很大程度上增加了芯片的使用便利性，而同类型的其他芯片往往都是在电路设计过程中单独搭建外围电路。这种设计使芯片的工作优势体现出来，例如集成度高、易于电路间的连接、响应速度快、结构简单、抗干扰性强等。降低了压力传感器系统开发的难度和成本，提高了硬币识别系统的性能和可靠性。

如图 19-9 所示，芯片的引脚分布简单明了，功能明确，与后端控制芯片的连接非常简单，在产品电路设计和开发过程中将很大程度地优化电路的设计和促进程序的开发。电路中全部控制信号都由芯片的引脚驱动完成，一般情况下不需要有内部寄存器的操作，这样一来就大大降低了系统开发过程中的代码复杂度。芯片的通道 A 和通道 B 在芯片工作中可由输入选择开发根据功能需要任意选择。芯片信号通道与里面的低噪声可编程放大器连接，在工作中能很好地保证信号的及时有效传输。芯片通道 B 与通道 A 有所区别，它的编程增益固定在 64，用于系统工作时参数检测。芯片内提供的稳压电源不仅可以满足自身的供电需要，同时还可以直接向外部传感器和芯片内的 A – D 转换器提供有效电源，系统开发板上不需要另外增加模拟电源。

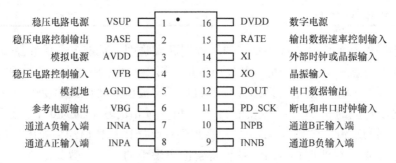

稳压电路电源	VSUP	1	16	DVDD	数字电源
稳压电路控制输出	BASE	2	15	RATE	输出数据速率控制输入
模拟电源	AVDD	3	14	XI	外部时钟或晶振输入
稳压电路控制输入	VFB	4	13	XO	晶振输入
模拟地	AGND	5	12	DOUT	串口数据输出
参考电源输出	VBG	6	11	PD_SCK	断电和串口时钟输入
通道A负输入端	INNA	7	10	INPB	通道B正输入端
通道A正输入端	INPA	8	9	INNB	通道B负输入端

图 19-9　HX711A/D 芯片引脚图

高精度高增益 24 位 A – D 芯片 HX711 具有以下特点：

1）芯片有两路自由选择的差分信号输入口。

2）在芯片内集成了低噪声可编程序放大器，增益选择有 64 和 128。

3）芯片内的时钟振荡器是独立的个体，不依赖于其他外部的模块器件。

4）上电工作后，系统完成自动复位电路的功能，减少系统操作的烦琐。

5）芯片的串口通信和控制信号简单明了，所有控制信号由引脚输入，不需要在芯片内对寄存器进行编辑。

6）有两个量程的参数输出，分别是 10Hz 和 80Hz。

7）设置了同步抑制 50Hz 和 60Hz 的电源干扰。

8）电量能耗：正常工作电流 < 1.7mA，断电电流 < 1μA。

9）系统工作时电压范围：2.6 ~ 5.5V。

图 19-6 是系统 HX711 模块设计的原理图，A –、A +、E –、E + 是连接重力传感器的 4 路信号，SCK 和 DT 是芯片的数据输出引脚接口，分别与单片机的 P3.6 和 P3.7 引脚进行串口通信。在系统开始工作后，HX711 芯片将连续不断地采集到的重力信号转换成数字信号后传入控制芯片，以待进一步分析处理。

19.3.6　整体系统的硬件电路设计图

如图 19-10 所示，系统整体电路图中包含单片机、传感器、12864 液晶等电路模块。系统中 HX711 A – D 转换芯片的数据输出（DT）引脚和 SCK 脉冲输出引脚分别与单片机的 P3.7 引脚和 P3.6 引脚连接，在 A – D 芯片将压力传感器的模拟信号转换成数字信号后通过以上两个引脚将信号传入单片机分析处理。12864 液晶显示器的 8 位数据端口与单片机的 P2 口连接，单片机处理完数据后将信息输送到液晶屏显示。二极管和继电器模块分别与单片机的 P3.1 引脚和 P3.2 引脚连接，在检测到假币即非"一元"硬币时，单片机 P3.1 引脚给出低电平点亮红色发光二极管；当检测到真币时 P3.2 引脚给出低电平点亮绿色发光二极管。光电对射模块是基于红外传感的计数模块，当"一角"和"五角"硬币通过对射模块中间时触发高电平信号，以达到计数的目的。

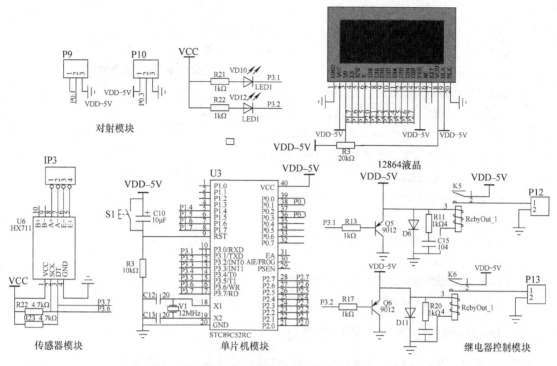

图 19-10　系统整体硬件电路的设计图

19.4　硬币鉴伪识别系统的软件设计

19.4.1　主程序设计

系统软件采用 C 语言编写，图 19-11 为硬币识别系统的主程序流程图；压力信号采集端从系统供电开始持续采集压力传感器 XJC – D02 – 105 上的电信号。通过控制芯片对采集的电信号进行分析处理，程序根据预先收集好的真假硬币的相应重力信息对此时采集到的信号进行比对，判断此时被检测的硬币的真伪以及币值的大小。当比较的信号参数与预先收集的真硬币相符时，程序进入下一阶段即通过液晶显示屏将被检测的硬币币值显示出来，同时记录到目前为止一共检测到了多少个真硬币；同样，当比较的信号参数与预先设置的假硬币相符时，程序进入下一阶段，即判定此时被检测硬币为假币，并通过液晶显示屏将到目前为止的假币数量显示出来，同时报警电路工作，提示检测的假币。具体程序流程如图 19-11 所示。

系统上电后，首先要对相应的模块进行初始化操作，将相应的模块端口进行预工作处理，其关键的程序代码如下所示：

```
void main()
```

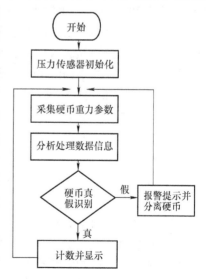

图 19-11　主程序流程图

```
{
    ulong yiyuan,temp;                    //HX711 读值
    uint yj_num = 0,wj_num = 0,yy_num = 0;   //数量
        uchar yy_flag = 0;                      //判断有无硬币标志位
    Init_LCD12864();
    Display_ABC_LCD12864(1,1,"一角");     //显示
    Display_ABC_LCD12864(2,1,"五角");
    Display_ABC_LCD12864(3,1,"一元");
    Display_ABC_LCD12864(1,6,"0000");
    Display_ABC_LCD12864(1,8,"个");
    Display_ABC_LCD12864(2,6,"0000");
    Display_ABC_LCD12864(2,8,"个");
    Display_ABC_LCD12864(3,6,"0000");
    Display_ABC_LCD12864(3,8,"个");
    yiyuan = ReadHX7111();                      //赋初值
```

19.4.2　压力检测传感器模块的程序设计

本系统采用 HX711AD 模块与桥式压力传感器匹配设计系统信号采集电路。HX711AD 模块的通道 A 模拟差分输入与桥式传感器 XJC - D02 - 105 的差分输出直接相连接，由于桥式传感器输出的电信号比较小，为了更好地促使 A - D 转换器工作，在电路设计中可设置信号放大增益模块。芯片的串口通信由引脚 PD - SCK 和 DOUT 组成，用来数据的输出和输入通道的选择以及增益的选择。数据输出引脚 DOUT 为高电平时，表面 A - D 转换模块处于等待工作的状态，没有做好相应数据输出的准备，此时模块串口的时钟输入信号 PD - SCK 应为低电平。当数据输出引脚 DOUT 的电平从高变成低时，串口 PD - SCK 应该输入 25~27 个不等的时钟脉冲信号。这些脉冲信号中的第一个时钟脉冲信号的上升沿将输出 24 位数据中的最高位，直到第 24 个时钟脉冲信号完成，24 位输出的数据从最高位至最低位逐位输出完成。模块芯片工作流程如图 19-12 所示。

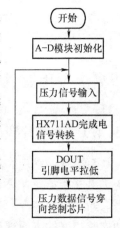

图 19-12　压力信号采集程序流程图

HX711AD 转换模块驱动程序：

```
sbit ADDO = P3^7;
sbit ADSK = P3^6;
...
{
unsigned char i;
DSK = 0; // 使能信号
Count = 0;
while(AD); //判断转换是否结束
for (i = 0;i < 24;i + +)
{
ADSK = 1; //端口信号置高，开始发送数据
```

```
Count = Count < <1；// 脉冲下降沿来时 Count 向左移动一位，右侧缺少的补上零
ADSK = 0；//PD_SCK 信号输出口置低
if(ADDO) Count + + ;}
ADSK = 1；
Count = Count^0x800000;// 第 25 个脉冲信号下降沿到时，开始数据的转换
ADSK = 0；
return(Count)；}
```

19.4.3　LCD 液晶显示模块的程序设计

系统上电后先初始化 LCD 液晶显示模块，在成功初始化后屏幕将有 4 行信息显示，第一行显示"一角 0000 个"，第二行显示"五角 0000 个"，第三行显示"一元 0000 个"，第四行显示"金额总数 0000 元"；当检测到硬币后，在对应的数据上显示数值，例如检测到"一元"硬币 1 个，则第三行显示"一元 0001 个"。12864LCD 液晶显示流程如图 19-13 所示。

部分液晶显示程序如下：

```
Init_Draw_LCD12864();
Display_ABC_LCD12864(1,1,"一角");    //显示
Display_ABC_LCD12864(2,1,"五角");
Display_ABC_LCD12864(3,1,"一元");
Display_ABC_LCD12864(1,6,"0000");
Display_ABC_LCD12864(1,8,"个");
Display_ABC_LCD12864(2,6,"0000");
Display_ABC_LCD12864(2,8,"个");
Display_ABC_LCD12864(3,6,"0000");
Display_ABC_LCD12864(3,8,"个");
……
{ Query_Busy();
    Position_LCD12864(y,x);
    while( * p )
    {Write_Data_To_LCD12864( * p);
        p + + ;
    }
```

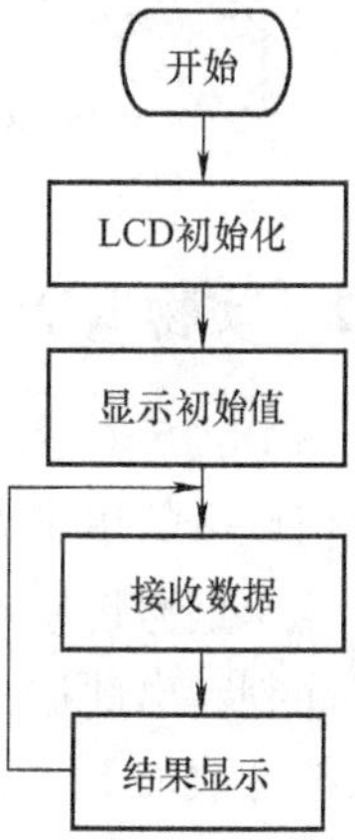

图 19-13　12864LCD 液晶显示流程图

19.5　系统调试

19.5.1　程序调试

本次系统设计中源程序的编写与调试都是在 Keil C52 集成环境 uVision 中进行。通过对 uVision 仿真环境操作建立一个新的工程，单击菜单 project，选择 new project，输入工程文件的名字，保存到 keil 目录里（监测端软件工程文件名为 jiancheduan，监控端软件工程文件名为 jieshouduan）并单击保存。这时会在屏幕上弹出一个对话框，要求在工程中选择合适的控制芯片的型号，根据本次硬币识别系统设计来选取 51 系列的控制芯片。单击菜单 File→New，输入一个对应的编

写程序，选择菜单 File→SAVE，选择要保存的路径，如果是 C 程序文件，扩展名为 .c。在 source group1 里就有对应的 jiancheduan.c 文件以及 jieshouduan.c 文件。通过对程序进行编译调试，最终获得的编译成功界面如图 19-14 所示。

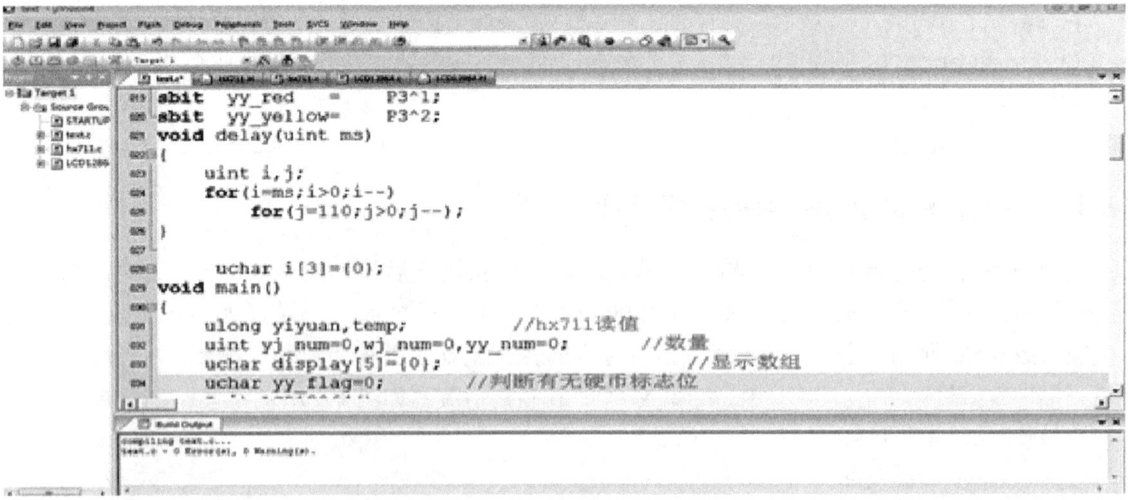

图 19-14　程序编译结果图

19.5.2　实物调试

如图 19-15 所示，打开系统电源，以重力传感器为检测核心部件的硬币鉴伪识别系统，通过不同币值硬币的重量大小和假币的重量大小有所不同来完成基于重力感应的硬币鉴伪识别。将一元硬币置于重力传感器托盘之上，在单片机经过 8 次检测比较数据后判断此硬币的重力参数大小，从而判断出此被检测硬币的真伪和币值的大小。鉴伪系统还带有计数功能，当检测到一个真币时系统计数加 1，计数的结果实时显示在 12864LCD 显示屏的第三行。同时，当一角硬币和五角硬币通过红外传感器时，将触发红外传感器发送电信号，以完成一角硬币和五角硬币的计数，计数结果分别显示在第一行和第二行。三种硬币的计数结果将通过程序的计算分析，得出此时的金额总数并将结果显示在 LCD 液晶显示屏的第四行。系统本身还带有错误提示和正确提示功能电路，当被检测的硬币是真币时，电路绿指示灯闪烁一下告知检测结果；当放入的是假币时，红

图 19-15　实物调试图

色指示灯闪烁一下，告知检测到假币。同时系统还增加了继电器功能扩展电路，当检测到硬币时继电器给出相应的信号，便于系统的功能开发。

19.6　系统总结

目前，我国市面流通的一元硬币、五角硬币、一角硬币识别鉴伪，除了传统的人工肉眼识别外，还有基于电涡流传感器和基于图像识别技术的图像采集对比识别装置。以上鉴伪装置都有其对应的优势和缺点，电涡流传感器在识别精度上相对高，但其装置的成本相对较高，装置的维护很不方便；图像采集识别装置，虽然在价格上相对有优势，但其抗干扰能力较差，对被识别硬币要求高，不易于普及使用。

为克服以上装置的缺陷，同时集成优点，本次基于重力传感器的硬币识别系统设计能够很好地满足要求，重力传感器在价格上相对便宜，维护和使用也相对简单。因此，本硬币识别系统设计采用 XJC – D02 – 105 重力传感器和 HX711A – D 转换芯片完成数据采集要求。系统上电工作开始后，实时感应重力传感器上的重力信号，一旦有硬币放入系统将连续 8 次采集此时的重力信号来做相应的参数对比。多次数据采集的目的是为了减少误差，提高识别系统的识别准确度。在完成数据采集后，最终的数据将被送入控制芯片进行分析处理。根据处理结果，将信息通过指示灯和 LCD12864 液晶显示屏反馈给用户，告知被识别的硬币的真假性和币值的大小。此方法设计的识别鉴伪系统简单便捷，易于安装使用，可以用于很多的场所。

第 20 章　智能太阳能追光系统的研制

20.1　项目背景说明

　　能源是人类社会赖以生存和发展的物质基础。当前，包括我国在内的绝大多数国家都以石油、天然气和煤炭等矿物燃料为主要能源。随着矿物燃料的日渐枯竭和全球环境的不断恶化，很多国家都在认真探索能源多样化的途径，积极开展新能源和可再生能源的研究开发工作。人类直接利用太阳能有三大技术领域，即光热转换、光电转换和光化学转换，此外，还有储能技术。

　　基于当今世界能源问题和环境保护问题已成为全球一个"人类面临的最大威胁的严重问题"，本章的目的是为了更充分地利用太阳能、提高太阳能的利用率，而进行太阳跟踪系统的开发研究，对我们面临的能源问题有重大的意义。同时太阳能又是一种无污染的清洁能源，加强太阳能的开发，对节约能源、保护环境有重大的意义。

　　本章研究一种基于单片机控制的自动跟踪装置，该装置能自动跟踪太阳光线的运动，保证太阳能设备的能量转换部分所在平面始终与太阳光线垂直，提高设备的能源利用率。当今世界能源问题和环境保护问题，设计的太阳能追光系统目的是为了更充分地利用太阳能，提高太阳能的利用率，同时太阳能又是一种无污染的清洁能源，加强太阳能的开发，对节约能源、保护环境也有重大意义。

20.2　智能太阳能追光系统概述

20.2.1　太阳光强度变化规律

　　由于地球的自转和地球绕太阳的公转导致太阳位置相对于地面静止物体的运动。这种变化是周期性和可以预测的。地球极轴和黄道天球极轴存在的一个 27° 的夹角，引起了太阳赤纬角在一年中的变化。冬至时这个角为 23°27′，然后逐渐增大，到春分时变为 0 并继续增大，夏至时赤纬角最大为 23°27′，并开始减小；到秋分时赤纬角又变为 0°，并继续减小，直到冬至，另一个变化周期开始。再考虑到该地位置因素及一年四季的太阳方位变化，可以初步确定所设计装置的尺寸、高度角和方位角等的范围。

20.2.2　智能太阳能追光系统的设计原理

　　本设计是基于单片机控制的自动跟踪系统，它利用光电跟踪原理，通过比较太阳能板中心垂线与太阳光线的角度大小来控制信号的输入，其采用 4 个光敏电阻做传感器，把光照强度转换为电阻阻值的变化，并通过光转换电路给单片机提供输入信号，经由处理器判断，输出信号给驱动电路，并由驱动电路来控制直流电动机，实现机械装置的方位角、高度角的调整。该机械装置主要采用机械传动原理实现，用两个电动机相互带动来实现方位角的旋转。

　　太阳能电池板可以 360° 自由旋转。控制机构将分别对东西方向和南北方向进行调整。单片机上电复位后，首先对整个系统进行预置定位，其次单片机将对两组光敏电阻采样进来的两个电平进行比较,若两电平相等,则电池板停止转动,若不等,单片机将对两电平进行比较判定,从而给出输出信号驱动直流电动机让太阳能板与之相对应转动,实现电池板对太阳的跟踪。

图 20-1 给出了本设计总体框架图,其由 5 大部分组成,包括光转换模块、单片机控制模块、电动机驱动模块、机械传动部件模块、应用子系统模块(可扩展)。其中,光转换模块由组 1 光采集模块(负责采集东西方向太阳光)和组 2 光采集模块(负责采集南北方向太阳光)两部分组成,电动机驱动模块由电机 1(负责带动传动部件东西方向转动)、电动机 2(负责带动传动部件南北方向转动)和电动机驱动电路组成。

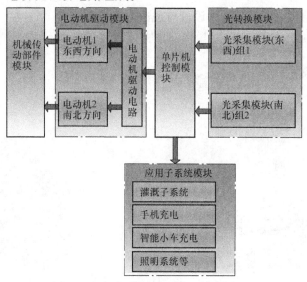

图 20-1　智能太阳能追光系统总体框架

20.3　太阳光线跟踪系统的硬件设计

太阳能以其环保、清洁、可再生等优良特性而得到广泛应用,但如何合理地利用太阳能,提高单位面积光照下的能量利用率,成为太阳能利用领域急需解决的技术难题。因此,由自然界得到灵感,基于向日葵自动朝向太阳的运动特性,模仿其自动感应光线强度差值而调整运动轨迹特性,设计并加工出一套太阳光自动跟踪设备。本设计中主要利用研制的太阳光自动跟踪设备实现太阳能向电能的转换,用所得电能驱动电动水泵工作,实现对植物的灌溉及储存多余电能两项主要功能。本设计制造的太阳光自动跟踪设备的应用范围也可扩展到所有其他需要电能驱动的产品中,如野外电动烧烤炉、手机充电、遥控玩具等。

本产品相对其他常见产品的主要优势在于,其可以随着太阳光一天不同时间所在天空中位置的变化,利用 4 个方位光敏电阻的压差,追踪并驱动采光板朝向太阳光最强方位,提高单位时间下单位面积的太阳能利用率。为实现上述功能,设计中主要有三大部分:第一部分为光线采集,压差感应,并通过电路控制给出运动信号的控制部分;第二部分为采集运动信号,驱动电动机工作,通过执行部件,实现太阳能板的运动,并朝向太阳光最强方向的运动部分;第三部分为利用转换后的太阳能带动相应的耗电设备工作的输出部分,本实例中选用利用转换后的电能驱动电动水泵进行灌溉。

总体设计思路:首先利用上述控制部分中的光敏电阻感应太阳光最强方向,随后,利用控制电路板实行光信号向电信号的转换,给电动机提供运动指令,为防止电动机一直工作,该部分运动阈值的合理选取至关重要。然后，利用上述运动部分中的电动机采集控制信号，电动机按照指令信号转动相应角度，随后利用设定的传动部件带动太阳能板朝向太阳光最强方向。最后，太阳能板将采集到的太阳能转换为电能，转换出的电能一部分用于给水泵供电，带动水泵喷水实现植物的灌溉功能，另一部分多余电能通过储能部分储存起来，供阴天或晚上等弱光下使用。总体结构如图20-2所示。

20.3.1　系统的硬件架构设计

1. 太阳能自动跟踪系统驱动部件的设计与理论依据

图20-3给出电动机三维图，其选用的电动机功率如下：

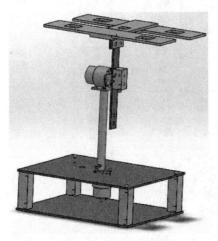

图20-2　总体结构图

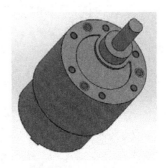

图20-3　电动机三维图

实际功率：$P = Fv = 6\text{N} \times 60\text{m/s} = 0.36\text{kW}$

安全功率：$P = Fv/\eta = 0.36\text{kW}/0.8 = 0.45\text{kW}$

2. 太阳能自动跟踪系统传动部件的设计与理论依据

为实现整体框架结构的支撑与线路封装，特设计系统底座，如图20-4所示。

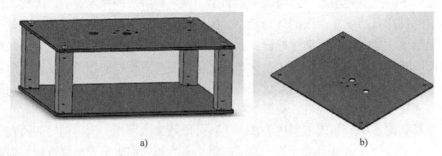

a)　　　　　　　　　　　　　　　　b)

图20-4　系统底座

a) 底座示意图　b) 底座上板面

为使太阳能板能朝向太阳光最强方向，所设计的太阳能自动跟踪系统必须具备至少两个转动自由度。因此，本太阳光自动跟踪系统采用双轴结构（分别为绕铅垂轴转动自由度和绕水平轴转动自由度），上述两个轴线方向自由度分别由两个电动机实现。铅垂方向转动自由度由一台电动机实现转动，该电动机通过螺栓及电动机座连接在底座上，其中电动机座具体结构如图20-5所示，此电动机座为采购件，为满足实际安装需求，在图示位置钻有 $\phi6.5\text{mm}$ 的通孔（与其连接的螺栓直径为 6mm），用以通过该孔利用螺栓固定在立柱上。

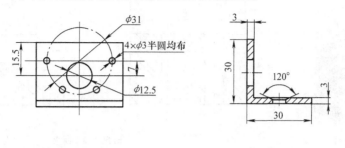

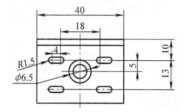

图 20-5　电动机座设计图

电动机输出轴结构及尺寸如图 20-6 所示，该电动机输出端，即电动机输出轴上装有一根与电动机固定连接的圆柱形立柱。该立柱根据功能及装配需要在其一端加工出一个 M6 的螺纹孔，其另一端钻一个直径 6mm 的光孔，上述两孔的长度分别由 M6 的螺栓的螺纹长度和电动机输出轴的长度确定并在光孔处距端面 8 ±0.1mm 的地方加工出一个 M5 的螺纹孔。

联轴器上两个孔的位置根据安装需求设定，其具体位置如图 20-7 所示，为满足安装需求，特设计总长度为 37mm。电池板下支架左部的 4 个孔的位置是根据电池板支架连接块上的 4 个圆孔的位置对应设计，并利用台钻打孔。为方便安装定位，上述孔的左右各留 2mm 的余量，中

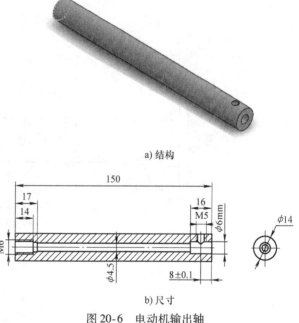

a) 结构

b) 尺寸

图 20-6　电动机输出轴

间的两孔中的一个与 M5mm 的螺栓连接，另一个用于连接与电动机输出轴上，此外，图示右边的两孔用于连接配重块，以平衡连接到电动机上后的力臂。

下支架总长度设计依据　$L = (30 + 50 + 15 + 85)\text{mm} = 180\text{mm}$

上式中的 30mm 为连接块宽度，50mm 为上电动机与太阳电池板的距离、15mm 为联轴器上两孔间距，85mm 为配重块安装位置。

最后，在此连接架上用胶水将两块太阳能固定板连接起来组成太阳能板连接架，太阳能板连接架具体结构及尺寸如图 20-9 所示，其中左、右两端安装太阳能板，太阳能板相关连接线通过图示左右两端开孔处穿出，其尺寸根据光敏电阻板下部导线分布的宽度确定。该零件的材料为有机玻璃。太阳能板支架如图 20-10 所示。

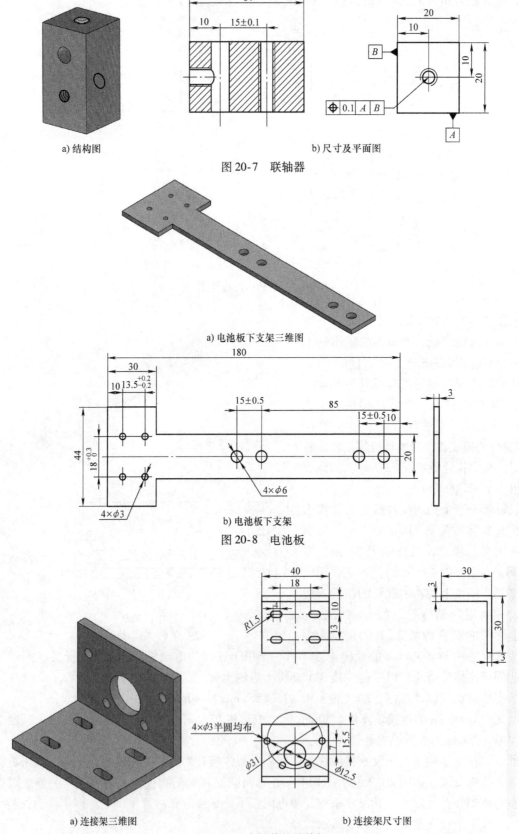

a) 结构图

b) 尺寸及平面图

图 20-7　联轴器

a) 电池板下支架三维图

b) 电池板下支架

图 20-8　电池板

a) 连接架三维图

b) 连接架尺寸图

图 20-9　太阳能板连接架

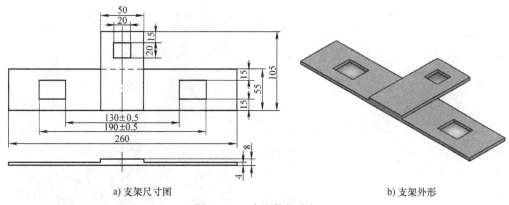

a) 支架尺寸图　　　　　　　　　　　　　b) 支架外形

图 20-10　太阳能板支架

3. 太阳能自动跟踪系统执行部件的设计与理论依据

该系统通过太阳电池板给蓄电池充电，所获电能一部分用于跟踪太阳所需的能量，另一部分储存于蓄电池中，必要时供给其他用电器使用。本次所设计的系统主要用于植物的灌溉，故特意选用 5V 的直流水泵。水泵的参数见表 20-1。

表 20-1　水泵性能参数

性能	具体参数	性能	具体参数
工作电压	DC 5V	水泵寿命	>20000h
工作电流	220mA	水泵噪声	<40dB
最高扬程	80cm	进水口直径	8mm
最大流量	200L/h	出水口直径	8mm

20.3.2　光信号采集的设计

光信号采集部分主要完成如何收集太阳光线强度的变化，同时将光信号转换成电信号。目前对光信号的采集有多种路径，其中应用较多的有光敏电阻采集、光敏管采集，还有一些根据太阳能板电流、电压、功率的变化提取信号的方式，国外还有一些重力差式和简易液压式的太阳跟踪装置。这些方法都有其优缺点，光敏管和光敏电阻采集方式实现起来相对容易，电路搭建简单，且没有累计误差的出现。功率采集，相对复杂，但精确度高且利于后续系统的开发利用。

经综合考虑，本系统采用光敏电阻式设计，其原理是在东西南北 4 个方向太阳光信号进行采集，光敏电阻放置示意图如图 20-11 所示，东西南北 4 个方向各放 1 个，形成两组光电信号采集模块；单片机根据采集所得的电压信号进行 A－D 模数转换再进行大小比较，得出电压信号比值，最终根据信号比值控制直流电动机的转动来达到太阳电池面板始终垂直于入射光线，从而达到最高效率的太阳能利用。图 20-12 是光敏电阻采集板的实物图，为增加灵敏度，减少光线间的互相干扰，如图中所示增加了十字型机构的导光装置。

图 20-13 为光信号采集模块的电路原理图，由 4 个光敏电阻 R9、R10、R11、R12 和 4 个分压电阻 R14、R15、R16、R17 组成，每个光敏电阻与分压电阻组成串联电路。R9、R10 采集东西方向光线信号，R11、R12 采集南北方向光线信号，AIN0 ~ AIN3 为 4 路采集到的电压信号，4 个电压信号分别送入单片机控制模块进行分析处理，4 个 0.1μF 的电容 C1、C2、C3、C4 实现对信号滤波的作用，用于提高信号质量。

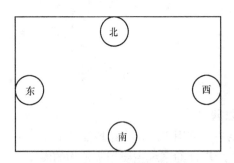

图 20-11   光敏电阻安放原理图示意图

图 20-12   光敏电阻采集模块实物图

下面给出不同环境下光信号采集模块的参数指标。

1. 太阳光照强度下阈值的选择

室外环境太阳光线下，由于光照强度比较大，光敏电阻的阻值随着光线的增强阻值变小，光线的减小阻值变大。经实际测量，在室外环境下光敏电阻阻值范围为 $200\Omega \sim 1.2k\Omega$ 左右，进而对每一个光敏电阻配备阻值为 $10k\Omega$ 的分压电阻。根据电路定律 KVL 方程可推出从光敏电阻上获得的电压范围为 $98 \sim 536mV$ 左右。根据现场反复测验，选取 $50mV$ 作为阈值电压，在单片机控制程序中进行设置。

2. 室内台灯环境下阈值的选择

在室内台灯光线下，光照强度比较小。

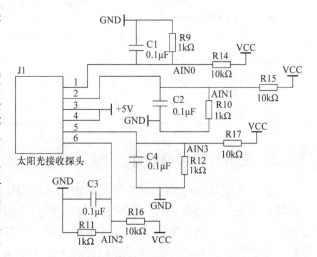

图 20-13   光信号采集模块电路原理图

经实际测量，在室内环境下光敏电阻阻值范围为 $70k\Omega$ 到 $150k\Omega$ 左右，进而对每一个光敏电阻配备阻值为 $50k\Omega$ 的分压电阻。根据电路定律 KVL 方程可推出光敏电阻输出电压范围为 $2.92 \sim 3.75V$ 左右。根据现场反复测验，选取 $500mV$ 作为阈值电压，在单片机控制程序中进行设置。

20.3.3   电动机驱动模块的电路设计

本电动机系统驱动采用的是双 H 桥直流电动机驱动板，如图 20-14 所示。其采用的是 ST 公司的 L298N 典型双 H 桥直流电动机驱动芯片，可用于驱动直流电动机和双相步进电动机，此驱动板体积小，重量轻，具有强大的驱动能力：2A 的峰值电流和 46V 的峰值电压；外加续流二极管可防止电动机线圈在断电时的方向电动势损坏芯片；虽然芯片过热时具有自动关断功能，但安装散热片、使芯片温度降低，让驱动性能更加稳定；板子设有四个电流反馈检测接口、内逻辑取电选择端、4 个上拉电阻选择端、2 路直流电动机接口和四线两相步进电动机接口、控制电动机方向指示灯。

基本参数如下：

驱动部分端子供电电压范围 V_s：+5V

驱动部分峰值电流 I_o：2A

逻辑部分供电范围 V_{ss}：+5 ~ +7V

逻辑部分工作电流范围：0~36mA

最大功耗：20W

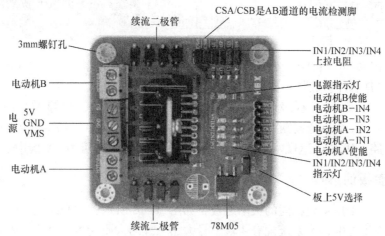

图 20-14　双 H 桥直流电动机驱动模块实物图

电路驱动模块电路如图 20-15 所示，其中 EN 为使能端口，置高电平，1A、2A、3A 和 4A 与单片机的 P3.3、P3.4、P3.5、P3.7 口相连，接收单片机的 PWM1、PWM2、PWM3 和 PWM4 信号，1Y ~ 4Y4 路端口输出脉冲信号，从而驱动电动机转动。

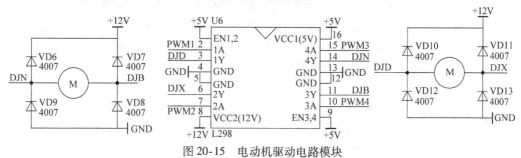

图 20-15　电动机驱动电路模块

20.3.4　单片机控制电路的设计

STC12C5616AD 芯片是集 A - D 转换模块为一体的功能增强型单片机，相比普通的 89 系列单片机，它在体积上和功能上都有了较好的改进。本次使用的是引脚为 20，晶振为 11.0592MHz 的单片机，用其 A - D 口读取电压信号，经分析处理后将控制信号从输出口送到电压驱动模块。

图 20-16 给出了单片机控制电路，其中 P3.3、P3.4、P3.5、P3.7 4 个引脚为电动机驱动的 PWM 脉冲信号；P1.0、P1.1、P1.2 和 P1.3 4 个引脚为东、西、南、北 4 路光敏电阻信号采集的输入端口。

光信号采集模块将 4 个光敏电阻采集到的 4 路电压信号分别输入给单片机的 P1.0、P1.1、P1.2 和 P 1.3 引脚，经分析处理，由单片机给出控制信号通过 P3.3、P3.4、P3.5、P3.7 输出

PWM 信号给电动机驱动模块，驱动电动机进行工作。

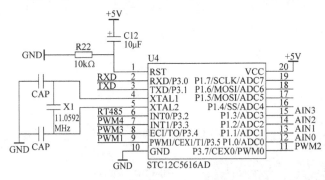

图 20-16　芯片控制原理图　　　　　　　　图 20-17　芯片实物图

STC12C5616AD 芯片参数如下：

工作电压为 3.5～5.5V；程序存储器擦写次数 10 万次以上，1280 字节片内 RAM 数据存储器，4 个 16 位定时器，2 通道捕获/比较单元（PWM/PCA），其中两路 PWM 可当两路数/模转换（D/A）使用，8 路、10 位高速模–数转换（A–D），芯片引脚数量为 20 个引脚。

20.3.5　光伏面板的选择

太阳能光伏面板采用 4 块相同的太阳能板，如图 20-18 所示，在光线充足的情况下可直接当电源供电或给蓄电池充电，本系统配有 4 块型号大小一样的太阳能板，完全可以在阳光充足时提供足够的电能。这样就可以使系统脱离外接电源，方便自由移动。具体参数如下：

型号：SG–PSP–A1. 1W–USB–SPC，开路电压为 6V，电流为 180mA。

20.3.6　系统案例的应用电路设计

本设计以太阳能充电自动喷水系统为案例，图 20-19 给出了电路结构图。太阳能光伏面板给蓄电池充电，单片机通过对环境温度、湿度的检测分析来控制水泵电动机的转动，使其在不同阶段给农作物或花等植物灌溉适当的水。例如，在天气比较干旱时，可以增加灌溉水量，在湿度较大时可以减少水的补充，以实现太阳能智能化灌溉。

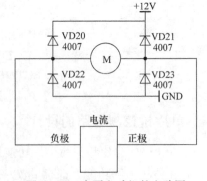

图 20-18　光伏面板　　　　　　　　　图 20-19　水泵电动机的电路图

20.4　太阳光线跟踪系统的软件设计

20.4.1　单片机的控制软件设计

图 20-20 为单片机控制系统的程序执行流程图。从图 20-20 看出，单片机上电开始工作，系

统启动判断，根据预先设定的光照强度作为启动条件，只有光线强度达到预设值时系统开始工作，否则继续判断。当系统启动后进入东西南北四个方向的光线强弱判断，当东边光线强的时候其光敏电阻的阻值降低，分到的电压也相对降低，此时驱动电机向西转动，使西边的光线增强与东边达到平衡。南北方向电机工作原理与东西方向电机工作原理类似。

具体执行过程：

1）首先，系统上电，开始工作。

2）光电转动模块做出响应，采集太阳东、西、南、北 4 个方向的光线，并将光信号转换为电压差信号，输入给单片机控制模块。

3）单片机对输入的电压差信号进行处理，给出控制信号给电动机驱动模块。

4）电动机 1 和电动机 2 接收到单片机给出的控制信号，做出响应带动机械传动部件模块工作，电动机 1 带动东西方向转动，电动机 2 带动南北方向转动。

5）机械转动模块带动光伏面板朝太阳方向转动，系统稳定后停止转动。

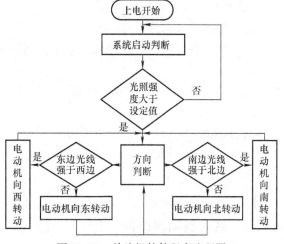

图 20-20　单片机软件程序流程图

6）太阳光线发生变换，继续执行第二步到第五步的工作过程，反复循环，从而做到白天实时跟踪太阳光线变化。

关键单片机控制程序代码如下：

```
ADC_CONTR = ADC_CONTR |0x80;//打开 ADC 电源
ddianji = 0;
xdianji = 0;
ndianji = 0;
bdianji = 0;
...
guangzhaozhi = 80;    //启动值
...
while(1)
{
  WDT_CONTR = 0x3c;
  ad_chanel1();    //读取 4 个通道的 AD 值
  autocontrol();    //读取值进行比较
}
```

20.4.2　太阳光信号采集程序的设计

光信号是通过集成于 STC12c5616ad 单片机内的 A – D 模块完成采集，4 路光敏电阻获取的电信号通过引脚输送到单片机内。芯片通过模数转换，将收集到的模拟电压信号转换成电信号。再进一步由芯片进行比较处理，最终将结果从引脚输出控制其他模块的工作。

关键采集程序代码如下：

```
ADC_DATA = 0x00;
```

```
ADC_LOW2 = 0x00;
ADC_CONTR = 0xe0;    //设置 P1.0 为转换通道
delay(1);
…
ADC_DATA  = 0x00;
ADC_LOW2 = 0x00;
ADC_CONTR = 0xe1;    //设置 P1.1 为转换通道
delay(1);
ADC_CONTR |= 0x08;//启动转换
delay(1);
while(ADC_CONTR&0x10 = =0);
ADC_CONTR& = 0xe7;   //清除状态位
adrel2 = ADC_DATA;
…
```

20.4.3　系统驱动程序的设计

本系统的动力部分由两个 5V 直流电动机承担，电动机的驱动模块是 L298 直流电动机驱动模块。其模块通过接收芯片的控制信号，按要求驱动直流电动机的工作。

电动机驱动关键代码如下：

```
if((adrel1 - bijiaoguangzhaozhiz) > adrel3)
{
    ENA = 1;
xdianji = 1;
    }
    if((adrel3 - bijiaoguangzhaozhiz) > adrel1)
    {
ENA = 1;
    ddianji = 1;
    …
```

20.5　系统调试

20.5.1　程序调试

本设计中源程序的编写与调试是在 Keil C51 集成环境 uVision 中进行。通过对 uVision 仿真环境操作建立一个新的工程，单击菜单 project，选择 new project，输入工程文件的名字，保存到 keil 目录里，软件工程文件名为 AD 并单击保存。这时会弹出一个对话框，要求选择单片机的型号，可以根据使用的单片机来选择。单击菜单 File→New，输入一个对应的编写程序，选择菜单 File→SAVE，选择要保存的路径，如果是 c 程序文件，扩展名为 .c，单击 Target 1 前面的 + 号，展开里面的内容 source Group1，用右键单击 Sourece Group 1，将弹出一个菜单，选择 Add Files to Guoup′Source Group 1′，选择 c 文件后单击 Add，添加完毕，此时再单击 Close 关闭该窗口。在 Source Group 1 里就有对应的 AD. c 文件。通过对程序进行编译获得编译成功界面，如图 20-21 所示。

```
132        adrel3=ADC_DATA;
133        adrel3=adrel3*4+ADC_LOW2;
134    WDT_CONTR=0x3c;
135
136
137        ADC_DATA  =0x00;
138    ADC_LOW2=0x00;
139    ADC_CONTR=0xe3;     //设置P1. 3 为转换通道
140    delay(1);
141    ADC_CONTR|=0x08;//启动转换
142    delay(1);
143    while(ADC_CONTR&0x10==0);
144    ADC_CONTR&=0xe7;     //清除状态位
145        adrel4=ADC_DATA;
146        adrel4=adrel4*4+ADC_LOW2;
```

```
Build target 'Target 1'
assembling STARTUP.A51...
compiling AD.C...
linking...
Program Size: data=26.4 xdata=0 code=588
"TYN" - 0 Error(s), 0 Warning(s).
```

图 20-21　程序编译结果图

20.5.2　系统实物调试

系统通过 4 块太阳能板接收太阳能，将太阳能转换成电能给系统供电。系统配有蓄电池，可将剩余电量存储到蓄电池中以供其他时间段使用。系统上电后，首先光敏电阻采集太阳光信号并将信号传入控制芯片。芯片通过判断电压大小来确定此时的光线强度，当电压值即光线强度达到设定值后系统开始工作，否则继续判断。系统开始工作后，A – D 模块将从光敏电阻接收的 4 路电压信号转换成数字信号，并交由芯片分析处理最终给出控制信号。以控制电动机驱动模块驱动直流电动机的转动。使系统的太阳能板朝向太阳光最强的方向，即使面板和太阳光线垂直，从而使太阳能板接收最大的光辐射信号。系统中还附带有应用小系统——自动灌溉，根据光线的强弱控制小系统的喷水量，可实现自动的给农作物或植物补充水分。

图 20-22　系统实物调试

20.6　系统总结

如今太阳能的利用相当普及，大到太阳能发电厂，小到太阳能路灯等。但不管是哪方面的应用，对于太阳能板的架设基本都是将其固定于一个角度，使其尽量多接收太阳能。但因地球的公转和自转使得一天中不同时间段的太阳光线的照射方向也是不同的。而太阳能板的朝向却是固定不变的，其一天中有很多时间是不能够正对着太阳的，即不能全天接收太阳能的光辐射，从而导致太阳能利用率不高。为了尽量在太阳能板材料技术上获取最大太阳能的利用率，本系统的设计通过对太阳能板的移动设计有效地提高了太阳能的接收量，在一天中，系统会根据太阳的具体方位调节太阳能板，使其正对太阳以接收更多的光辐射。本系统的技术指标稳定、成本低廉，设计的方法具有一定的经济效益，市场应用前景广阔。

第 21 章　基于物联网技术的温湿度监测系统的设计

21.1　项目说明

21.1.1　研究背景

物联网的概念第一次出现在比尔·盖茨出版的《未来之路》一书中，比尔盖茨第一次提到物联网的概念，但是有限的无线网络硬件和传感器设备的发展，并未引起人们的重视。1998 年，美国麻省理工学院提出了当时被称作 EPC 体系的"物联网"的设想。

美国汽车公司（Auto‑ID）首先提出"物联网"的概念，它是基于物品编码、RFID 技术和互联网的基础上建立的。过去在中国，物联网被称为传感器网络。中科院早在 1999 年就启动了对于传感网的研究，并已取得了一定的科研成果，创建了一些比较适用的传感网。同年，在美国召开的移动计算和网络国际会议上提出："传感网络是下一个世纪人类将要面临的又一个发展机遇"。2003 年，美国《技术评论》杂志提出传感网络技术将是未来改变人类生活的十大技术之首。无所不在的"物联网"通信时代即将来临，世界上所有的物体小到牙刷、纸巾，大到房子、车子，都可以通过互联网主动进行交换。射频识别技术（RFID）、传感器技术、无线网络技术未来将得到更加广泛的应用。

物联网是多种传感通信设备和手段的运用，M2M（即人和人、人和事物、事物之间）连接到互联网，一个智能识别、定位网络、远程监控和管理的一种网络。它是整合电子信息管理技术变革、促进信息产业发展的开端和基石，被称为继计算机、互联网之后世界信息产业发展的第三次浪潮。我们通常能看到和感觉的世界，"物质"是普遍的和不断变化的个体，在"对象"和"对象"，"链接"到"必然"之间的联系，必然"联"到"网"中来，这里所说的"对象"是一个传感装置，通过无缝覆盖的通信技术正在促使传统行业转型和开放，利用智慧设备和无线监控领域的有机结合，给予智慧系统全面的认识和管理系统的实现。

21.1.2　国内外研究现状

在国内，自从 2009 年国家总理提出"感知中国"的观点后，我国的物联网一时成为国内焦点，迅速被人们所关注。我国物联网的发展已经成为国家的战略需求。当前国内还没有全面的物联网整体体系的规划和建设，仅局限于行业内部的研究。对于物联网的设计及研究，关键在于RFID、传感器、嵌入式系统设计和传输数据云计算等领域。我国物联网建设，既存在机遇也同时面临着艰难的挑战。管理水平和技术进步有待进一步提升，无线通信技术有待进一步发展，嵌入式系统也在逐步完善，移动网络技术和自组网技术还没有大范围地推广应用。没有形成规模化、市场化、产业化的物联网，是体现不出它强大的作用的。仅仅停留在不断的实验上，概念方案的设想是远远达不到物联网发展的要求。目前，物联网的发展仍处于初级阶段，距离最终实现物与物之间的网络互联还有很大的差距。

虽然与欧美发达国家相比有很大差距，但国内各行各业正做着努力。海尔公司已经研发出了物联网智能洗衣机，实现了人与洗衣机的"沟通"。在家中任何地方或者外面通过手机短信可以遥控洗衣机的指令操作，了解商店、超市洗涤用品的供应量和价格等相关信息，未来单一的家用自动化越来越少，智能化的综合一体化智能家居将取代现有的单调模式，达成物与物、人与物的沟通。

在全球范围内从物联网发展的现状来看，"物联网"与下一代电子信息技术和信息网络技术的掌控息息相关，预计会成为继互联网之后的又一大网络，所以必将受到各国政府、企业、专家的高度重视与响应。时至今日，以美国、日本、欧盟为主的一些国家都在大力投入巨资研究物联网这一新兴技术。与此同时，我国政府也在国内高调发展物联网建设。从某种意义上来说，各国已经掀起了一股"物联网"的研究浪潮。

自从 2009 年在美国被 IBM 推出"智慧地球"这一战略之后，物联网这一概念在"智慧地球"框架下的多个典型智能解决方案中在全球开始推广，"智慧地球"最终的目标是利用物联网的技术，改变政府、企业以及人与人之间的交流方式。不再是单一地对着冰冷的互联网，而是实现更加广泛的互联沟通、深入感知和更加智能的交流方式。正是因为美国早已看清了这一优势，正在积极筹备搭建物联网平台，抢占市场先机，定制行业标准，美国多家企业也积极地参与到该产业链中，通过技术应用创新来促进物联网的快速发展。在日本，2004 年 MIC 提出的"U－Japan"战略让任何人、任何事物随时、随地地连接到社会，三菱、索尼、日立等公司合作，联手推动日本物联网技术的快速发展。在欧洲，物联网也同样受到了来自欧洲联盟委员会的支持与鼓励，被确立为欧盟电子信息系统技术的战略发展计划，成为欧盟内各国的讨论焦点。欧盟作为全球首个物联网发展战略规划的联盟，标志着从国家层面上对"物联网"的部署，欧盟各大运营商也在加强各个应用领域的部署，特别是汽车等交通行业领域。

21.1.3　研究工作的内容

通过对物联网多信息感测系统的开发，利用 MSP430F149 单片机控制传感器数据的采集，通过 LCD 液晶屏的数据显示和通信模块的数据交换，完成物联网环境下多种信息的采集及监测。测试结果表明系统性能稳定，监测数据准确，有利于自身对于物联网实现原理的理解和运用。其主要工作如下：

1) 研究基于 MSP430F149 单片机为控制核心的单片机最小系统硬件电路的设计，主要包括电源供电电路、晶振电路和复位电路的设计。

2) 研究以 MSP430F149 单片机为主控制器的传感器多信息采集电路设计，主要对温湿度传感器、光照强度传感器、RFID 读卡传感器的硬件电路设计，实现多信息数据采集硬件层的功能实现。

3) 研究以 MSP430F149 单片机为主控制器的传感器多信息传输电路设计，主要对 433M 通信模块、串口转 WiFi 通信模块的硬件电路设计，实现多信息数据采集后的数据传输硬件层的功能实现。

21.2　物联网技术的温湿度监测系统概述

通过对物联网多信息感测的开发，利用 MSP430 单片机控制传感器数据采集，LCD 液晶屏数据显示和通过通信模块的数据交换，完成物联网环境下多种信息的采集及监测显示，如图 21-1 所示。

1) TFT 液晶屏显示　本系统的开发主要涉及 MSP430 驱动 ILI9341 控制器控制 TFTLCD 显示；画点画线函数的调用；中文字、英文字符的显示；TFT 界面的设计。

2）温湿度采集　系统开发采用温湿度传感器 DHT11，通过单总线实现数据的读写操作。

3）RFID 读卡　系统设计选用 13.56MB 读卡模块，通过 SPI 总线进行读写操作，可以读写 IC 卡卡号和储存数。

4）手机端数据同步　本系统开发通过 WiFi 模块，把设计的电路板作为一个热点使用，当手机端搜索到 WiFi 信号后，可以直接连接，设计的电路系统把采集到的数据通过串口直接发送给 WiFi 模块，并再转发到手机的接收端，实现温湿度、光照强度的监控。

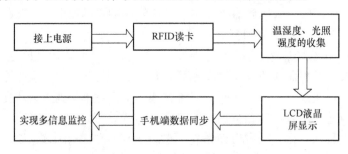

图 21-1　基于物联网技术的温湿度监测系统流程

21.3　基于物联网技术的温湿度监测系统的硬件电路设计

21.3.1　单片机最小系统

单片机最小系统是由单片机、晶振电路和复位电路组成。晶振电路的作用是为系统提供基本的时钟信号。MSP430 单片机可以选择 3 个振荡器，选择合适的振荡频率，并且可以在不需要运行时随时关闭振荡器，以减少功耗。这 3 个振荡器分别为 DCO 数控 RC 振荡器、LFXT1 接低频振荡器和 XT2 接标准晶体振荡器。本设计中 LFXT1 接低频振荡器外接 32.768K 晶振，XT2 接 8M 晶振，从而为系统提供稳定的时钟。

此设计系统复位电路采用的是按键复位和上电复位相结合的设计方案，如图 21-2 所示单片机复位引脚为第 58 引脚，复位方式为低电平复位。

21.3.2　温湿度采集电路

图 21-3 所示为温湿度采集原理图，通过传感器 DHTl1 感知环境的温湿度情况，传感器的引脚功能：VDD 传感器供电电源引脚，DATA 用于数据的读取，NC 悬空引脚没有功能，GND 接地引脚。VDD 接电源 3.3V 供电，DATA 引脚通过接单片机 P1.6 引脚读入感知数据，并计算环境的温湿度值。

21.3.3　RFID 卡读卡电路的设计

RFID 卡读卡电路的设计主要用于身份认证，MFRC 522 IC 卡读写卡模块提供接口电路，接口电路引脚功能分别为 3.3V 电源供电引脚、RST 模块复位引脚、GND 电源地、SO 读卡器输出、SI 读卡器数据输入、SCK 数据时钟接口、SDA 数据接口。MFRC 522IC 读写卡模块采用 SPI 通信方式，由 MSP430 单片机模拟 SPI 通信方式与读写卡模块进行通行，如图 21-4 所示。

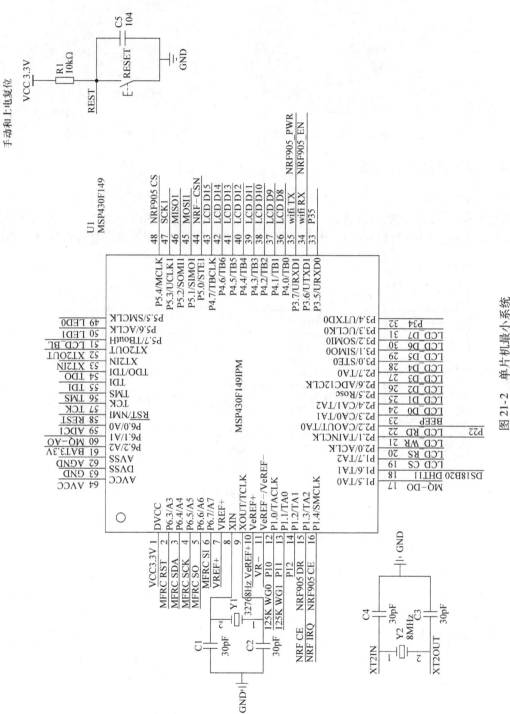

图 21-2　单片机最小系统

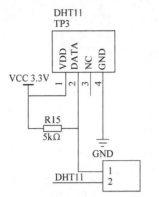

图 21-3　温湿度采集电路原理图

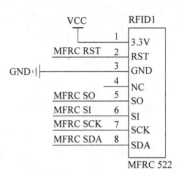

图 21-4　RFID 读卡电路

21.3.4　TFT 液晶接口电路

TFT 液晶接口电路，主要分为三部分：供电电路、控制电路和数据通信电路。供电电路采用 3.3V 供电方式，数据通信电路包括 SPI 总线通信方式与 8080 总线通信方式，此次主要用到了 8080 总线通信方式，通过 16 位数据接口，大大提高了数据传输的速度，相关接口电路如图 21-5 所示。

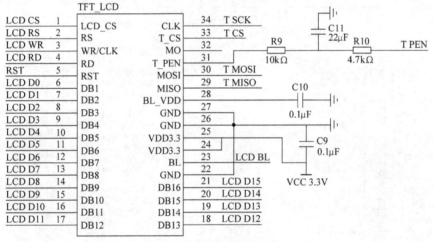

图 21-5　TFT 接口电路

21.3.5　WiFi 数据通信电路

系统设计提供了串口转 WiFi 模块接口，支持 WiFi 数据传输。接口引脚定义除了基本的电源与地外，还引出了重置引脚 nReload、复位引脚 nReset、PWM_1、PWM_2 外接 LED 指示灯，对 WiFi 热点的连接情况进行指示，UART_RX、UART_TX 数据通信引脚，分别接 MSP430 的 TX、RX 引脚，实现 MSP430 串口数据转 WiFi 通信功能的实现，如图 21-6 所示。

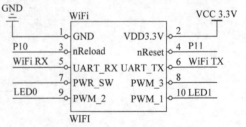

图 21-6　WiFi 模块接口电路

21.3.6　电源供电电路的设计

物联网多信息采集系统采用双供电方式，支持 USB 供电和 CR2450 纽扣电池供电，二极管 1N4148 正向导通，防止外部电流对纽扣电池进行充电，物联网多信息采集系统设计采用低功耗设计方案，各个模块均带有电源的控制开关，除了 LCD 液晶屏其他模块均可以由纽扣电池供电，无需再外加电源供电。系统 USB 接口供电，选用 LM1117 - 3.3V 电压转换芯片，对外部输入的 5V 电压进行转换，输出稳定的 3.3V 电压，外围电路简单性能稳定，如图 21-7 所示。

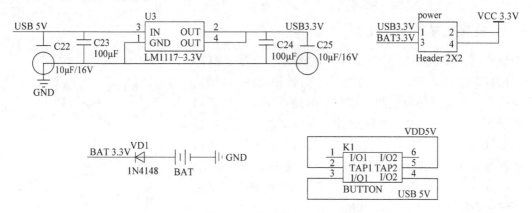

图 21-7　电源供电电路

21.3.7　电平转换电路

物联网多信息采集系统提供 USB 接口，支持 USB 通信方式，MSP430F149 带有两个标准的串口通信接口，通过 FT232 进行电平转换后与 PC USB 接口进行通信，因此只需使用一根 USB 通信电缆连接 PC 的 USB 口与系统的 miniUSB 口即可。采用 MSP430F149 单片机的 TX 与 RX 与外围的 FT232RL 电平转换电路的 RX 和 TX 的端口相连。TTL 电平转换电路的原理就是由单片机向 RX 和 TX 发送时钟和数据信号，单片机使时钟信号 TX 端置 1 时数据信号 RX 向单片机传输数据，置 0 时数据传输中断，数据信号 RX 在时钟信号 TX 的控制下按字节进行传输，数据信号形成高低电平不等的数据包，如图 21-8 所示。

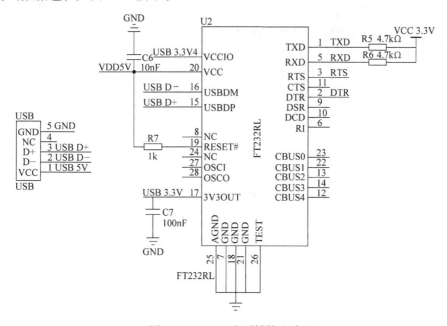

图 21-8　FT232 电平转换电路

21.4　物联网温湿度信息采集系统的软件实现

21.4.1　系统主程序的设计

多信息感测系统研究基于单片机的温度、湿度、RFID卡等多信息采集及监测显示。利用单片机和相应的传感器、读卡器等完成物联网环境监测，在前期的硬件电路设计基础上，主要完成了单片机最小系统设计，提供了温湿度传感器接口、RFID卡接口、TFT液晶屏接口、串口转WiFi通信接口。主程序设计主要包括硬件 I/O 口、TFT 液晶显示初始化、RFID 卡初始化、串口初始化、定时器初始化和 ADC 初始化等。系统主程序流程图如图 21-9 所示。

1. 初始化部分程序

sys_Init();//晶振初始化函数

PortInit();//IO 口初始化函数

LCD_Init();//TFT 液晶初始化函数

LCD_Display_Dir(0);//以下为界面初始化程序，包
括 LCD 背景色、字符显示

POINT_COLOR = RED;

LCD_Clear(BLACK);

LCD_PutString24(31,55,"温 湿 度 监 控 系 统",
YELLOW,BLACK); //欢迎界面，24x24 大小汉字，字模软件
隶书小二号

LCD_PutString24(103,90,"欢",YELLOW,BLACK);

LCD_PutString24(103,120,"迎",YELLOW,BLACK);

LCD_PutString24(103,150,"您",YELLOW,BLACK);

LCD_PutString(25,230,"物联网综合实验开发板 V1.0",YELLOW,BLACK);

delay_ms(500);

delay_ms(500);

LCD_Clear(BLACK);

LCD_PutString24(36,10,"温湿度采集实验",YELLOW,BLACK);

　delay_100us(1000);//等待系统稳定

　ADC_Init();　　　　　　　　//初始化 ADC 配置函数

　TimerInit();　　　　　　　　//定时器初始化 函数

　UART_Init1();　　　　　　　　//串口 1 设置初始化

//以下为 RFID 读卡模块的初始化驱动程序

PcdReset();//复位 RC522

PcdAntennaOn();//开启天线发射

_EINT();　　　　　　　　　　　//使能总中断，开启定时器中断，定时器开始计时

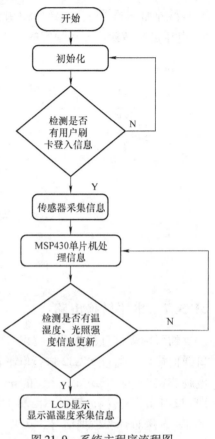

图 21-9　系统主程序流程图

2. 主循环部分程序

```
while(1)
  { if(start = =0)    //开机检测是否有用户登入标志位,初始化默认为 0
   {
    LCD_PutString(68,120,"13.56M RFID 模块", YELLOW,BLACK);
    LCD_PutString(68,146,"请刷卡", YELLOW,BLACK);
    LCD_PutString(120,146," . ",YELLOW,BLACK);
    delay_ms(1000);
    LCD_PutString(120,146," . ",YELLOW,BLACK);
    delay_ms(1000);
    LCD_PutString(120,146," . ",YELLOW,BLACK);
    delay_ms(1000);
   }
    status2 = PcdRequest(0x52,Temp);////寻卡,输出为卡类型
  if(status2 = =MI_OK)
    status2 = PcdAnticoll(UID);   //防冲撞处理,输出卡片序列号,4 个字节
  if(status2 = =MI_OK)
   {
      if(start = =0)
      Show_RGB(50,240,100,320,BLACK);
      P2OUT& = ~BIT3;//蜂鸣器
      delay_ms(10);
      P2OUT | =BIT3;//蜂鸣器
      start =1;
      LCD_PutString(80,60,"用户名",YELLOW,BLACK); //16x16 大小汉字,字模软
                                             件隶书小二号
      LCD_PutString(130,60," :",YELLOW,BLACK);
      IDD =0;
      for(i =0;i <4;i + +)
      LCD_Display(UID[i],i);//输出卡号
   }
  if((check = =cal)&&(start))//检测是否有温湿度、光照强度信息更新标志位,有则
                           LCD 数据更新
   {
      R_shi = humdh / 10;
      R_ge = humdh % 10;
      T_shi = temph / 10;
      T_ge = temph % 10;
      L_shi = TEMP / 10;
      L_ge = TEMP % 10;
      LCD_DisplayHumd(R_shi,R_ge);   //调用湿度显示函数,分离后依次显示
```

```
    LCD_DisplayTemp(T_shi,T_ge);  //调用温度显示函数,分离后依次显示
    LCD_Displaylight(L_shi,L_ge);  //调用光照显示函数,分离后依次显示
  }
  delay_ms(2000);}//等待下次采样
```

21.4.2 采集信息程序的设计

采集信息主要通过温湿度传感器 DHT11、光照传感器进行数据信息采集,DHT11 采用单总线通信方式,实现温湿度数据的获取,光照传感器采用 ADC 采样,电压值转化为光照强度值。由于温湿度强度、光照强度的数据显示在 TFT 液晶屏,已经在主函数上实现,但是需要获取信息的更新标志位,而数据的更新在定时器中断中实现,如图 21-10 所示。

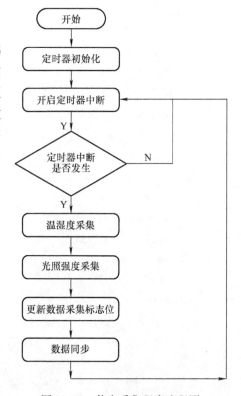

图 21-10 信息采集程序流程图

1. 定时器 A 中断函数

```
#pragma vector=TIMERA0_VECTOR
__interrupt void Timer_A (void)
{
  static  unsigned int tim=0;
    tim++;
  if(tim%5==0) //延时5s
  {
    P5OUT &= ~BIT5; //LED ON
            ADC12CTL0 |= ADC12SC;
//开启 ADC 转换,获得光照强度 ADC 采样值
            ADC12CTL0 &= ~ADC12SC;
//清零
    work_data();//温湿度采集,调用温湿度处理函数,更新数据标志位
            if((check==cal)&&(start))
              {
                TxBuf[12]=temph / 10 +0x30;//温度值
                TxBuf[13]=temph%10 +0x30;
                TxBuf[17]=humdh/ 10 +0x30;//湿度值
                TxBuf[18]=humdh%10 +0x30;;
                TxBuf[22]=TEMP/ 10 +0x30;//光照值
                TxBuf[23]=TEMP%10 +0x30;;
                Send_Byte1(TxBuf,26);        //将接收到的数据再发送出去
              }
          P5OUT |= BIT5;//LED OFF
    }
  }
}
```

21.5 系统测试

21.5.1 系统测试过程

基于 MSP430 单片机的温度、湿度、RFID 卡等多信息采集及监测显示，主要涉及物联网多信息感测温湿度采集、光照强度采集、RFID 卡读写、LCD 液晶数据显示、WiFi 数据同步等功能的实现，测试步骤如下：

1）首先接上系统电路电源，程序开始对 MSP430 时钟、相关 I/O 口、TFT 液晶屏进行初始化配置当初始化成功进入初始化界面。

2）当 TFT 液晶屏进入刷卡登入界面时，提示用户进行身份验证，需要把 RFID 卡放在读卡器上至少 2s，当读卡成功会听到"嘀"的一声。

3）当把校园卡放在读卡器读卡成功后，TFT 液晶屏开始显示用户名（卡号 ID）、温度值、湿度值、光照值等信息。

4）手机端搜索电路 WiFi 信号，并连接，手机端打开网络调试助手，设置接收端的 IP 和端口号，数据同步到手机端显示，显示内容包括用户 ID、"T"温度值、"H"湿度值、"L"光照值。

21.5.2 测试结果分析

当多信息感测电路上电后，程序运行正常、通过晶振、I/O 口初始化、TFT 液晶初始化、完成 RFID 读卡模块初始化，进入 RFID 读卡界面，如图 21-11 所示。

当放上校园卡几秒后，顺利通过身份验证，TFT 液晶屏上显示温度值、湿度值、光照强度值，如图 21-12 所示。

 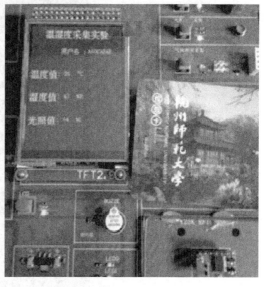

图 21-11 系统开机运行读卡身份验证界面 　　图 21-12 系统显示温湿度、光照强度界面

系统实时更新，在手机上打开数据接收软件，手机端连接开发板的 WiFi 热点 USR – WiFi232 – T，增加客户端一个 ID 为 10. 10. 100. 254 的连接，如图 21-13 所示可以看到采集的用户

ID、温度值、湿度值、光照值信息，并同步更新，采集信息端运行系统如图 21-14 所示，整个系统运行稳定、工作状态良好，监测数据确保无误，如图 21-15 所示。

图 21-13　用户手机端 WiFi 热点界面

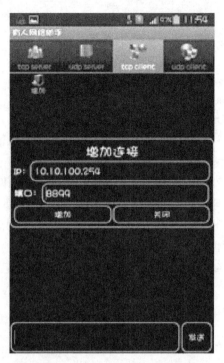

图 21-14　数据软件增加连接界面

图 21-15　手机端数据信息监测界面

21.6　系统总结

本系统通过对物联网多信息采集系统进行设计，现场端通过传感器 DHT11 感知环境的空气温湿度，光照传感器感知光照强度，并对感知的信息实时采集。处理器采用 MSP430 单片机对采集的信号进行处理，将处理的数据实时通过液晶 TFT 在现场端显示，用户查看数据前首先进行管理员身份认证，在 RFID 读卡模块上进行刷卡操作，读卡成功，蜂鸣器会"嘀"一声。然后，感知的数据通过 WiFi 通信模块发送到用户手机端。用户通过安卓手机，连接开发板的热点 WiFi 网络，安装手机端串口 APP 数据接收软件，可以实现数据实时接收显示功能，确保用户在任意时间和任意地点，通过手机对温湿度、光照强度的监控。测试结果表明系统性能稳定、监测数据准确、有利于自身对于物联网实现原理的理解与运用。

第 22 章　基于 APP 技术的电子音乐盒的设计

22.1　项目说明

单片机自面世以来，凭借其小型的体积，消耗的功率低，强大的运算处理性能和低廉的价格，受到人们的广泛关注和高度的重视，发展也变得非常迅速，不断地拓宽其位数，因此显而易见的变化就是运行的速度变得愈加快速，采用精简指令集，平均周期减少，加快程序运行速度，提高整体工作效率。

传统的音乐盒可以很好地演奏一首或者两首曲子，但是缺少互动性。不仅如此，由于制作方式的原因，音乐盒一旦成型，就比较难改变音乐盒所播放的歌曲，并且移植性差，不能按使用者想要的歌曲进行编码导入音乐盒中，基于单片机制作而成的音乐盒可以拓展其功能使其变得多功能和智能化。使用者可以使用手机客户端安装的 APP，在友好的用户界面播放选择的歌曲，而且歌曲可以更新，只要把曲谱的音调代码写入程序重新烧写进存储器中，并且能够在液晶显示器 LCD 上显示歌曲的名称等信息，丰富了音乐盒的功能，手机与单片机之间通过蓝牙通信，短距离实现数据无线传输是一种新的尝试，也取得了良好的效果。

单片机的应用已渗透人们的日常生活，应用非常宽广，应用单片机作为控制器制造而成的音乐盒可以完美地播放歌曲，价格也很便宜，功能丰富，按键操作可以对音乐播放进行控制。目前，对音乐盒的研究可以促进对音乐盒制作的改进和优化。音乐盒可以给人们生活增添一些优美的旋律，使得生活变得丰富多彩。

现在的音乐盒可以大致分为两类，一类是机械式的音乐盒，另一类则是电子式的音乐盒。前者是通过将金属发条卷紧后，恢复形变产生的力带动一系列齿轮旋转，然后按照制作好的音乐旋律使凸滚轮转动，敲打音乐片使其振动发出优美的音乐。由于滚筒金属制成和发条长度限制只能播放有限单一的音乐。另外，也容易受到外界因素的影响，使得音乐盒功能受到损坏，产生变调等。电子式音乐盒如基于音乐 IC 芯片的音乐盒，电路包括存储器、节拍器和音调发生器，还有驱动电路等。由于存储芯片是 ROM 音乐程序一般只能事先烧录进去，并不能够由自己编程实现，歌曲曲调也比较单一，音乐芯片有几种常见的种类，单音片和双音片和弦音乐 IC，单音片指的是播放时只能有一个音乐声道；双音片则会有主旋律和背景音两个音乐声道同时发出；和弦则是 3 个通道以上同时发出，音片集成电路由电源供电，控制端输入触发信号，芯片工作，再经过放大扬声器播放音乐。

22.2　电子音乐盒系统的分析

22.2.1　总体设计方案

系统设计控制芯片采用 STC89C52RC，外围电路包括按键电路、液晶 LCD1602 显示模块、蓝牙串口模块、蜂鸣器以及安卓手机客户端应用软件组成。其中蓝牙按键开关将音乐盒控制模式分为按键输入模式和蓝牙串口接收模式，前者，播放控制的上下曲、播放以及暂停等是由按键来控制；后者则进入等待串口中断模式，等待从客户端接收数据进行相应的串口中断控制。显示电路 LCD1602 模块可以显示播放的歌曲信息数据，例如歌曲名称、演唱者还有播放时长等。系统总体设计框图如图 22-1 所示。

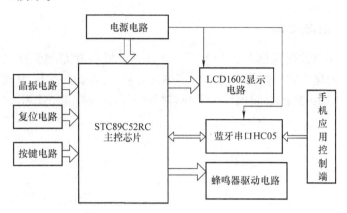

图 22-1　系统总体结构框图

22.2.2　系统功能的实现

1. 单片机 STC89C52RC 和程序下载

作为主要的控制部分，用定时器输出音乐频率，所有程序代码等执行都要依赖此芯片，考虑到闪存达 8k 的空间，容量比较大，可以满足使用者存储一些需要一直保存的程序和数据的要求，程序下载到芯片中写入也非常便利，可以用 USB 转 TTL 电平两根线，即 RXD 和 TXD，值得注意的是连接线上这两个引脚和单片机不是对应连接而是交叉连接。

2. LCD 显示电路

为了丰富音乐盒的功能，实时地让使用者了解正在播放歌曲的基本信息，包括曲名、演唱者和播放时间的长度，播放计时单位以秒来计时，可以很好地显示当前歌曲播放进度情况，播放结束最终时长就是歌曲的长度，合理地分配利用了两行位置的空间显示歌曲的信息，并且尽可能减少占用 I/O 口，于是采用 4 线制的方式驱动显示 LCD。

3. 蜂鸣器实现音乐发声功能

作为音乐盒主要实现的功能就是播放歌曲，而蜂鸣器作为音乐频率的发声源，巧妙地利用输入不同频率的高低电平产生振动发出不同的音调，以此为基础选用电磁式蜂鸣器，加上一些对电流放大的器件就可以听到更为响亮的声音。

4. 按键电路

普通的按键便可以实现对播放模式的控制，以及是否进入蓝牙模式的选择，采取 5 个按键在个数比较少的时候，方便程序编写，使用非编码的形式单纯检查按键是否有被按下，从对按键的状态和实现目的的类型判断，就能够实现简单的控制，5 个按键功能中选曲的按键有两个，一个按键能够实现即时切换歌曲的功能，剩下的 3 个按键分别为蓝牙、播放和暂停按键。

5. 手机端应用软件 APP

为了进一步提高控制的智能化程度，利用蓝牙串口和手机蓝牙的匹配和连接，既可以在一个房间的距离内实现对音乐盒的播放控制，应用程序借助蓝牙串口实现向单片机发送数据信号，一旦单片机接收到，并且响应了该信息引发串口中断进入播放的控制过程。需要准备好具有蓝牙功能的安卓手机，并且安装好软件即可。

22.3　电子音乐盒的硬件电路设计

22.3.1　LCD1602 液晶电路

LCD1602 作为显示歌曲信息部分，分上下行显现，通常有背光和无背光之分，工作电压处在 3.3 ~ 5.5V 之间，价格便宜、能耗较低，程序编写方便，其内部 CGROM 带有的库字符可以满足平常的显示需求，CGRAM 的空间也可由用户自行设计自定义字符，其引脚连接方式如图 22-2 所示。

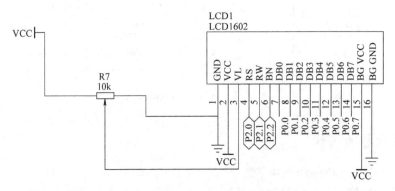

图 22-2　LCD1602 电路连接

22.3.2　蜂鸣器的选择及放大电路

本设计采用无源电磁式蜂鸣器。无源电磁式蜂鸣器的工作原理如下：单片机产生的方波交流信号使得支架上缠绕的线圈产生交变磁通，钼片在交变磁通的影响下按照输入的驱动信号频率振动而发出声响。所以与蜂鸣器相连接的 I/O 口的电平需要根据音调频率来回反复取反。发声电路中采用 NPN 型晶体管，当基极电流为低电平时，晶体管达到饱和导通状态，蜂鸣器发声；反之，基极电流处在高电平状态时，蜂鸣器由于晶体管截止而停止发声，按照编制好的频率，蜂鸣器发出悦耳的音调。放大的电流使得蜂鸣器发出的声音更加响亮。具体电流的放大倍数和数值算法由式（22-1）、式（22-2）还有式（22-3）给出，音乐盒音乐播放驱动电路如图 22-3 所示。

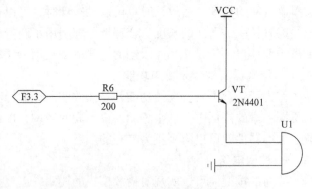

图 22-3　音乐盒音乐播放驱动电路图

晶体管基极电流公式如下：

$$I_b = \frac{U_b - 0.7}{R_b} \tag{22-1}$$

若使用 5V 电源，并且考虑晶体管（硅）导通电压降为 0.7，测定 R_b 两端的电压为 2.77V，测得基极电流 $I_b = 13.9\text{mA}$，用电流表测出发射极电流 $I_c = 130\text{mA}$。

晶体管集电极电流（其中 β 放大增益倍数，由材料本身决定）

$$I_c = \beta I_b \tag{22-2}$$

$$\beta = \frac{130}{13.9} \approx 9.4 \tag{22-3}$$

由式（22-3）得到放大 9.4 倍左右的电流。

22.3.3　蓝牙通信

本音乐盒的设计采用蓝牙模块 HC05，该蓝牙模块是主从一体、性能高的蓝牙串口通信作为手机应用客户端与单片机的交互模块。该模块的工作方式有命令响应和自动连接两种。正常工作电压在 3.3 ~5V 之间，工作时电流大小则会因为串口通信频率水平而发生改变，模块波特率范围在 4 800 ~138 240 之间，默认设置为 9 600 波特率。模块拥有 6 个引脚，分别为电源、地、TXD、RXD、KEY 和 LED 指示灯，LED 指示灯在匹配成功后能按照一次闪烁 2 次（2s 一次）频率工作，未匹配之前则会一直闪烁。在模块上电之前，使 KEY 的引脚置于高电平，进入 AT 指令状态，AT 命令能够对蓝牙串口设置波特率，设置主从选择模式。蓝牙串口与单片机连接 TXD 和 RXD 是需要交叉连接，图 22-4 给出蓝牙串口和单片的连接方式。

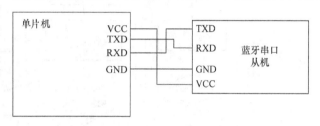

图 22-4　单片机与蓝牙串口的连接方式

AT 命令的具体方式如下：

修改名字：AT + NAME = BT

修改波特率：AT + UART = 波特率（程序上使用的传输波特率 9 600Bd）；

修改主从：AT + ROLE = 0（从机）或 1（主机）

修改密码：AT + PSWD = < 密码 >

22.4　系统的软件程序设计

22.4.1　软件的总体设计思路

单片机音乐盒的程序包含按键选择控制、蓝牙串口数据接收中断、音乐播放和 LCD 显示。按键程序对按键进行扫描确定哪个按键被按下，进而控制播发、暂停、上下曲等，当蓝牙按键被按下则串口初始化，等待串口中断，串口中断接收蓝牙串口传过来的数据，然后对播放进行控制，当播放按钮被按下，音乐就会播放，LCD1602 同时显示歌曲名称和歌手等信息。按键模块设计采用编程式键盘扫描，播放和暂停都设计一个标志，作为检测记号，考虑到歌曲切换无法及时做出反应，设置一个分离的按键开关，并通过在中断服务代码中检测有无被按下操作，在音乐播放程序中设置标记检测歌曲切换动作。播放时间长度的计时，通过设定定时计数器 1 来计时，每隔 1s 触发定时器中断，在中断服务程序中实现对秒数加 1 更新显示操作，音乐播放程序通过行和列定位到音调的位置，并按照乐曲的节拍进行延时，播放和切换歌曲，显示器也同步更新显示的信息，手机端按键可以触发向串口传送不同的数据信息，在串口中断程序取得缓存区 SBUF 的数据后，根据数据进入选择语句，每次接收完需要对串口接收标志位置零。系统主程序软件设计流程如图 22-5 所示。

22.4.2　音调频率生成和节拍的计算

音调不同是由于发声的频率不一样，产生音阶 Do、Re、Mi……Si 等 7 个音符发声的频率。首

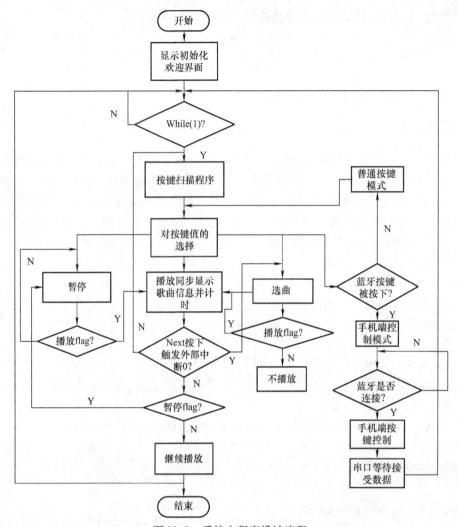

图 22-5　系统主程序设计流程

先最基础的是要知道这些音的频率具体数值，而这些音调频率存在着数学关系，一旦确定，比如 Do 音的频率，其他音也就确定了，音调频率简单地可以分为高、中、低。蜂鸣器发声通过单片机输出的脉冲高低电平频率和保持时间，确定歌曲音阶的频率和节拍，一首歌曲就能被播放出来。

　　音符的编码方式，以 So 为例，频率为 $f = 392\text{Hz}$，若设定单片机计数器按照方式 1 进行定时，计数的范围就是在 $0 \sim 2^{16}$，为了计算方便 STC89C52RC 的晶振频率可以近似当作 12MHz，计数器作为单片机的部件是按照晶振周期的频率工作，即 1MHz，记作 f'。定时器取反的时间为 t。具体的计算过程如图 22-6 所示。

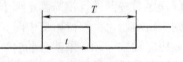

图 22-6　蜂鸣器 I/O 口
取反时间示意图

取反时间 t 是整个 So 周期的一半，求由式（22-4）得

$$t = \frac{T}{2} = \frac{1}{2f} = \frac{1}{392 \times 2} = 1\ 276\mu s \tag{22-4}$$

　　计数初值由式（22-6）和式（22-7）得

$$n = \frac{t}{f'} = 1276 \tag{22-5}$$

$$\text{TH} = (65\ 536 - n)/256 = \text{FBH} \tag{22-6}$$

$$TL = (65\,536 - n)\%256 = 04H \tag{22-7}$$

把 88 个音阶音符计数初值高两位放入 TH 数组中，低两位则放入 TL 数组中，按照规则建立音调频率表格，见表 22-1。

表 22-1 单片机音谱频率计数初值表

唱名	音高	频率/Hz	计数初值	16 进制	音高	频率/Hz	计数初值	16 进	音高	频率/Hz	计数初值	16 进制
La		220	63263	F71F		440	64400	FB8F		880	64968	FDC7
^{b}Si		233	63390	F79E		446	64463	FBCF		972	65000	FDE7
Si		247	63512	F817		494	64524	FC0B		988	65030	FE05
Do		262	63628	F88B		523	64580	FC43		1047	65058	FE22
#Do		277	63631	F8F2		554	64633	FC79		1109	65085	FE3D
Re	低	294	63835	F95B	中	587	64684	FCAC	高	1175	65110	FE56
^{b}Mi		311	63928	F9B8		622	64732	FCDC		1245	65134	FE6E
Mi		330	62487	FA14		659	64777	FD09		1319	65157	FE84
Fa		349	64103	FA67		698	64820	FD33		1397	65178	FE9A
$^#$Fa		370	64185	FAB8		740	64860	FD5C		1480	65198	FEAE
So		392	64260	FB04		784	64898	FD82		1568	65217	FEC1
$^#$So		415	64331	FB4B		830	64934	FDA5		1661	65535	FED2

节拍以 C $\frac{4}{4}$ 曲调为例来说明，该节奏以 4 分音符为一拍，每一小节 4 个拍子节奏按照强弱强弱来演奏，一般是抒情歌曲调，不同曲调歌曲单位延时的时间是不一样的，如果设定节拍值为 0 的 32 分音符，单位延时 62ms，4 分音符的节拍延时则为 32 分音符的 8 倍，将歌曲简谱按照表 22-2 所示的音符节拍值进行编码会得到音乐曲调组成的歌曲代码，例如 ｛5，7，5｝这个调，5 跟 7 分别表示行跟列，音调数组高 8 位和低 8 位一样，每行有 12 个，取上面调的方法就是（5 × 12 + 7）就是该元素在数组中的第几位，这样很容易地定位到音谱频率，第三个数 5 则表示节拍值，它用来直接取节拍数组中的单位延时的倍数。

表 22-2 节拍编码值

音符	$\underset{=}{5}$	$\underline{\underline{5}}$	$\dot{\underline{5}}$	$\underline{5}$	$\dot{5}$	5	$\dot{5}$	5 –	5 – –	5 – – –
节拍值	0	1	2	3	4	5	6	7	8	9
单位延时的倍数	1	2	3	4	6	8	12	16	24	32

22.4.3 LCD1602 四线驱动显示

一般情况下，单片机和 LCD1602 连接线路要 11 根，其中有 3 条控制线和 8 条数据传输线，为了简化连接，事先程序编写时用短暂等待代替 LCD 读取忙碌的状态，所以 R/W 这根线可以一直接地，只需要 RS 和使能端 EN 的控制，这样单片机能够处于写状态，基本可以实现数据的显示；这样减少了占用过多的单片机 I/O 口，在程序上的优化，使得与单片机相连接的高 4 位就能驱动 LCD1602 的显示。另外，显示初始化程序编写，需要对歌曲显示前做好初始化设置，如光标是否闪动和方向怎样移动、几位线制的驱动方式，清除屏幕等。写指令和数据子程序，其中指令程序是和设置显示相关的命令会调用，写数据过程一定要遵守操作时序，否则容易出现显示的问题，4 线驱动 LCD 显示的软件流程图如图 22-7 所示。

22.4.4 手机端 APP 的开发

APP inventor2 是基于云端计算服务器的可在线编写开发 Android 应用软件的开发平台，抛弃过于复杂的程序编写，代码按照逻辑方式拼接而成的程序框图结构形式组成，首先，要对整个屏幕 UI 做好布局设计，例如按钮的布局、按键背景、消息对话框、蓝牙客户端等。其次，设计的蓝牙连接控制客户端软件，需要的元件有 BluetoothClient（蓝牙客户端）、Notifier（通知框）、texttospeech（文本对话框）还有 4 个 button（按钮），用来做播放、暂停、上下曲的控制，这些元件可以从用户界面的元件库中获取。当手机端与 HC05（从机）相连接后，在界面的 connect 中便可以显示 HC05 蓝牙串口的名称，如果不止有一个蓝牙设备，从列表中就可以选择想要的连接设备。此次用到的元件见表22-3，整个界面 UI 的布局如图 22-8 所示。

表 22-3　蓝牙控制 APP 控件按钮

元件类别	元件名称	元件用途
HorizontalArrangement	HorizontalArrangement1	提供元件放置的行空间
VerticalArrangment	VerticalArrangment1	提供元件放置的列空间
Button	Connect，play，last，next，Disconnect	蓝牙连接，播放，上一曲，下一曲，蓝牙断开
Notifier	Notifier1	提示信息，连接不上
Bluetoothclient	Bluetoothclient1	连接蓝牙设备
ListPicker	Connectlistpicker	提供蓝牙设备的选择

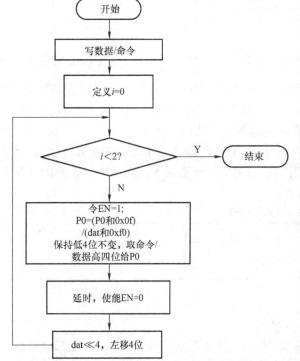

图 22-7　4 线驱动写数据/命令程序流程

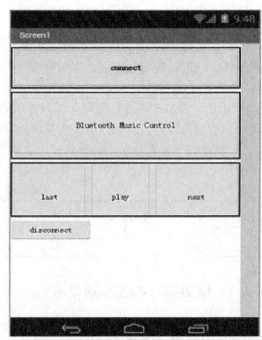

图 22-8　蓝牙控制 APP UI 布局

程序编写过程单击连接 connect，执行 connectListPicker 前调用显示蓝牙设备的地址和名称选择框，并且可以提供所要连接设备的选择选项，在 connectListPicker 执行后，if 语句通过对与蓝牙串口通信连接成功进行判断，如果与蓝牙串口 HC05 成功连接，则显示 ok 和 connet，否则显示 unable to connet，连接成功后，对应的按钮向串口发送的数据信息是不一样的，当 last button 单击后，调用蓝牙向串口发送 1 字节的数字 0；next bottom 被按下，则发送 1，类似播放和暂停对应的信息则分别 2 和 3，断开与蓝牙的接通按钮，则向串口发送 4。待到程序完成之后检查代码没有错误将整个程序应用导出为 APP 格式，然后在手机上安装，系统可以正常地运行，效果也达到预期的结果，整个程序代码如下：

When connectListPicker 连接前；

do 设置蓝牙端设备、地址和名称在 connectListPicker 中显示;
When connectListPicker 连接后;
do if 成功调用蓝牙端地址显示和设备选择;
then(调用 TextToSpeech1 显示信息 "Ok";
　　调用 Notifier1. 显示信息"connect";)
　　else 调用 Notifier1 显示信息 "unable to connet"
if lastButton 按下;
　do 调用 蓝牙发送 1 字节数字 0;
if nextButton 按下;
do 调用 蓝牙发送 1 字节数字 1;
if playButton 按下;
do 调用 蓝牙发送 1 字节数字 2;
if pauseButton 按下;
do 调用 蓝牙发送 1 字节数字 3;
if disconnectButton 按下;
　do 调用 蓝牙发送 1 字节数字 4;

22.4.5　串口中断程序

串口在接收数据时波特率设置不宜过高,因为太高了,会导致误码率上升,考虑传输速度等因素决定选择 9600Bd 设置较为合理,并且设置 SMOD = 0(定义波特率不变),然后选择串口中断方式 1 包含 1 位起始位和停止位,8 位有效的数据信息共 10 位的异步接收/发送。程序设计流程图如图 22-9 所示,波特率单位为 Bd。

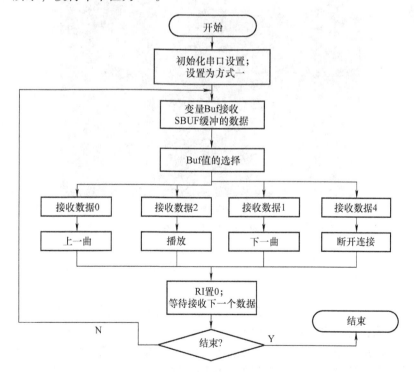

图 22-9　串口中断服务程序的设计流程图

22.5　系统调试

　　首先做蓝牙串口对接收数据的调试，确保能够正确从蓝牙串口接收到数据之后，调试蓝牙模块与单片机通信电路，将应用程序由 APP inventor2 编写导出，在安卓手机上安装成功后，从列表搜索到蓝牙串口设备，连接匹配，系统正确运行。图 22-10a 为蓝牙模式播放的第三首歌曲，图 22-10b 为普通按键模式下播放歌曲 2。

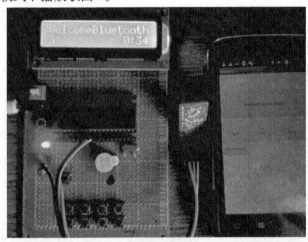

a) 蓝牙模式测试

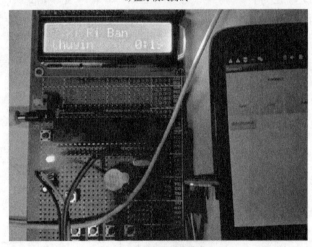

b) 普通按键操作模式

图 22-10　播放音乐

22.6　系统总结

　　本章使用单片机 STC89C52RC 设计智能音乐盒，加入 HC05 蓝牙串口模块。一方面可以按键控制电路，播放音乐；另一方面可以利用在 APP inventor 所编写的手机客户端 APP 控制音乐盒播放。系统包括单片机最小系统、LCD1602 液晶显示电路、按键电路、蜂鸣器以及蓝牙串口模块，另外还有手机端的应用软件。歌曲编码简单，程序内置了 4 首歌曲，按键电路和客户端都可以使用按钮实现歌曲的播放、暂停和上下曲的选择。显示模块的同时显示播放歌曲的信息以及时长，提高音乐盒智能化的程度。

第23章　基于单片机的全自动智能避障小车的设计

23.1　项目说明

23.1.1　项目背景

　　现今社会科技发展迅猛，尤其是电子信息技术与计算机模拟技术的迅速发展，使得我们日常生活中的电视、洗衣机和汽车等产品都变得更加智能、更加便捷。智能化作为科技发展带来的社会新变革，必将逐渐渗透人们的生活。智能化就是让机器能按照事先设定好的模式在没有人工干预的条件下，在特定的环境里进行全自动运作，达到预期的目标。

　　本章主要设计智能小车全自动避障系统，采用超声波探测技术在规避障碍物上的实际应用，对于智能小车具有一定的参考价值，同时对于我国未来在智能研发产业的进步占据更高的优势，具有一定积极的推动作用。无论是将这项技术应用在汽车的规避障碍上，还是应用在智能家庭清洁机器人的规避障碍上，都能够在一定的程度上方便人们的日常生活。如果应用在汽车上，作为一种防止汽车撞击障碍物引发事故，即使驾驶员疲劳驾车，有避障保护，对于驾驶人员及乘车人员的安全进行保障。

23.1.2　项目工作内容

　　系统设计一套基于单片机的全自动智能避障小车系统，该系统使用 STC89C52 单片机作为主控芯片，采用超声波测距技术得到小车与障碍物之间的距离，通过液晶 LCD1602 显示屏实时显示出来。当小车在前进过程中与障碍物间的距离小于预设的安全距离时，蜂鸣器立刻发出警报，同时发光二极管发亮，而且小车转向，规避障碍物。在避开障碍物后，蜂鸣器停止发声，发光二极管不亮，小车会继续向前行驶。具体要求如下：

　　1）了解 STC89C52 单片机和超声波测距的工作原理，熟练 Keil 软件的开发与应用，熟知 C 语言编程的使用。

　　2）小车系统的硬件部分主要由单片机最小系统模块、电源模块、超声波避障模块、液晶 LCD 显示模块、电动机驱动模块和蜂鸣器示警模块等部分组成。采用 STC89C52 单片机来实现对 HC – SR04 系列超声波传感器的控制。

　　3）基于 Keil 软件的系统程序仿真与调试，小车系统的软件程序主要包括 4 个程序设计模块：主程序、超声波探测避障程序、液晶 LCD 显示子程序和电动机驱动子程序。

　　4）实现硬件电路设计和软件程序仿真与调试，完成系统电路程序的下载，并测试系统功能可否实现。

　　5）完成硬件电路的焊接与调试，并进行程序下载，实现软硬件联调与系统功能的完善。

23.2　全自动智能避障小车系统方案

23.2.1　设计目标

　　本课题的研究目是设计一套基于单片机的全自动智能避障小车系统，该系统通过运用单片机来实现智能小车的主要控制作用，以致小车通过采用超声波探测技术来实现规避障碍物的功能，并且具备液晶 LCD 显示屏实时显示探测距离和蜂鸣器的报警提示功能。当小车在前行过程中碰到障碍物时，它能够利用超声波探测到的数据实时避让障碍物，后退转向，然后继续向前行驶。并且小车在遇到障碍物的同时，会立即发出警报，然后点亮发光二极管，作为警情的提示信号。

23.2.2　系统方案

全自动智能避障小车系统主要是由单片机最小系统来实现控制，通过在小车的车头部位装载一个超声波探测头，然后利用发送超声波并接收反馈信号的时间差，计算前方与障碍物间的距离，从而给予单片机反馈，对小车的行驶方向加以控制，进而达到测距避障功能的实现，全自动智能避障小车系统分为硬件和软件两部分进行设计，系统整体方案，如图 23-1 所示。按照设计目标，本章将全自动智能避障小车系统分为硬件和软件两个部分进行设计。

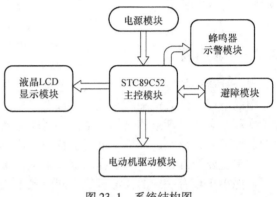

图 23-1　系统结构图

23.3　系统的硬件电路设计

系统硬件部分主要包括 STC89C52 单片机最小系统模块、电源模块、超声波避障模块、液晶 LCD 显示模块、电动机驱动模块和蜂鸣器示警模块。

23.3.1　电源模块

电源模块是设计全自动智能避障小车系统必不可少的一部分，是为小车提供行进乃至测距的动力。而小车的硬件部分，各模块间是可以独立存在，但又都与主控模块相连，因此在设计时秉持安全工作的原则，让一个模块在工作故障的情况下也影响其他模块工作。因此，设计三组电源进行供电，根据具体的工作需要，分配给不同的工作模块。其中：鉴于超声波测距模块的耗电量比较大，所以给它配备两组电源，然后经过整流稳压后，可以单独给单片机最小系统及其附属元件供电，给寻迹光开关、霍尔开关供电，还有一组电源则为驱动电动机提供电压。如图 23-2 所示。（注：由于电动机起动的瞬时电流会非常大，很容易将电动机烧坏，所以最好在电动机的两条引线之间增加一个电容，可起到保护电动机的作用。）

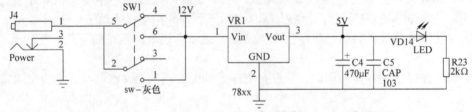

图 23-2　电源模块电路图

23.3.2　超声波探测避障模块

由于小车在探测障碍物到计算与障碍物的距离，再下达命令躲避障碍物期间有一定的时间间隔。与此同时，小车的前行速度并没有降低，因此在设计本模块时，要考虑能够让小车有充足的时间做出应急反应，规避障碍物。超声波是一种振动频率高于 20kHz 的机械波。它波长短、频率高、方向性好和衍射现象弱，并且能够变成射线发生定向传播。超声波对固体、液体的穿透力都很大，特别是在不透光的固态物体中。超声波在遇到分界面或杂质时会产生反射，进而形成一种反射回波，在碰到活动物体时能够出现多普勒效应。超声波探测避障模块的电路原理图如图 23-3 所示。

23.3.3　液晶 LCD 显示模块

液晶 LCD1602 显示屏与单片机的连接如图 23-4 所示，图中 LCD 的 GND 端接地，VCC 端接 +5V 电源，VO 端是 LCD 显示屏对比度调整端，EN 端为使能端。RS 端为数据/命令选择端，处于低电平状态下进行命令选择操作，处于高电平状态下进行数据选择操作。RW 端为读/写端，处于低电平状态下进行写操作，处于高电平状态下进行读操作。而 DB0 ~DB7 是 8 位双向数据线，直接与 STC89C52 单片机P1.0 ~P1.7 口相连。

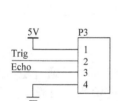

图 23-3　超声波探测避障的电路原理图

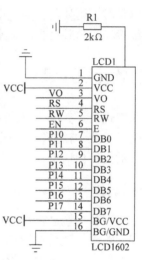

图 23-4　LCD 电路连接图

23.3.4　电动机驱动模块

全自动智能避障小车的运动功能由电动机驱动模块来完成。该模块由电动机、控制器和功率转换器三部分组成。全自动智能避障小车的稳定行驶，要求小车的驱动系统具有高可靠性、高转矩重量比、宽调速范围，并且由于电动机的转矩－转速特性会受到电源功率的影响，需要驱动系统必须具备尽可能宽的高效率区。选择的电动机驱动模块 L298 型号的电动机（较为常见的是 15 脚 Multiwatt 封装的电动机 L298N），且其内部含有 4 通道逻辑驱动电路，可以十分容易地驱动两个直流电动机，如图 23-5 所示。

电动机 L298N 可以接受标准 TTL 逻辑电平信号 VSS，VSS 端可以连接 4.5 ~7 V 的电压。在连接电路过程中，将电池的负极接地（模块上有两个，任意一个都可以，是相连的），正极接 +VS端口（ +7.2V），随后进行以下操作：

ENA、IN2 接到 +5V 那个端上（IN1 悬空），电动机接到 OUT1 和 OUT2，电动机正转；

ENA、IN1 接到 +5V 那个端上（IN2 悬空），电动机接到 OUT1 和 OUT2，电动机反转；

ENB、IN4 接到 +5V 那个端上（IN3 悬空），电动机接到 OUT3 和 OUT4，电动机正转；

ENB、IN3 接到 +5V 那个端上（IN4 悬空），电动机接到 OUT3 和 OUT4，电动机反转。

+5V 端口实际上是一个 AMS1117 将 7.2V 的电压降压成 +5V 输出，+5V 为高电平，0 为低电平。例如，将 ENA 和 IN2 接到 +5V 端表示给 ENA 和 IN2 置于高电平，IN1 悬空，电动机 L298N 默认置于低电平。

23.3.5 蜂鸣器报警电路

蜂鸣器报警电路，采用直流电压提供电压，主要作用是当超声波探头探测到小车前方遇到障碍物将进行规避的同时发出警报，如图 23-6 所示。图中晶体管 VT 起开关作用，当基极为低电平时，则使晶体管饱和导通，蜂鸣器发出警报；而当基极为高电平时，则使晶体管关闭，蜂鸣器停止发声。

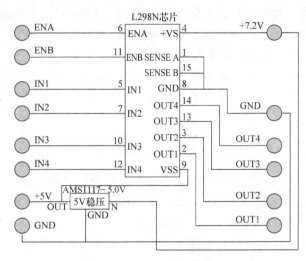

图 23-5　电动机驱动模块示意图

23.4　系统的软件程序设计

硬件的设计与实现只是完成了整体设计的一部分，还需要进行软件的设计和导入，才能让小车实现预期的功能。因此，根据硬件电路的模块化设计，软件程序的实现也采用模块子程序的设计方法，软件部分的设计包括主程序、超声波探测避障程序和电动机驱动子程序。

23.4.1 主程序设计

电源上电后，小车各模块进行初始化，在小车前方放一个障碍物，通过超声波传感器检测到小车与障碍物之间的距离，随后在液晶 LCD 显示屏上显示当前检测的距离，根据小车实际与障碍物间的距离进行对比。若小车前方障碍物与车身相距小于 20cm，则蜂鸣器发出警报声，同时发光二极管发光，小车后退转弯；若小车相距已超出 20cm，则蜂鸣器不发声且二极管熄灭，小车继续向前行驶。小车主程序的软件流程图如图 23-7 所示。

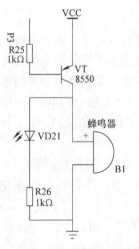

图 23-6　蜂鸣器报警电路图

图 23-7　主程序流程图

其关键程序代码如下：

```
void main(void)
{   uchar ucCount = 0;
    Init_1602();                                //液晶 LCD1602 初始化
    CsbInit();                                  //超声波测距初始化
    while(1)                                    //主循环
    {   DelayMs(50);                            //延时 50ms
        iDis = GetDis();                        //读取超声波的距离
        Avoid();                                //调用避障函数
        if(++ucCount >= 10)
        {   ucCount = 0;
            sprintf(cBuff_16,"%.2fM",iDis/100.0);  //将字符口串放到缓冲区
            LcdWriteStr(2,5,cBuff_16);          //液晶显示缓冲区的字符
        }
    }
}
```

23.4.2 液晶 LCD 显示子程序的设计

液晶 LCD 写命令子程序是先将 EN 使能端置于高电平，再将 READ_ DATA 口赋为 com，当 RS 端和 RW 端均处于低电平状态下，EN 端由低电平转为高电平时，液晶 LCD 则写入命令。液晶 LCD 写数据子程序需要将 EN 使能端置于高电平。随后将 READ_ DATA 口赋为 dat，同样把命令送到数据 DATA 线上，RS 端处于高电平状态，RW 端处于低电平状态，再将 EN 使能端跳转为低电平，液晶 LCD 数据存入，显示子程序的流程如图 23-8 所示。

在液晶 LCD1602 上输入一串字符函数 LCD_ WriteStr () 的程序代码如下：

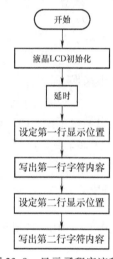

图 23-8 显示子程序流程图

```
void LcdWriteStr(unsigned char hang,unsigned char add,char* s)
{   unsigned char i;
    unsigned char length = 0;
if(hang == 1)
    LCDWriteCom(0x80 + add);
else
    LCDWriteCom(0x80 + 0x40 + add);
    length = strlen(s);
    for(i = 0;i < length;i++)
LCDWriteData(* s++);            //指针送完数据后自加一
}
```

23.4.3 超声波测距子程序的设计

超声波传感器发射超声波，关闭定时器，将计数器清零，随后计时开始，在接收到从障碍物

返回来的超声波时计数停止，读取并计算小车与障碍物间的距离。若相距超过20cm，则小车继续前进，否则小车后退转向。超声波测距子程序流程如图23-9所示。

提取定时器的数值，然后通过计算可得到距离的 Conut（）函数代码如下：（S 表示测出的距离，Uint 型变量，如返回 124，则表示为 1.24m，当距离超过 5m 时，返回 S = 666，则表示超出量程。）

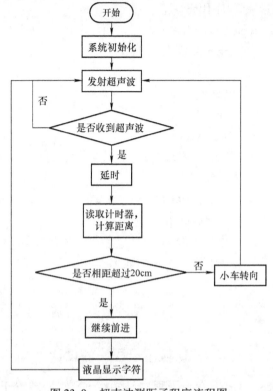

图 23-9　超声波测距子程序流程图

```
static int Conut(void)
{uint S,time;
time = TH0 * 256 + TL0;
TH0 = 0;
TL0 = 0;
S = (time * 1.7)/100;
//算出来是 cm
if((S > =500)||flag = =1)
//超出测量范围,因此改为 5m
{    flag = 0;
     S = 666;}
return S;
}
```

发出一个 10μs 的高电平脉冲，调用超声波测距函数 Conut（）的 GetDis（）函数的程序代码如下：

```
int GetDis(void)
{StartModule();          //给一个高电平触发脉冲
  while(! RX);           //当 RX 为零时等待
  TR0 =1;                //开启计数
  while(RX);             //当 RX 为 1 计数并等待
  TR0 =0;
  return Conut();        //计算
}
```

23.4.4　直流电动机控制程序的设计

直流电动机输入控制，qu_ll 和 qu_zl 控制左电动机，qu_zr 和 qu_rr 控制右电动机。利用电动机的正转、反转，实现小车的前进、后退、右转，直流电动机驱动程序，即避障程序代码如下：

```
void Avoid(void)
{static unsigned char Dir = 0;
    if(iDis > AVOID_DIS || iDis < 5)          //大于设定的避障距离,则前进
```

```
    {go();
FM = 1;
    }
    else                              //否则转弯
    {  Dir + +;
      if(Dir% 2)
      {  back();
        DelayMs(300)
        right_s();              //右转
        DelayMs(200);
        FM = 0;
        DelayMs(20);
      }
    }
  }
```

单片机分别给 qu_ll 和 qu_rr 一个高电平，qu_zl 和 qu_zr 一个低电平，则两个电动机全都正转，小车前进；分别给 qu_ll 和 qu_rr 一个低电平，qu_zl 和 qu_zr 一个高电平，则两个电动机全都反转，小车后退；分别给 qu_zl 和 qu_rr 一个高电平，qu_ll 和 qu_zr 一个低电平，则左电动机反转，右电动机正转，小车右转。

23.5 系统调试

23.5.1 系统调试概述

在开启电源后，小车系统会进入 6s 倒计时，而在 6s 倒计时结束之后，小车的后轮电动机有时候不能正常运行。经过分析，因为电动机起动需要克服极大的惯性，而它的供电电源又不能够在瞬间提供足够大的电流，所以电动机就无法起动。只要关闭单片机的电源，随后重新开启电源后，电动机即可进入正常运行。超声波测距模块的测试，需要将它与单片机连接后，再与计算机串口相连，不断改变障碍物与超声波测距模块的距离，通过串口调试助手可以观察到小车距离障碍物数据的变化，并且可以发现其结果与目测距离大致接近，则说明超声波测距模块正常运行。

23.5.2 测试运行

智能避障小车实物图如图 23-10 所示。在组装各个模块后，闭合开关，打开小车，然后在小车前方放一个障碍物，按下按键，小车能灵活地进行前、后、左、右的运行。与此同时，观察小车上液晶 LCD 显示的距离，与小车实际与障碍物距离对比，然后观察避障功能，与小车所发出的指令相吻合，并且液晶上正确显示小车正前方物体距小车的距离，并且在有障碍的情况下，能够完成后退和转弯，则测试成功。

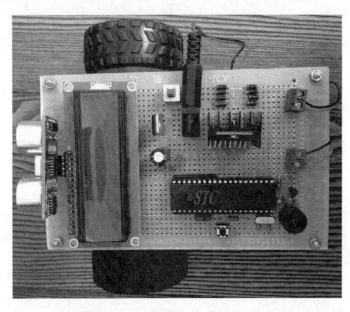

图 23-10　全自动智能避障小车实物图

1）小车前方未遇到障碍物时，蜂鸣器不发声且发光二极管不亮，如图 23-11 所示。
2）小车遇到障碍物时，蜂鸣器发出警报，发光二极管被点亮，如图 23-12 所示。

图 23-11　未遇障碍的小车实物图

图 23-12　遇到障碍的小车实物图

23.6　系统总结

　　本系统的研究目标是设计一套基于单片机的全自动智能避障小车系统，系统的控制模块采用 STC89C52 单片机，测距方式采用超声波测距方法，液晶显示模块采用 LCD1602 液晶显示屏。当小车与障碍物间的距离小于安全距离时，蜂鸣器就会立刻发出警报，同时发光二极管被点亮，然后小车自动后退并转弯，由此避开小车前方的障碍物，随后继续沿直线向前行驶。

参考文献

[1] 李文琴，李翠霞．Android 开发与实践 [M]．北京：人民邮电出版社，2009．

[2] 楚无咎．Android 编程经典 200 例 [M]．北京：电子工业出版社，2013．

[3] 张冬玲，杨宁．Adnroid 应用开发教程 [M]．北京：清华大学出版社，2013．

[4] 余志龙，陈昱勋，郑名杰，等．Android SDK 开发范例大全 [M]．北京：人民邮电出版社，2010．

[5] 刘帅旗．Android 移动应用开发从入门到精通 [M]．北京：中国铁道出版社，2011．

[6] 靳岩，姚尚朗．Android 开发入门与实践 [M]．北京：人民邮电出版社，2009．

[7] 余永红．Java 程序设计教程 [M]．北京：机械工业出版社，2010．

[8] 陈洁．零基础学 Java [M]．北京：机械工业出版社，2010．

[9] 明日科技，陈丹丹，李钟蔚，等．Java 学习手册 [M]．北京：电子工业出版社，2009．

[10] 耿祥义，张跃平．Java 面向对象程序设计 [M]．北京：清华大学出版社，2008．

[11] 魔乐科技（MLDN）软件实训中心．Java 从入门到精通 [M]．北京：人民邮电出版社，2010．

[12] 代俊雅，魏志军，夏力前，等．Java 程序设计基础教程 [M]．北京：清华大学出版社，北京交通大学出版社，2008．

[13] 王少川．理解 Java 语言程序设计 [M]．北京：清华大学出版社，2010．

[14] 王灏，马军．Java 完全自学手册 [M]．北京：机械工业出版社，2007．

[15] 高伟．AT89 单片机原理及应用 [M]．北京：国防工业出版社，2007．

[16] 袁东，周新国．51 单片机典型应用 30 例．北京：清华大学出版社，2016．

[17] 张杰，宋戈，黄鹤松，等．51 单片机应用开发范例大全 [M]．北京：人民邮电出版社．2016．

[18] 杨欣，王玉凤，刘湘黔．51 单片机应用从零开始 [M]．北京清华大学出版社，2007．

[19] 白林峰，曲培新，左现刚．单片机开发入门与典型设计实例 [M]．北京：机械工业出版社，2013．

[20] 郑锋，王巧芝，李英建，等．51 单片机应用系统典型模块开发大全 [M]．北京：中国铁道出版社，2012．

[21] 楼然苗，李光飞．单片机课程设计指导 [M]．北京：北京航空航天大学出版社，2007．

[22] 张毅刚，彭喜元，董继成．单片机原理及应用 [M]．北京：高等教育出版社，2003．

[23] 赵建领，薛圆圆．零基础学单片机 C 语言程序设计 [M]．北京：机械工业出版社，2009．

[24] 朱月秀．单片机原理与应用 [M]．北京：科学出版社，2004．

[25] 王建校，杨建国，宁改娣，等．51 系单片机及 C51 程序设计 [M]．北京：科学出版社，2002．

[26] 刘蕾．21 天学通 C 语言 [M]．北京：电子工业出版社，2014．

[27] 赵建领，薛圆圆．51 单片机开发与应用技术详解．北京 [M]：电子工业出版社，2009．

[28] 樊学东，马军红，薛慧芳．C 程序设计与实例 [M]．北京：清华大学出版社，2014．

[29] 刘金魁．C 语言程序设计基础 [M]．北京：中国铁道出版社，2014．

[30] 陈刚．Eclipse 从入门到精通 [M]．北京：清华大学出版社，2005．

[31] 陈海宴．51 单片机原理及应用 [M]．北京：北京航空航天大学出版社，2010．

[32] 杨清梅，孙建民．传感器与测试技术 [M]．哈尔滨：哈尔滨工程大学出版社，2005．

[33] 康华光．模拟电子技术基础 [M]．北京：高等教育出版社，2006．

[34] 宋文绪，杨帆．自动检测技术 [M]．北京：高等教育出版社，2000．

[35] 夏继强．单片机实验与实践教程 [M]．北京：北京航空航天大学出版社，2001

[36] 石翠．PS 制作 Android 智能手机界面技巧解析 [J]．电脑编程技巧与维护，2015（24）：53 - 54．

[37] 李骏，陈小玉．Android 驱动开发与移植实战详解 [M]．北京：人民邮电出版社，2012．

[38] 韩超，梁全．Android 系统原理及开发要点详解 [M]．北京：电子工业出版社，2009．

[39] 李刚．疯狂 Android 讲义 [M]．北京：电子工业出版社，2013．

[40] 徐爱均．单片机 C 语言编程与 proteus 仿真技术 [M]．北京：电子工业出版社，2016．

[41] 刘君，关敏，蒙虎．实用 C 语言编程 [M]．北京：中国电力出版社，2000．

［42］谭浩强．C 语言程序设计（第 2 版）［M］．北京：清华大学出版社，2008．

［43］安康，徐伟．51 单片机初级入门实践教程［M］．北京：机械工业出版社，2014．

［44］徐玮，沈建良．单片机快速入门［M］．北京：北京航空航天大学出版社，2008．

［45］张金玲，吕英华，等．电涡流传感器在硬币清分和识别中的应用研究［J］．电波科学学报，2010（25）：77－79．

［46］刘艺柱，小川．硬币识别器传感线圈参数设计及改进［J］．磁性材料及器件，2014，41（3）：57－60．

［47］王华祥，张淑英．传感器原理及应用［M］．天津：天津大学出版社，2003．

［48］王雪文．传感器原理及应用［M］．北京：北京航空航天大学出版社，2004．

［49］杨领，张珣．无线分布式背景音乐系统的设计［J］．物联网技术，2015，5（8）：80－82．

［50］贾凤霞．自制多功能音乐盒毕业设计［J］．数字技术与应用，2011（3）：165－166．

［51］胡美娇，高美春．基于 24 位 A/D 转换的高精度电子秤的设计［J］．现代计算机，2013（11）：61－63．